（第六版）

数字电子技术

- 历经多年打磨，内容精练
- 遵循工程实际，项目典型
- 强化实践能力，提升素养
- 立体资源配套，生动易懂

王 娜 李 妍 / 主 编
王林生 段丽华 蔡新梅 马玉清 / 副主编

大连理工大学出版社

图书在版编目(CIP)数据

数字电子技术 / 王娜，李妍主编. -- 6 版. -- 大连：大连理工大学出版社，2021.11(2024.6 重印)
ISBN 978-7-5685-3451-2

Ⅰ. ①数… Ⅱ. ①王… ②李… Ⅲ. ①数字电路—电子技术—教材 Ⅳ. ①TN79

中国版本图书馆 CIP 数据核字(2021)第 268893 号

大连理工大学出版社出版

地址:大连市软件园路 80 号　邮政编码:116023
发行:0411-84708842　邮购:0411-84708943　传真:0411-84701466
E-mail:dutp@dutp.cn　URL:https://www.dutp.cn
辽宁虎驰科技传媒有限公司印刷　大连理工大学出版社发行

幅面尺寸:185mm×260mm　印张:16.25　字数:392 千字
2003 年 8 月第 1 版　2021 年 11 月第 6 版
2024 年 6 月第 4 次印刷

责任编辑:唐　爽　责任校对:吴媛媛
封面设计:张　莹

ISBN 978-7-5685-3451-2　定　价:58.80 元

国家“十四五”规划中提出，大力培养技术技能人才。在教学模式上，要推行产教融合的职业教育模式，推行校企一体化育人。在“互联网+教育”方面，要推动职业院校网络仿真实训环境建设。为深入贯彻国家职业教育规划，积极推动校企联合办学，我们成立了由专业带头人、企业专家、专业骨干教师组成的课程建设团队，重构基于工作过程的课程体系。在编写教材的过程中，我们除了在学习内容上体现行业、企业发展和岗位工作任务需要的知识和技能要求外，还注重对学生综合素质的培养，贯彻党的二十大精神，培育可持续发展的复合型技能人才。

本教材的特点是以典型电子电路的制作过程为导向，采用教、学、做一体化的项目教学模式，遵循由浅入深、循序渐进的教育规律，将数字电子技术与电子电路的制作过程相结合，培养学生具备一定的电路设计、电路安装、故障检修等能力。

本教材设计了8个项目：表决器的设计与制作；一位加法计算器的设计与制作；设备故障数量监测报警电路的制作；改进型抢答器的设计与制作；交通信号灯控制电路的设计与制作；声、光控制节能开关电路的设计与制作；简易数控电源的设计与制作；基于FPGA的数字钟电路的设计。

我们针对教材中重要的知识点制作了微课，可以为学生提供自主学习的环境，以实现高效课堂和教学相长的目标。

本教材可作为高等职业教育电子类、机电类、计算机类等专业的基础课程教材，也可供初学者自学和电子工程技术人员参考使用。

本教材由河南工业职业技术学院王娜、渤海船舶职业学院李妍任主编，河南工业职业技术学院王林生、渤海船舶职业学院段丽华、渤海船舶职业学院蔡新梅、安徽工商职业学院马玉清任副主编，河南工业职业技术学院申一歌、河南工业职业技术学院许娜任参编。具体编写分工如下：项目1由申一歌、许娜编写；项目2、3由王娜编写；项目4及附录由王林生编写；项目5由李妍编写；项目6由蔡新梅编写；项目7由段丽华编写；项目8由马玉清编写。在教材编写过程中，我们得到了渤海船舶重工有限责任公司电装分厂的大力帮助，在此表示衷心感谢！

在编写本教材的过程中，我们参考、引用和改编了国内外出版物中的相关资料以及网络资源，在此对这些资料的作者表示深深的谢意。请相关著作权人看到本教材后与出版社联系，出版社将按照相关法律规定支付稿酬。

尽管我们在《数字电子技术》教材特色的建设方面做了很多努力，特别是在产教融合方面，力争体现当代职业教育特色，但限于编者的水平，本教材的出版与目标尚有差距。教材中如有不足和错误之处，恳请读者将宝贵意见和建议反馈给我们，以便修订时完善。

编 者

所有意见和建议请发往：dutpgz@163.com

欢迎访问职教数字化服务平台：https://www.dutp.cn/sve/

联系电话：0411-84707424　84708979

目录

数字资源使用说明

用移动设备扫描书中的二维码，即可观看微课视频，进行拓展学习。数字资源的位置见表 A。

表 A **数字资源**

序号	名称	页码	序号	名称	页码
1	用卡诺图化简逻辑函数	18	18	计数器	136
2	逻辑门电路	26	19	二进制异步加法计数器	138
3	组合逻辑电路分析	50	20	集成二-五-十进制计数器(74LS290 芯片介绍)	142
4	组合逻辑电路的设计	52	21	集成二-五-十进制计数器(74LS290 芯片应用)	144
5	拓展小课堂 1	60	22	74LS160 芯片及其应用	146
6	编码器的特点和应用	66	23	寄存器和移位寄存器	152
7	交通信号灯控制电路	70	24	霓虹灯闪烁电路	156
8	加法器	78	25	拓展小课堂 5	162
9	数值比较器	82	26	基本施密特触发器	174
10	拓展小课堂 2	87	27	施密特触发器的应用	177
11	数据选择器	92	28	555 定时器及其应用	178
12	交通信号灯故障报警器	96	29	由 555 定时器构成的单稳态触发器	181
13	译码器的特点和功能	98	30	拓展小课堂 6	184
14	拓展小课堂 3	100	31	数模转换器(DAC)	196
15	异步时序逻辑电路的分析	123	32	模数转换器(ADC)	204
16	同步时序逻辑电路的分析	124	33	拓展小课堂 7	211
17	拓展小课堂 4	130	34	拓展小课堂 8	242

项目 1 表决器的设计与制作

项目导引

数字电路是以逻辑代数为研究基础的。逻辑门电路是组成数字电路的基本单元。通过对实际逻辑问题的分析，得到相应的逻辑函数，选用合适的逻辑器件，组成逻辑电路，从而解决了实际问题。

知识目标

- 掌握逻辑函数的化简方法。
- 掌握常见门电路的逻辑功能。

技能目标

- 能正确分析组合逻辑电路。
- 会用逻辑门电路设计电路。
- 会正确使用集成逻辑门电路。
- 会设计和调试表决器电路。

素质目标

电视剧《潜伏》中，余则成是怎么将广播中听到的数字转换成汉字消息的？了解我国革命先辈的事迹，弘扬爱国主义精神，激发爱党爱国热情。

项目要求

(1)利用集成逻辑门电路设计一个三人表决器电路。

(2)具体要求如下：

①三人参加表决，若两人以上赞成，则表决通过；否则，不能通过。

②表决用按键进行，按下按键表示同意，否则表示不同意。

③用发光二极管指示表决结果，点亮表示通过，未亮表示没通过。

④选择元器件，对电路进行组装调试。

项目分析与参考电路

1. 项目分析

如图 1-1 所示是三人表决器电路设计框图。整个电路由信号输入电路、表决逻辑电路、灯光显示电路、限流保护电路和电源等组成。

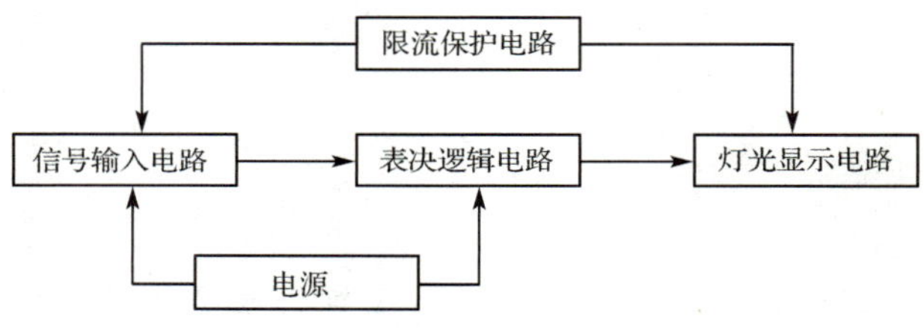

图 1-1　三人表决器电路设计框图

2. 参考电路

如图 1-2 所示是用集成逻辑门电路设计的三人表决器电路。

电路的组成如下：

(1)信号输入电路由三个按钮开关 S_1、S_2 和 S_3 组成。

(2)表决逻辑电路由两个集成逻辑门电路 IC_1 和 IC_2 组成。其中 IC_1 是四 2 输入与非门，IC_2 是二 4 输入与非门。

(3)灯光显示电路由发光二极管组成。

(4)限流保护电路包括两部分，一部分由 R_1、R_2 和 R_3 组成，当电路接通的瞬间起限流作用；另一部分由 R_4 组成，防止发光二极管过流。

(5)电源为+5 V 的直流电源。

电路的工作过程如下：

(1)当 A、B、C 三人全部按下按键时，IC_1 的引脚 3、6、8 输出都为低电平，则 IC_2 的引脚 6 输出为高电平，发光二极管导通点亮。

(2)当任意两人按下按键时，IC_1 的引脚 3，或者引脚 6，或者引脚 8 输出为低电平，则

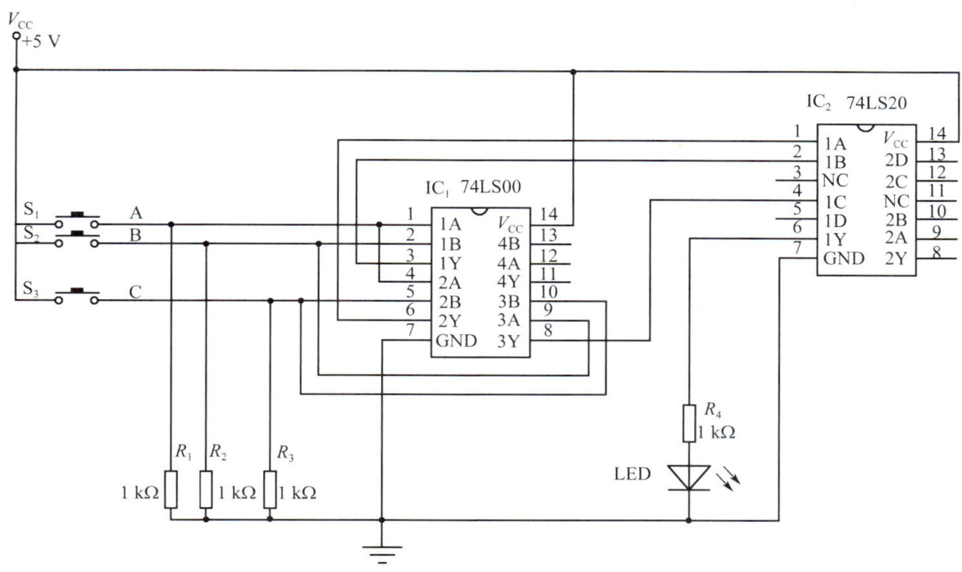

图 1-2　三人表决器电路

IC_2 的引脚 6 输出为高电平，发光二极管导通点亮。

(3)当只有一人按下按键，或者没人按下按键时，IC_1 的引脚 3、6、8 输出都为高电平，则 IC_2 的引脚 6 输出为低电平，发光二极管截止不亮。

注意：74 系列集成电路属于 TTL 门电路，其输入端悬空可视为输入高电平；CMOS 门电路的多余输入端是禁止悬空的。图 1-2 中 IC_2 的引脚 5 可以有三种处理方法：并联到其他输入端；接电源"+"极；悬空。

项目实施

工作任务名称	表决器设计与制作						
仪器设备 1. 直流稳压电源；2. 万用表；3. 面包板（或者印制电路板和电烙铁）；4. 集成电路测试装置（配 16 脚和 14 脚的集成电路插座）。							
元器件选择							
序号	名称	型号/规格	个数	序号	名称	型号/规格	个数
1	四 2 输入与非门 IC_1	74LS00	1	4	电阻 R_1、R_2 R_3 和 R_4	1 kΩ	4
2	二 4 输入与非门 IC_2	74LS20	1	5	轻触按键 S_1、S_2 和 S_3	6 mm×6 mm×10 mm	3
3	发光二极管 LED	3 mm 红光	1				

电路连接与调试

1. 检测。用万用表检测发光二极管、电阻和按键，用集成电路检测装置测试 IC_1 和 IC_2 的逻辑功能，确保元器件是好的。

2. 安装。按图 1-2 所示连接电路。

3. 测试电路。三个按键都按下或任意按两个按键看发光二极管是否亮(正常应亮)；任意按一个按键或不按按键看发光二极管是否亮(正常应不亮)。

4. 调试。只要符合要求，一般安装完毕即能工作。但如果出现接触不良或电路元器件性能及参数误差较大，电路就不能正常工作，则需根据实际情况进行以下操作：

(1) 检查电路连接是否有误。对照电路原理图，根据信号流程由输入到输出逐级检查。

(2) 全面检查电路连接是否有不牢固的地方和焊接是否有虚焊点。

(3) 重新检测所使用的门电路是否功能正常，以防止在电路安装过程中对门电路造成损坏。

出现问题与解决方法

结果分析

项目拓展

用四路与或非门 74LS54 和六反相器 74LS04 重新设计电路，画出电路图。

或用四 2 输入与门 74LS08 和四 2 输入或门 74LS32 重新设计电路，画出电路图。

项目考核

序　号	考核内容	分　值	得　分
1	元器件选择	15%	
2	电路连接	40%	
3	电路调试	25%	
4	结果分析	10%	
5	项目拓展	10%	
考核结果			

相关知识

1.1 学习数字电路的基础知识

1.1.1 数字逻辑电路的基本概念

1. 数字信号和模拟信号

工程上把电信号分为模拟信号和数字信号两大类。

模拟信号是指在时间和幅值上都连续变化的信号,从自然界中能感知的大部分物理量都是模拟性质的,如温度、压力等物理量通过传感器转变成的电信号,模拟语音的音频信号和模拟图像的视频信号等,如图1-3(a)所示。对模拟信号进行传输、处理的电路称为模拟电路。

数字信号是指在时间和幅值上都不连续的离散信号,通常是由数字0和1来表示,在电路中由低电平和高电平来表示,如计算机中各部件之间传输的信息、VCD中的音频和视频信号等,如图1-3(b)所示。对数字信号进行传输、处理的电路称为数字电路,如数字电子钟、数字万用表的电路都是由数字电路组成的。

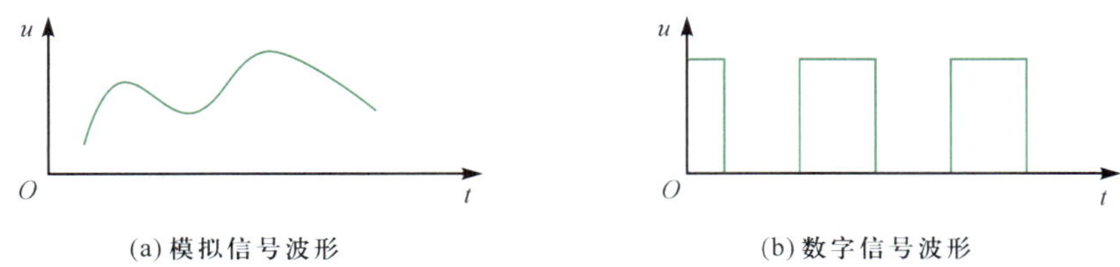

(a)模拟信号波形　　(b)数字信号波形

图1-3 模拟信号和数字信号的波形

2. 数字电路的特点

与模拟电路相比,数字电路主要有如下特点:

(1)数字电路在稳态时,电子器件(如二极管、三极管)处于开关状态,即工作在饱和区和截止区。这和二进制信号的要求是相对应的。因为饱和和截止两种状态的外部表现是电流的有、无,电压的高、低,这种有和无、高和低相对应的两种状态分别用1和0两个数字来表示。

(2)数字电路的基本单元电路比较简单,对元件的精度要求不高,允许有较大的误差。因为数字信号的1和0没有任何数量的含义,只是表示两种相反的状态,所以电路工作时只要能可靠地区分1和0两种状态就可以了。因此,数字电路便于集成化、系列化生产。它具有使用方便、可靠性高、价格低廉等优点。

(3)在数字电路中,研究的主要内容是输入信号和输出信号之间的逻辑关系,反映电路的逻辑功能。数字电路的研究可以分为两种,一种是对已有电路分析其逻辑功能,称为逻辑分析;另一种是按逻辑功能要求设计出满足逻辑功能的电路,称为逻辑设计。

(4)由于数字电路工作状态、研究内容与模拟电路不同,所以分析方法也不同。在数字电路中,电路功能常常是用真值表、逻辑函数式、卡诺图、特性方程及状态转换图等来表示。

(5)数字电路能够对数字信号进行各种逻辑运算和算术运算,所以在各种数控装置、智能仪表以及计算机等中得到了广泛应用。

3. 数字电路的分类和应用

(1)按集成度分类

数字电路可分为小规模(SSI)、中规模(MSI)、大规模(LSI)和超大规模(VLSI)数字集成电路。

(2)按所用器件制作工艺的不同分类

数字电路可分为双极型(TTL 型)和单极型(MOS 型)两类。以双极型晶体管作为基本器件的数字集成电路称为双极型数字集成电路,如 TTL、ECL 集成电路等;以单极型 MOS 管作为基本器件的数字集成电路称为单极型数字集成电路,如 NMOS、PMOS、CMOS 集成电路等。

(3)按照电路的结构和工作原理的不同分类

数字电路可分为组合逻辑电路和时序逻辑电路两类。组合逻辑电路没有记忆功能,其输出信号只与当时的输入信号有关,而与电路以前的状态无关;时序逻辑电路具有记忆功能,其输出信号不仅和当时的输入信号有关,而且还与电路以前的状态有关。

(4)从应用的角度分类

数字电路可分为通用型和专用型两大类型。

数字电路是近代电子技术的一个重要组成部分。它包含的内容十分广泛,主要有各种基本逻辑门、编码器、译码器、显示器、算术运算器、数据选择器、数值比较器及各种触发器、计数器、存储器、数/模和模/数转换器、可编程逻辑器件等典型的数字单元电路。因此,数字电子技术在数字通信、自动控制、数字电子计算机、数字测量仪表以及家用电器等各个技术领域中的应用日益广泛。

1.1.2 常用的数制与编码

1. 常用的数制

数制是计数进位制的简称。日常生活中常使用的是十进制数,而在数字电路中采用的是二进制数。二进制数的优点是其运算规律简单且实现二进制数的数字装置简单;缺点是人们对其使用时不习惯,且当二进制数位数较多时,书写起来很麻烦,特别是在写错了以后不易查找错误。为此,书写时常采用八进制数和十六进制数。

(1)十进制

数码为 0~9;基数为 10。

运算规律:逢十进一,如 9+1=10。

任意十进制数可表示为

$$(N)_{10} = \sum_{i=-m}^{n-1} K_i \times R^i = \sum_{i=-m}^{n-1} K_i \times 10^i$$

式中，K_i 表示第 i 个数码；R 表示基数；R^i 表示权；n 表示整数部分的位数；m 表示小数部分的位数，以下同。

例 1-1

$$(209.04)_{10}=2\times10^{2}+0\times10^{1}+9\times10^{0}+0\times10^{-1}+4\times10^{-2}$$

(2)二进制

数码为 0、1；基数为 2。

运算规律：逢二进一，如 1+1=10。

任意二进制数可表示为

$$(N)_2=\sum_{i=-m}^{n-1}K_i\times R^i=\sum_{i=-m}^{n-1}K_i\times 2^i$$

$$(101.101)_2=1\times2^{2}+0\times2^{1}+1\times2^{0}+1\times2^{-1}+0\times2^{-2}+1\times2^{-3}$$

(3)八进制

数码为 0～7；基数为 8。

运算规律：逢八进一，如 7+1=10。

任意八进制数可表示为

$$(N)_8=\sum_{i=-m}^{n-1}K_i\times R^i=\sum_{i=-m}^{n-1}K_i\times 8^i$$

$$(207.04)_8=2\times8^{2}+0\times8^{1}+7\times8^{0}+0\times8^{-1}+4\times8^{-2}$$

(4)十六进制

数码为 0～9、A～F；基数为 16。

运算规律：逢十六进一，如 F+1=10。

任意十六进制数可表示为

$$(N)_{16}=\sum_{i=-m}^{n-1}K_i\times R^i=\sum_{i=-m}^{n-1}K_i\times 16^i$$

$$(D8.A)_{16}=13\times16^{1}+8\times16^{0}+10\times16^{-1}$$

这几种进制数之间的对应关系见表 1-1。

表 1-1 几种进制数之间的对应关系

十进制数	二进制数	八进制数	十六进制数
0	0000	0	0
1	0001	1	1
2	0010	2	2
3	0011	3	3
4	0100	4	4
5	0101	5	5
6	0110	6	6
7	0111	7	7
8	1000	10	8
9	1001	11	9
10	1010	12	A
11	1011	13	B
12	1100	14	C
13	1101	15	D
14	1110	16	E
15	1111	17	F

2. 不同进制间的转换

(1)非十进制数转换为十进制数

若将非十进制数转换为十进制数，只要将非十进制数按权展开，即可以转换为十进制数。

例 1-5

$$(101101011)_2 = 1\times2^8+0\times2^7+1\times2^6+1\times2^5+0\times2^4+1\times2^3+0\times2^2+1\times2^1+1\times2^0$$
$$=256+64+32+8+2+1$$
$$=(363)_{10}$$

(2)二进制数与八进制数的相互转换

①二进制数转换为八进制数　将二进制数由小数点开始，整数部分向左，小数部分向右，每 3 位分成 1 组，不够 3 位的补零，则每组二进制数按权展开所得的和便是 1 位八进制数。

例 1-6

$(1101010.01)_2 = 001\ 101\ 010\ .010 = (152.2)_8$

②八进制数转换为二进制数　将每位八进制数用 3 位二进制数表示。

$(374.26)_8 = 011\ 111\ 100.010\ 110 = (11111100.01011)_2$

(3)二进制数与十六进制数的相互转换

二进制数与十六进制数的相互转换，按照每 4 位二进制数对应于 1 位十六进制数进行转换。

$(111010100.011)_2 = 0001\ 1101\ 0100.0110 = (1D4.6)_{16}$

例 1-9

$(AF4.76)_{16} = 1010\ 1111\ 0100.0111\ 0110 = (101011110100.0111011)_2$

(4)十进制数转换为二进制数

将整数部分和小数部分分别进行转换。整数部分采用除基数取余数法，小数部分采用乘基数取整数法，转换后再合并。

例 1-10

将十进制数 44.375 转换成二进制数。

解　整数部分采用除基数取余数法，先得到的余数为低位，后得到的余数为高位。小数部分采用乘基数取整数法，先得到的整数为高位，后得到的整数为低位。

除数	被除数/商		余数	
2	44			低位
2	22	………	$0=K_0$	↑
2	11	………	$0=K_1$	↑
2	5	………	$1=K_2$	↑
2	2	………	$1=K_3$	↑
2	1	………	$0=K_4$	↑
	0	………	$1=K_5$	高位

运算		整数	
0.375 × 2 = 0.750	………	$0=K_{-1}$	高位 ↓
0.750 × 2 = 1.500	………	$1=K_{-2}$	↓
0.500 × 2 = 1.000	………	$1=K_{-3}$	低位

所以，$(44.375)_{10} = (101100.011)_2$。

除基数取余数法、乘基数取整数法，可将十进制数转换为任意的 N 进制数。

3. 常用的编码

编码是对特定事物给予特定的代码。用二进制数对特定事物编码所得二进制代码称为二进制码。编码所得二进制码称为原码，将其各位取反（0 变 1，1 变 0）所得二进制码称为该原码的反码。在反码基础上加 1 所得二进制码称为该原码的补码。这些表示特定信息的二进制数码称为二进制码。寄信时的邮政编码、因特网上计算机主机的 IP 地址等，就是生活中常见的编码实例。

二进制码很多，下面介绍几种常见的二进制码。

（1）二-十进制码（BCD 码）

用 4 位二进制数码来表示 1 位十进制数的编码方法称为二-十进制码，也称为 BCD(Binary-Coded Decimal)码。BCD 码分为有权码和无权码，有权码是指二进制的每一位都有固定的权值，所代表的十进制数为每位二进制数乘权之和，而无权码无须乘权。无论是有权码还是无权码，4 位二进制数码共有 16 种组合，而十进制数码仅有 10 个（0～9），因此，BCD 码是利用 4 位二进制数码编出 10 个代码，见表 1-2。

表 1-2 常用二-十进制码

十进制数	有权码				无权码	
	8421 码	5421 码	2421A 码	2421B 码	余 3 码	格雷码
0	0000	0000	0000	0000	0011	0000
1	0001	0001	0001	0001	0100	0001
2	0010	0010	0010	0010	0101	0011
3	0011	0011	0011	0011	0110	0010
4	0100	0100	0100	0100	0111	0110
5	0101	1000	0101	1011	1000	0111
6	0110	1001	0110	1100	1001	0101
7	0111	1010	0111	1101	1010	0100
8	1000	1011	1110	1110	1011	1100
9	1001	1100	1111	1111	1100	1101

①8421 码　这是使用最多的有权码，因为它的 4 位二进制数码对应的权为 8、4、2、1，故称为 8421 码。它是取自然二进制数码的前 10 个数码来对应十进制的 0～9，即 0000(0)～1001(9)。如果要求 8421 码的数值，只需将每位二进制数乘权求和即可。例如，$(0101)_{8421}=0\times8+1\times4+0\times2+1\times1=5$。

②5421 码和 2421 码　这也是有权码，其名称即二进制的权。其中 2421 码的编码顺序有两种：2421A 码和 2421B 码。2421B 码具有互补性，即 0 和 9、1 和 8、2 和 7、3 和 6、4 和 5 互为反码。例如，$\overline{1011}=0100$。

③余 3 码　这是一种无权码，它是由 8421 码加 0011 得来的，即用 0011～1100 来表示十进制的 0～9。它比对应的 8421 码都多 3，所以称为余 3 码。这种代码也具有互补性，很适用于加法运算。

④格雷码　这种码也是无权码，又称为循环码。它的特点是两组相邻数码之间只有一位代码取值不同，利用这个特性，可避免计数过程中出现瞬态模糊状态，常用于高分辨率设备中。

(2)ASCII 码

ASCII 码是美国信息交换标准代码(American standard code for information interchange)的简称，是目前国际上最通用的一种字符码。计算机输出到打印机的字符码就采用 ASCII 码。

(3)奇偶校验码

奇偶校验码是最简单的检错码，它能够检测出传输码组中的奇数个码元错误。

奇偶校验码的编码方法：在信息码组中增加 1 位奇偶校验位，使得增加校验位后的整个码组具有奇数个 1 或偶数个 1 的特点。如果每个码组中 1 的个数为奇数，则称为奇校验码；如果每个码组中 1 的个数为偶数，则称为偶校验码。

例如，十进制数 5 的 8421 码 0101 增加校验位后，奇校验码是 10101，偶校验码是 00101，其中最高位分别为奇校验位 1 和偶校验位 0。ASCII 码也可以通过增加 1 位校验位的方法方便地扩展为 8 位。8 位在计算机中称为 1 字节，这也是 ASCII 码采用 7 位编码的一个重要原因。

1.1.3　逻辑代数基础

在数字电路中，研究电路的输入和输出之间的逻辑关系，所以数字电路又称为逻辑电路，相应的研究工具就是逻辑代数。

逻辑代数也称为布尔代数，是 19 世纪英国数学家乔治·布尔首先提出的。所谓逻辑是指事物因果之间所遵循的规律。为了避免用冗繁的文字来描述逻辑问题，逻辑代数采用逻辑变量和一套运算符组成逻辑函数表达式来描述事物的因果关系。它是用代数的方法来研究、证明、推理逻辑问题的一种数学工具。和普通代数一样，逻辑代数也可用 A、B 等字母表示变量及函数，所不同的是，在普通代数中，变量的取值可以是任意实数，而在逻辑代数中，每一个变量只有 0、1 两种取值，因而逻辑函数值也只能是 0 或 1。逻辑值 0 和 1 不再具有数量的概念，仅是代表两种对立逻辑状态的符号。逻辑函数与普通代数中的函数相似，是随自变量的变化而变化的因变量。因此，如果用自变量和因变量分别表示某一事件发生的条件和结果，那么该事件的因果关系就可以用逻辑函数来描述。

任何事物的因果关系均可用逻辑代数中的逻辑关系表示，基本的逻辑关系有与逻辑、或逻辑和非逻辑三种，与之对应的逻辑运算称为与运算、或运算和非运算。

1. 三种基本逻辑关系(运算)

(1)与逻辑(与运算)

当决定某一事件发生的所有条件都具备时，该事件才会发生，这种因果关系称为与逻辑，也称为与运算或逻辑乘。

例如，在如图 1-4 所示的串联开关电路中，只有在开关 A 和 B 都闭合的条件下，灯 Y 才亮，这种灯亮与开关闭合的关系就称为与逻辑关系。如果设开关 A、B 闭合为 1，断开为 0，设灯 Y 亮为 1，灭为 0，则 Y 与 A、B 的逻辑关系见表 1-3，表 1-3 称为与逻辑真值表。

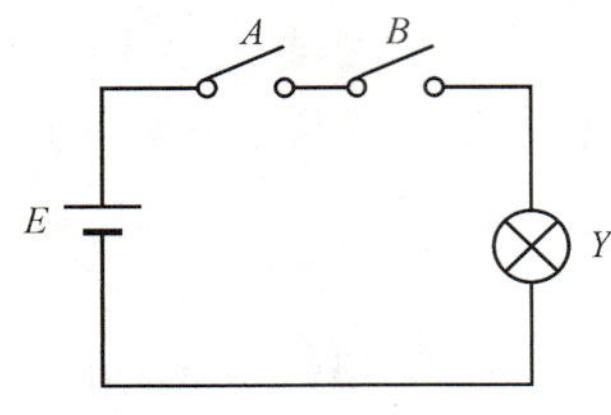

图 1-4 与电路

表 1-3 与逻辑真值表

A	B	Y
0	0	0
0	1	0
1	0	0
1	1	1

与逻辑的代数表达式为

$$Y=A\cdot B$$

式中，"·"为逻辑与符号，也可省略。

(2)或逻辑(或运算)

当决定某一事件发生的所有条件具备一个或一个以上时，该事件就会发生，这种因果关系称为或逻辑，也称为或运算或逻辑加。

例如，在如图 1-5 所示的并联开关电路中，在开关 A 或 B 其中之一闭合的条件下，灯 Y 就会亮，这种灯亮与开关闭合的关系就称为或逻辑关系。如果设开关 A、B 闭合为 1，断开为 0，设灯 Y 亮为 1，灭为 0，则 Y 与 A、B 的或逻辑真值表见表 1-4。

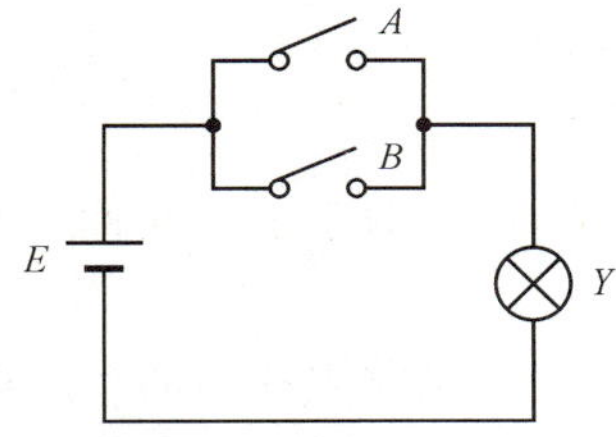

图 1-5 或电路

表 1-4 或逻辑真值表

A	B	Y
0	0	0
0	1	1
1	0	1
1	1	1

或逻辑的代数表达式为

$$Y=A+B$$

式中，"+"为逻辑或符号。

(3)非逻辑(非运算)

当条件具备时，事件不会发生，而当条件不具备时，事件一定会发生，这种因果关系称为非逻辑，也称为非运算。非逻辑指的是逻辑的否定或取反。

例如，在如图 1-6 所示灯的控制电路中，开关 A 与灯 Y 状态是相反的，开关闭合灯就灭，如果想要灯亮，则开关必须断开。Y 与 A 的非逻辑真值表见表 1-5。

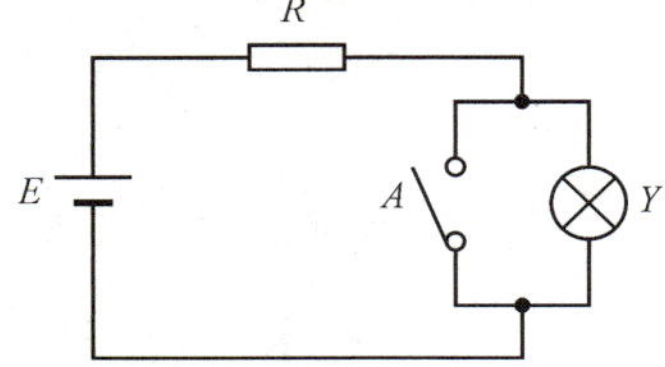

图 1-6 非电路

表 1-5 非逻辑真值表

A	Y
0	1
1	0

非逻辑的代数表达式为

$$Y=\overline{A}$$

式中,“—”为逻辑非符号。

2. 逻辑代数基本公式

根据三种基本逻辑运算,可推导出一些基本公式和定律,形成了一些运算规则,熟悉、掌握并且会运用这些规则,对于掌握数字电子技术十分重要。

逻辑代数的基本公式和定律见表 1-6。

表 1-6 逻辑代数的基本公式和定律

名　称	公式 1	公式 2
0-1 律	$0\cdot 0=0$	$0+0=0$
	$1\cdot 0=0$	$0+1=1$
	$1\cdot 1=1$	$1+1=1$
	$A\cdot 1=A$	$A+1=1$
	$A\cdot 0=0$	$A+0=A$
	$\overline{0}=1$	$\overline{1}=0$
互补律	$\overline{A}A=0$	$A+\overline{A}=1$
重叠律	$AA=A$	$A+A=A$
交换律	$AB=BA$	$A+B=B+A$
结合律	$A(BC)=(AB)C$	$A+(B+C)=(A+B)+C$
分配律	$A(B+C)=AB+AC$	$A+BC=(A+B)(A+C)$
反演律（德·摩根定理）	$\overline{AB}=\overline{A}+\overline{B}$	$\overline{A+B}=\overline{A}\,\overline{B}$
吸收律	$A(A+B)=A$	$A+AB=A$
还原律	$\overline{\overline{A}}=A$	

证明上述各定律可用列真值表的方法,即分别列出等式两边逻辑表达式的真值表,若两个真值表完全一致,则表明两个表达式相等,定律得证。当然,也可以利用基本关系式进行代数证明。

例 1-11

证明反演律 $\overline{A+B}=\overline{A}\,\overline{B}$。

证明　利用真值表证明。将等式两端列出真值表,见表 1-7,由表可知,在逻辑变量 A、B 所有的可能取值中,$\overline{A+B}$ 和 $\overline{A}\,\overline{B}$ 的函数值均相等,所以等式成立。

表 1-7 $\overline{A+B}$ 和 $\overline{A}\,\overline{B}$ 真值表

A	B	$\overline{A+B}$	$\overline{A}\,\overline{B}$
0	0	1	1
0	1	0	0
1	0	0	0
1	1	0	0

3. 逻辑代数基本规则

逻辑代数中有三个重要的基本规则，即代入规则、反演规则和对偶规则，利用这三个规则，可以得到更多的公式，也可扩充公式的应用范围。

(1)代入规则

将逻辑等式两边出现的同一变量都代之以一个相同的逻辑函数 F，逻辑等式仍然成立，这个规则称为代入规则。

利用代入规则可以在等式变换中导出新公式。例如，在等式 $\overline{A+B}=\overline{A}\,\overline{B}$ 中，所有变量 B 都用 $(B+C)$ 代入，则可得到 $\overline{A+B+C}=\overline{A}(\overline{B+C})=\overline{A}\,\overline{B}\,\overline{C}$。据此可以证明 N 个变量的反演律（德·摩根定理）成立。

(2)反演规则

对于任何一个逻辑函数表达式 Y，将逻辑函数 Y 的表达式中所有的运算符“·”变成“+”，“+”变成“·”，常量“0”变成“1”，“1”变成“0”，所有原变量变成反变量，反变量变成原变量，则变换后所得的函数式就是原函数 Y 的反函数 $\overline{Y}$。这个规则称为反演规则。

利用反演规则可以很容易地求出一个函数的反函数。

例 1-12

求函数 $Y=\overline{A+\overline{B}}+\overline{CD}$ 的反函数。

解 根据反演规则，$\overline{Y}=\overline{\overline{A}B\overline{C}+\overline{D}}$。

使用反演规则时应注意保持原函数中的运算顺序，即先算括号里的，然后按先与后或的顺序运算，同时应该注意不属于单变量上的逻辑非符号应保留不变。

(3)对偶规则

将逻辑函数 Y 表达式中所有的算符“·”变成“+”，“+”变成“·”，常量“0”变成“1”，“1”变成“0”，则变换后得到一个新的逻辑函数 Y'，Y' 称为 Y 的对偶式。

对偶规则的意义在于：如果两个函数相等，则它们的对偶函数也相等。利用对偶规则可知，若一个等式成立，则它们的对偶式也必定成立，可以使所需证明和记忆的等式减少一半。

例如，若等式 $A(A+B)=A$ 成立，则其对偶式 $A+AB=A$ 也是成立的。

使用对偶规则时也应注意保持原函数中的运算顺序不变。

前面讨论的逻辑代数基本公式中的公式 2 均为公式 1 的对偶式。例如，分配律 $A(B+C)=AB+AC$，则其对偶式 $A+BC=(A+B)(A+C)$ 也必定成立。

4. 其他常用公式

以表 1-6 所示的基本公式为基础，又可以推出一些常用公式。这些公式的使用频率非常高，直接运用这些常用公式，可以给逻辑函数化简带来很大方便。

$$A+\overline{A}B=A+B$$

两个乘积项相加时，若一项取反后是另一项的因子，则此因子是多余的。

$$A\overline{B}+AB=A$$

两个乘积项相加时，若两项中除去一个变量相反外，其余变量都相同，则可用相同的变量代替这两项。

$$AB+\overline{A}C+BC=AB+\overline{A}C$$

若两个乘积项中分别包含了 A、$\overline{A}$ 两个因子，而这两项的其余因子组成第三个乘积项时，则第三个乘积项是多余的，可以去掉。该等式又称为冗余项定理。

1.1.4　逻辑函数及其代数化简

1. 逻辑函数

数字电路主要研究的是输出变量与输入变量之间的逻辑关系。与普通代数中函数的定义类似，在数字电路中，若输入变量 A、B、C…的取值确定后，输出变量 Y 的值也就被唯一地确定了。这样，称 Y 是 A、B、C…的逻辑函数。它的一般表达式可写作

$$Y=f(A,B,C\cdots)$$

式中，f 为某种固定的函数关系。

如图 1-7 所示为二输入、一输出的数字电路框图，$Y=f(A,B)$。当输入 A、B 取值为二值逻辑 0 或 1 时，输出 Y 也只能是 0 或 1。可见，输入变量 A、B 与输出变量 Y 均具有逻辑属性。将具有逻辑属性的输入量（自变量）称为逻辑变量，把具有逻辑属性的输出量（因变量）称为逻辑函数，而把 $Y=f(A,B)$ 称为逻辑函数表达式。

图 1-7　二输入、一输出的数字电路框图

需要特别注意：二值逻辑的取值 0 和 1 只表示任何事物的两种相反的状态，而不表示数量的大小，即没有数量上的含义。例如，1 表示开关接通，0 表示开关断开。

2. 逻辑函数的表示方法

(1)逻辑表达式的五种形式

一个逻辑函数可以有不同的表达式，基本形式有与或、或与两种。此外还有与非-与非、或非-或非、与或非这三种形式。

$$\begin{aligned}Y&=A\overline{B}+BC &&（与或式——积之和）\\&=(A+B)(\overline{B}+C) &&（或与式——和之积）\\&=\overline{\overline{A\overline{B}}\;\overline{BC}} &&（与非-与非式）\\&=\overline{\overline{A+B}+\overline{\overline{B}+C}} &&（或非-或非式）\\&=\overline{\overline{A}\,\overline{B}+B\overline{C}} &&（与或非式）\end{aligned}$$

(2)最简与或表达式

逻辑函数写成与或表达式（简称与或式）后，根据逻辑相等和有关公式、定理进行变化，其结果并不是唯一的。以函数 $Y=A\overline{B}+BC$ 为例：

$$\begin{aligned}Y&=A\overline{B}+BC\\&=A\overline{B}+BC+AC &&（配上冗余项 AC）\\&=A\overline{B}C+A\overline{B}\,\overline{C}+ABC+\overline{A}BC &&（原式配项）\\&=\cdots\end{aligned}$$

可以证明：以上 3 个式子逻辑上是相等的，它们都可以实现同一个逻辑问题（功能）。但是哪一个式子最简单呢？显然与或式 $Y=A\overline{B}+BC$ 最简单，用它实现逻辑电路最经济。

在理论分析上，与或式最常用，也容易转换成其他类型的表达式。因此，下面着重研究最简与或式。

对于一个与或式，在不改变其逻辑功能的情况下，如果满足表达式所含的乘积项个数最少，表达式中每个乘积项所含的变量个数最少，则这个与或式就称为最简与或式。那么，如何才能得到一个逻辑函数的最简与或式呢？这就需要对逻辑函数进行化简。逻辑函数的化简方法主要有两种：代数化简法和图形化简法。下面先介绍代数化简法，图形化简法将在后文中介绍。

3. 逻辑函数的代数化简法

代数化简法就是利用学过的公式和定理消除与或式中的多余项和多余因子，常见的方法如下：

(1) 并项法

利用公式 $AB+A\overline{B}=A$ 将两乘积项合并为一项，并消去一个互补（相反）的变量。

例 1-13

化简函数 $Y=AB\overline{C}+\overline{A}B\overline{C}$。

解 $Y=AB\overline{C}+\overline{A}B\overline{C}=(A+\overline{A})B\overline{C}=B\overline{C}$

例 1-14

化简函数 $Y=ABC+AB\overline{C}+A\overline{B}$。

解 $Y=ABC+AB\overline{C}+A\overline{B}=AB(C+\overline{C})+A\overline{B}=A$

(2) 吸收法

利用公式 $A+AB=A$ 吸收多余的乘积项。

例 1-15

化简函数 $Y=\overline{A}B+\overline{A}BC$。

解 $Y=\overline{A}B+\overline{A}BC=\overline{A}B$

(3) 消去法

利用公式 $A+\overline{A}B=A+B$ 消去多余因子 $\overline{A}$；利用公式 $AB+\overline{A}C+BC=AB+\overline{A}C$（冗余定理）消去多余项 BC。

例 1-16

化简函数 $Y=\overline{A}+AC+B\overline{C}D$。

解　$Y=\overline{A}+AC+B\overline{C}D=\overline{A}+C+B\overline{C}D=\overline{A}+C+BD$

例 1-17

化简函数 $Y=AD+\overline{A}EG+DEG$。

解　式中 DEG 是多余项，可以消去，则 $Y=AD+\overline{A}EG$

(4)配项法

利用公式 $A+A=A$，$A+\overline{A}=1$ 及 $AB+\overline{A}C+BC=AB+\overline{A}C$ 等，给某函数配上适当的项，进而可以消去原函数式中的某些项。

例 1-18

化简函数 $Y=A\overline{B}+B\overline{C}+\overline{B}C+\overline{A}B$。

表面看来似乎无从下手，好像 Y 式不能化简，已是最简式。但如果采用配项法，则可以消去一项。

解法 1　$Y=A\overline{B}+B\overline{C}+(A+\overline{A})\overline{B}C+\overline{A}B(C+\overline{C})$

$=A\overline{B}+B\overline{C}+A\overline{B}C+\overline{A}\,\overline{B}C+\overline{A}BC+\overline{A}B\overline{C}$

$=A\overline{B}+B\overline{C}+\overline{A}C$

解法 2　若前两项配项，后两项不动，则

$Y=A\overline{B}(C+\overline{C})+(A+\overline{A})B\overline{C}+\overline{B}C+\overline{A}B$

$=\overline{A}B+\overline{B}C+A\overline{C}$　(请同学们自行分析)

由例 1-18 可见，代数化简法的结果并不是唯一的。如果两个结果形式(项数、每项中变量数)相同，则二者均正确，可以验证二者逻辑相等。

例 1-19

化简函数 $Y=A\overline{B}+BD+\overline{A}D$。

解　配上前两项的冗余项 AD，对原函数并无影响。

$$\begin{aligned}Y&=A\overline{B}+BD+AD+\overline{A}D\\&=A\overline{B}+BD+D\\&=A\overline{B}+D\end{aligned}$$

代数化简法要求必须熟练应用基本公式和常用公式，而且有时需要一定的经验与技巧，尤其是所得到的结果是否最简，往往难以判断，这就给初学者应用公式进行化简带来一定的困难。为了解决这一问题，可采用图形化简法。

1.1.5 逻辑函数的图形化简法

逻辑函数的图形化简法是将逻辑函数用卡诺图来表示，利用卡诺图来化简逻辑函数。用卡诺图化简逻辑函数，直观灵活，且能确定是否已得到最简结果。在学习卡诺图之前，首先要学习逻辑函数的最小项，它是一个非常重要的概念。

用卡诺图化简逻辑函数

1. 逻辑函数最小项表达式

(1)最小项的定义

在具有 N 个变量的逻辑函数表达式中，如果某一乘积项包含了全部变量，并且每个变量在该乘积项中以原变量或以反变量的形式出现一次且仅出现一次，则该乘积项就定义为逻辑函数的一个最小项。N 个变量的全部最小项共有 2^N 个。

为了表述方便，用 m_i 表示最小项，其下标为最小项的编号。编号的方法：最小项中的原变量取为 1，反变量取为 0，则最小项取值为一组二进制数，其对应的十进制数便为该最小项的编号。例如，三变量 A、B、C 共有 2^3(8)个最小项，$AB\overline{C}$是其中一个最小项，按编号方法，对应的变量取值为 110，与之对应的十进制数是 6，因此，$AB\overline{C}$的最小项编号为 m_6。三变量的最小项及其编号见表 1-8。

表 1-8　三变量的最小项及其编号

序　号	A	B	C	最小项	编　号
0	0	0	0	$\overline{A}\,\overline{B}\,\overline{C}$	m_0
1	0	0	1	$\overline{A}\,\overline{B}C$	m_1
2	0	1	0	$\overline{A}B\overline{C}$	m_2
3	0	1	1	$\overline{A}BC$	m_3
4	1	0	0	$A\overline{B}\,\overline{C}$	m_4
5	1	0	1	$A\overline{B}C$	m_5
6	1	1	0	$AB\overline{C}$	m_6
7	1	1	1	ABC	m_7

(2)最小项的性质

①对于任意一个最小项，只有一组变量取值使它的值为 1，而其他各种变量取值均使它的值为 0。

②对于变量的任一组取值，任意两个最小项的乘积为 0。

③对于变量的任一组取值，全体最小项的和为 1。

(3)最小项的逻辑相邻性

如果两个最小项中只有一个变量互为反变量，其余变量均相同，则这样的两个最小项具有逻辑相邻关系，并称它们为相邻最小项，简称相邻项。例如，三变量最小项 ABC 和 $AB\overline{C}$，其中 C 与 $\overline{C}$ 互为反变量，其余变量(AB)都相同，所以它们是相邻最小项。最小项的逻辑相邻性在化简中有重要作用，当两个相邻项相加时可以消去互反变量，合并为一项，例如：

$$ABC+AB\overline{C}=AB(C+\overline{C})=AB$$

(4)逻辑函数的标准与或式——最小项表达式

所谓标准与或式就是由若干个最小项逻辑相加构成的表达式，也称为最小项表达式。任何一个函数表达式都可以利用基本定律和配项法写成标准与或式，并且标准与或式是唯一的。例如：

$$\begin{aligned}Y(A,B,C)&=\overline{A}B+AC &&(\text{一般与或式})\\&=\overline{A}B(\overline{C}+C)+AC(\overline{B}+B) &&(\text{配项法})\\&=\overline{A}B\overline{C}+\overline{A}BC+A\,\overline{B}C+ABC &&(\text{标准与或式})\\&=m_2+m_3+m_5+m_7\\&=\sum m(2,3,5,7) &&(\text{简化标准与或式——求和形式})\end{aligned}$$

称 m_2、m_3、m_5、m_7 这 4 个最小项为函数 Y 的最小项。不同的三变量函数 Y 将拥有 $m_0\sim m_7$ 中不同的若干个最小项。

2. 卡诺图

最小项卡诺图又称为最小项方格图。用 2^N 个小方格表示 N 个变量的 2^N 最小项，并且使逻辑相邻的最小项在几何位置上也相邻，按这样的相邻要求排列起来的方格图称为 N 变量最小项卡诺图，它是化简逻辑函数式的专用工具图。

(1)变量的卡诺图

N 个变量卡诺图，共能分割出 2^N 个小方格，每个小方格代表一个最小项。

①三变量卡诺图　矩形(2 行、4 列)，共分割出 $2^3(8)$个小方格，如图 1-8 所示。

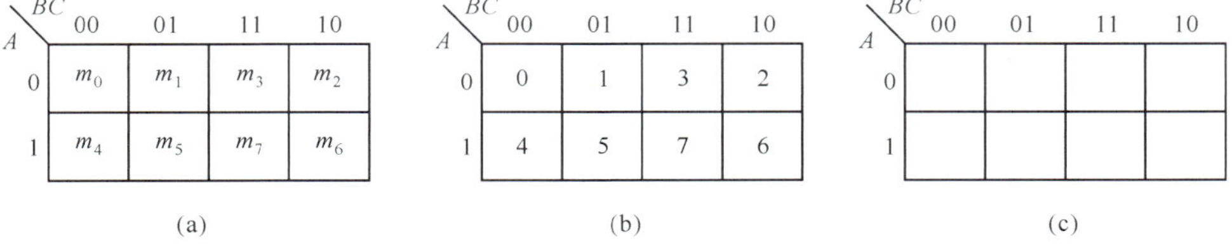

图 1-8　三变量卡诺图

图 1-8(a)中用 m_i 注明每个小方格对应的最小项。图 1-8(b)中省去了 m，只标出了编号。通常，变量卡诺图中，编号也省去，如图 1-8(c)所示，但要求把小方格编号默记在心。

卡诺图中左上角斜线下面的变量(A)称为行变量，斜线上面的变量(BC)称为列变量。

应当注意：卡诺图中两个列变量 BC 的排列顺序不是按自然二进制码(00,01,10,11)由小到大排列，而是按循环码(00,01,11,10)的顺序排列的，这样才能保证卡诺图中最小项的相邻性。下面介绍的四变量卡诺图行、列排列顺序与此相同，即按循环码的顺序排列。

②四变量卡诺图　正方形(4 行、4 列)，分割出 $2^4(16)$个小方格，如图 1-9 所示。

一般说来，三、四变量卡诺图是较常用的。当 $N>4$，即超过四变量时，卡诺图太大，使用起来就不方便了。

③卡诺图的相邻性　卡诺图的最大优点就是形象地表达了各最小项之间的相邻性，相邻性包括几何相邻性和逻辑相邻性。

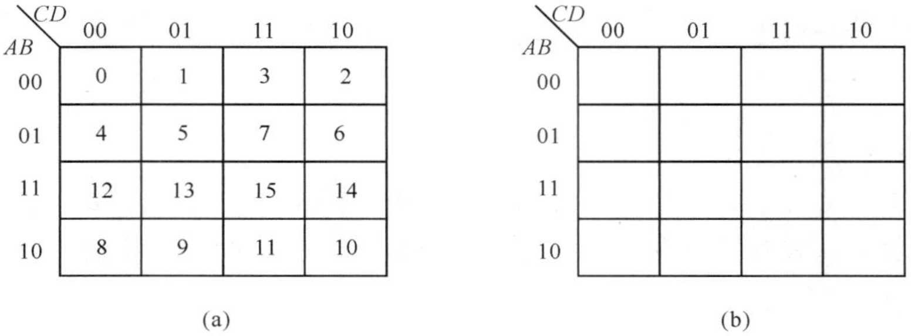

AB \ CD	00	01	11	10
00	0	1	3	2
01	4	5	7	6
11	12	13	15	14
10	8	9	11	10

(a)

AB \ CD	00	01	11	10
00				
01				
11				
10				

(b)

图 1-9 四变量卡诺图

● 几何相邻 最小项在卡诺图几何图形位置上的相邻关系主要包括三种情况：一是相挨（任意挨在一起的两个小方格）；二是相对（任意一行或一列的两端）；三是相重（对折起来位置重合）。

● 逻辑相邻 任意两个最小项中只有一个变量不同（互反），那么，称这两个最小项在逻辑上具有相邻性。如在图 1-8(a)中，$m_0=\overline{A}\,\overline{B}\,\overline{C}$ 和 $m_1=\overline{A}\,\overline{B}C$，二者只有 C 变量不同，故 m_0 与 m_1 逻辑相邻。同理，m_0 还与 m_2、m_4 逻辑相邻。

结论：

● 在卡诺图中，凡是几何相邻的最小项必定逻辑相邻。如图 1-8(a)所示，m_0 与 m_1、m_2、m_4分别为几何相邻；同时前面已验证 m_0 与 m_1、m_2、m_4 又为逻辑相邻。可见，上面的结论是正确的。卡诺图的这一结论是很重要的，它体现了卡诺图作为化简工具的实质。同时说明了行、列变量只有按循环码顺序标注，才能使卡诺图有这个重要的结论。

● 相邻的最小项合并时，可以消去有关变量，从而达到化简的目的。例如，$m_0=\overline{A}\,\overline{B}\,\overline{C}$ 和 $m_1=\overline{A}\,\overline{B}C$，因二者相邻，则 $m_0+m_1=\overline{A}\,\overline{B}\,\overline{C}+\overline{A}\,\overline{B}C=\overline{A}\,\overline{B}$，消去了 C 变量；同理，$m_0+m_2=\overline{A}\,\overline{C}$，消去了 B；$m_0+m_4=\overline{B}\,\overline{C}$，消去了 A。可见，消去的是互反的变量。

④卡诺图的性质 卡诺图具有如下性质：

● 卡诺图上任何 2 个(2^1)标 1 的相邻最小项，可以合并为 1 项，并消去 1 个变量，如图 1-10 所示。

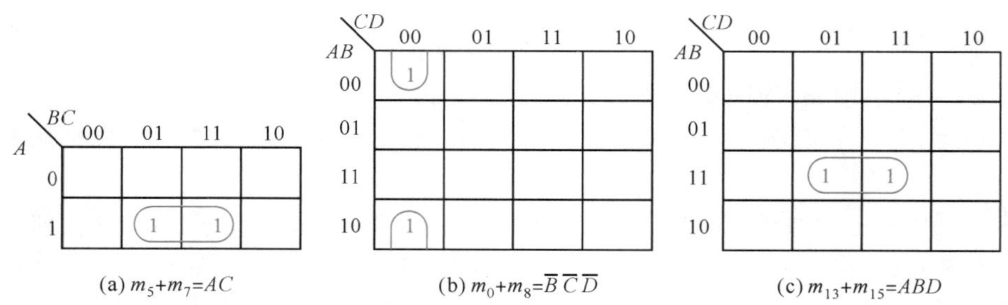

(a) $m_5+m_7=AC$ (b) $m_0+m_8=\overline{B}\,\overline{C}\,\overline{D}$ (c) $m_{13}+m_{15}=ABD$

图 1-10 2 个相邻最小项合并规律

● 卡诺图上任何 4 个(2^2)标 1 的相邻最小项，可以合并为 1 项，并消去 2 个变量，如图 1-11 所示。

● 卡诺图上任何 8 个(2^3)标 1 的相邻最小项，可以合并为 1 项，并消去 3 个变量，如图 1-12 所示。

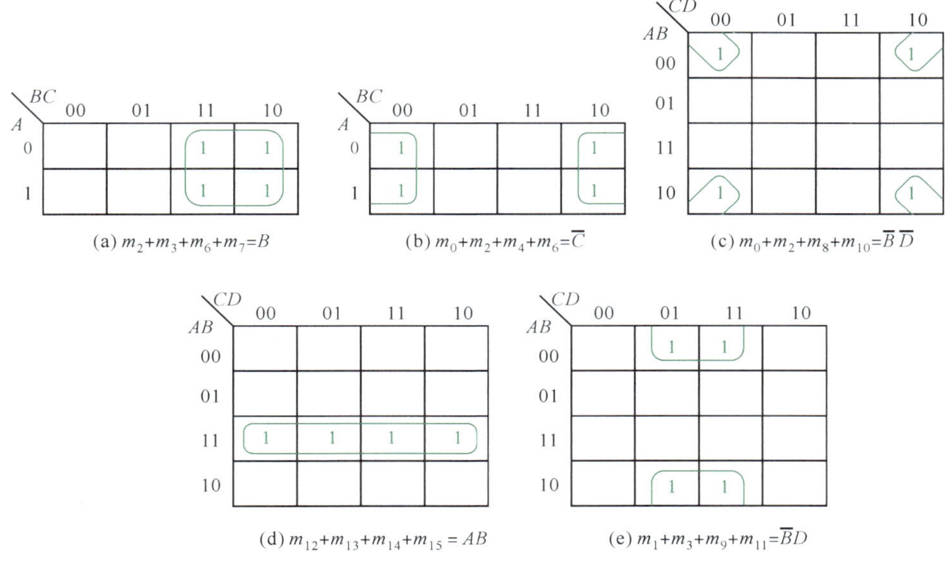

图 1-11　4 个相邻最小项合并规律

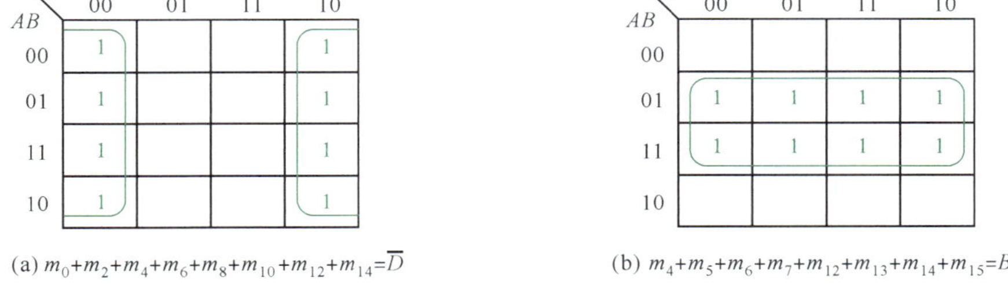

图 1-12　8 个相邻最小项合并规律

（2）逻辑函数的卡诺图

所谓逻辑函数的卡诺图，就是已知函数 Y 表达式，用卡诺图将 Y 表示出来，即把函数填入卡诺图中去。步骤如下：

①根据 Y 表达式的变量个数 N，画出 N 变量卡诺图。

②根据函数 Y 拥有的若干个最小项的编号，在相应编号的小方格中填 1，其余小方格中填 0 或不填。

例 1-20

已知函数 Y 为标准与或式，$Y(A,B,C)=\overline{A}B\,\overline{C}+\overline{A}BC+A\,\overline{B}C+ABC$，画出函数 Y 的卡诺图。

解　这是一个三变量函数，$N=3$，先画出三变量卡诺图。由于已知 Y 为标准与或式：

$$Y(A,B,C)=m_2+m_3+m_5+m_7=\sum m(2,3,5,7)$$

故对应卡诺图中 2、3、5、7 号小方格中填 1，其余小方格不填，即画出了 Y 的卡诺图。如图 1-13 所示。

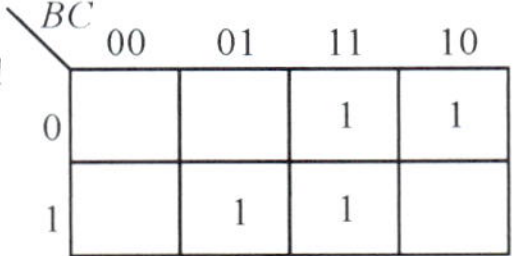

图 1-13　例 1-20 卡诺图

例 1-21

已知函数 $Y(A,B,C,D)=(\overline{A}B+AB)\overline{C}+\overline{B}CD+\overline{B}C\overline{D}+A\overline{B}\,\overline{C}D$，画出 Y 的卡诺图。

解 由于函数 Y 不是与或式，先将其变成一般与或式，而后，有两种解法：

解法 1，将函数 Y 配项变成标准与或式，再画出卡诺图，但这样做较麻烦，一般不采用。

解法 2，利用变量在卡诺图中的分布规律直接将一般与或式填入卡诺图，这种方法较快捷方便。三变量和四变量卡诺图变量分布规律如图 1-14 所示。中括号内所指所有最小项均包含该变量的原变量，中括号外的所有最小项均包含该变量的反变量。

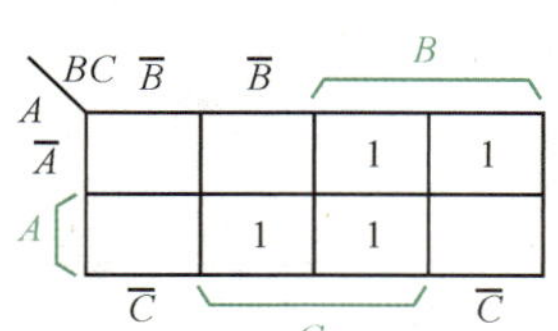

(a) 三变量在卡诺图中的分布规律

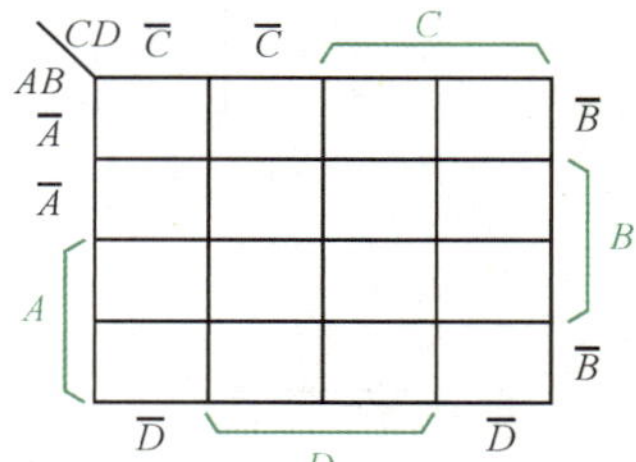

(b) 四变量在卡诺图中的分布规律

图 1-14 变量在卡诺图中的分布规律

首先把函数 Y 展开成一般与或式：

$$Y(A,B,C,D)=\overline{A}B\overline{C}+AB\overline{C}+\overline{B}CD+\overline{B}C\overline{D}+A\overline{B}\,\overline{C}D \qquad (*)$$

然后画出四变量卡诺图。对于乘积项 $\overline{A}B\overline{C}$，包含变量 $\overline{A}$、B、$\overline{C}$ 的最小项有 m_4、m_5；对于乘积项 $AB\overline{C}$，包含变量 A、B、$\overline{C}$ 的最小项有 m_{12}、m_{13}；对于乘积项 $\overline{B}CD$，包含变量 $\overline{B}$、C、D 的最小项有 m_3、m_{11}；对于乘积项 $\overline{B}C\overline{D}$，包含变量 $\overline{B}$、C、$\overline{D}$ 的最小项有 m_2、m_{10}；$A\overline{B}\,\overline{C}D$ 对应的最小项为 m_9。最后将式（$*$）中的所有乘积项包含的最小项直接填入卡诺图，便得到该函数的卡诺图，如图 1-15 所示。

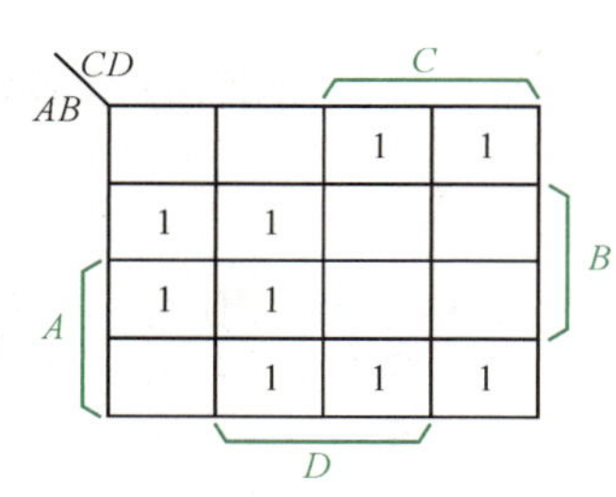

图 1-15 例 1-21 卡诺图

正确填写函数的卡诺图是利用卡诺图进行化简的基础。只有正确填写函数的卡诺图，才能保证化简的正确性。

(3)用卡诺图化简逻辑函数

①卡诺图化简法(圈 1 法)化简逻辑函数的步骤：

- 首先将逻辑函数变换为与或表达式。
- 画出逻辑函数的卡诺图。

● 合并相邻的最小项。把卡诺图中 2^N 个为 1 的相邻方格用包围圈圈起来进行合并，每个包围圈对应写成一个乘积项，直到圈完所有的标 1 的方格为止。

● 将整理后的各个乘积项加起来，就是所求的化简结果——最简与或式。

②用包围圈合并相邻最小项的几个原则　在化简逻辑函数的步骤中，其中最关键的一步就是第三步，即用包围圈合并相邻的最小项，虽然这一步没有固定步骤，但在化简过程中应遵循以下几个原则：

● 包围圈越大越好。但每个包围圈中标 1 的方格数目必须为 2^N 个，$N=0,1,2,3,4,\cdots$

● 每个包围圈应至少含有一个新的最小项。标 1 的方格可以被不同的包围圈多次圈用，但每个圈里至少有 1 个标 1 方格未被其他包围圈所圈过，这个未被其他包围圈圈过的方格所对应的最小项称为新的最小项。否则，这个包围圈为多余包围圈（对应的乘积项就是多余项）。

● 包围圈的个数应尽量少。由于一个包围圈对应一个乘积项，包围圈的个数越少，化简后的乘积项就越少。

● 不能漏掉任何一个标 1 的方格。

● 在有些情况下，最小项的圈法不止一种，得到的各个乘积项组成的与或式各不相同，哪个是最简的，要经过比较、检查才能确定。

● 在有些情况下，不同圈法得到的与或式都是最简形式，即一个函数的最简与或式不一定是唯一的。

例 1-22

用卡诺图化简函数 $Y(A,B,C,D)=\sum m(2,3,4,5,8,10,11,12,13)$。

解　①由于函数 Y 为标准与或式，可直接画出函数 Y 的卡诺图，如图 1-16 所示。

②画包围圈，合并相邻最小项。先圈仅 2 个相邻的标 1 方格（a 圈）；再圈 4 个相邻的标 1 方格（b、c 圈），注意 c 圈为上下两两相邻。

③提取每个包围圈中最小项的公因子构成乘积项，然后将这些乘积项加起来，就得到最简与或式。

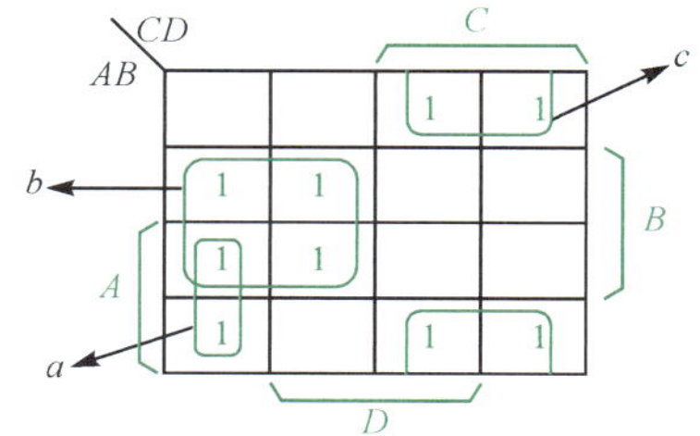

图 1-16　例 1-22 卡诺图

一个包围圈对应一个乘积项，在写乘积项时，包围圈在变量内部时，该变量以原变量形式作为因子在乘积项中出现。包围圈在变量外部时，该变量以反变量形式作为因子在乘积项中出现。包围圈一半在变量内部，一半在变量外部时，该变量不写，即消掉该变量。所以，a 圈对应的乘积项为 $A\overline{C}\,\overline{D}$，$b$ 圈对应的乘积项为 $B\overline{C}$，c 圈对应的乘积项为 $\overline{B}C$。所以该函数最简与或式为 $Y=A\overline{C}\,\overline{D}+B\overline{C}+\overline{B}C$。

当熟练掌握卡诺图法化简后，可不用分这三步进行，而直接画出卡诺图用圈 1 法合并写出结果。

例 1-23

用卡诺图化简函数 $Y=A\overline{B}\,\overline{C}D+\overline{A}B\,\overline{C}\,\overline{D}+B\,\overline{C}D+ABC+BCD+\overline{A}\,\overline{B}CD$。

解 ①函数 Y 为一般与或式，可直接填出函数 Y 的卡诺图。

②画包围圈，如图 1-17 所示。

③写最简与或表达式。由最小项 m_5、m_7、m_{13}、m_{15} 构成的包围圈因无新最小项，该包围圈为无效包围圈，其所对应的乘积项为无效项。所以，最简与或表达式为

$$Y=\overline{A}B\overline{C}+A\,\overline{C}D+\overline{A}CD+ABC$$

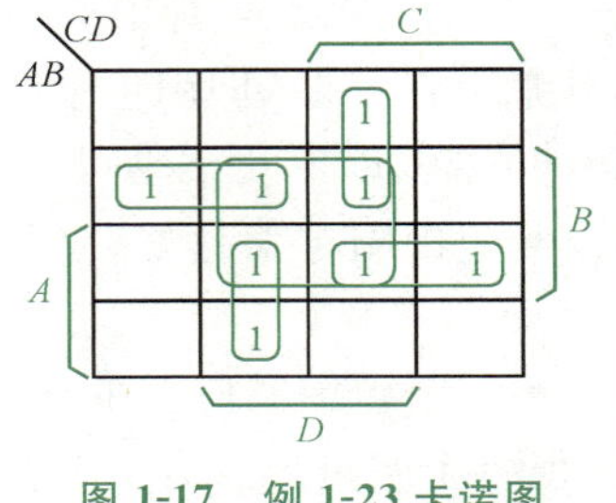

图 1-17 例 1-23 卡诺图

1.1.6 具有约束的逻辑函数的化简

1. 约束、约束项、约束条件

对于十字路口的交通信号灯，设红、绿、黄灯分别用 A、B、C 来表示；灯亮用 1 表示，灯灭用 0 表示；停车时 $Y=1$，通车时 $Y=0$。在实际工作中，一次只允许一个灯亮，不允许有两个或两个以上的灯同时亮。如果在灯全灭时，允许车辆通行(保证安全前提下)，则任何两个变量都不会同时取值为 1(同时有效)，即 A、B、C 三个变量的取值只能出现 000、001、010、100，而不会出现 011、101、110、111 这四种情况。

(1)约束的概念

由上可知，三个变量 A、B、C 之间存在着相互制约的关系，这种关系即约束。实际逻辑问题往往具有约束，约束是一个非常重要的概念。

(2)约束项

由上可知，011、101、110、111 这四种组合不会出现，由它们对应写出的最小项 $\overline{A}BC$、$A\overline{B}C$、$AB\,\overline{C}$、ABC 称为约束项，或称为无关项、任意项，在逻辑函数中用字母 d 和相应的编号表示，在卡诺图中用“×”表示。

(3)约束条件

由于约束项不会出现，也就是说约束项的值不会为 1，其值恒为 0。将约束项加起来恒为 0 的等式称为约束条件表达式。可知：

$$\left.\begin{aligned}&\overline{A}BC+A\overline{B}C+AB\overline{C}+ABC=0\\&\sum d(3,5,6,7)=0\\&\text{或 } AB+AC+BC=0(\text{最简与或式})\end{aligned}\right\}\text{约束条件} \qquad (*)$$

值得说明的是，约束条件表达式不能单独存在，必须和逻辑函数表达式在一起，作为该实际逻辑函数成立的条件。将有约束条件限制的逻辑函数称为具有约束的逻辑函数。则式(*)所示函数可表示为

$$Y(A,B,C)=\sum m(0,1,2,4)+\sum d(3,5,6,7)$$

2. 具有约束的逻辑函数化简

在卡诺图中约束项既可看作 1，也可看作 0。画包围圈时可以把约束项包括在里面，也可以把约束项包括在外面。其原则仍然是相邻最小项构成包围圈最大，包围圈数目最少。但要注意包围圈中必须包含有效最小项，不能全是约束项，而且只要按此原则把 1 圈完，有些约束项不是非利用不可。

例 1-24

表 1-9 是用 8421 码表示的十进制数 0～9，其中 1010～1111 六个状态不会出现，为约束项。要求当十进制数为奇数时，输出函数 $Y=1$。求函数 Y 的最简与或式。

表 1-9　　例 1-24 真值表

十进制数	输入变量	输出变量
	$ABCD$	Y
0	0000	0
1	0001	1
2	0010	0
3	0011	1
4	0100	0
5	0101	1
6	0110	0
7	0111	1
8	1000	0
9	1001	1
不会出现	1010	×
	1011	×
	1100	×
	1101	×
	1110	×
	1111	×

解　画出函数 Y 对应的卡诺图，如图 1-18 所示。

①若不考虑约束项，化简可得

$$Y=\overline{A}D+A\overline{B}\,\overline{C}D\text{（自行推导）}$$

②若考虑约束项，并利用约束项“×”进行化简，如图 1-18 所示，其结果为

$$Y=D$$

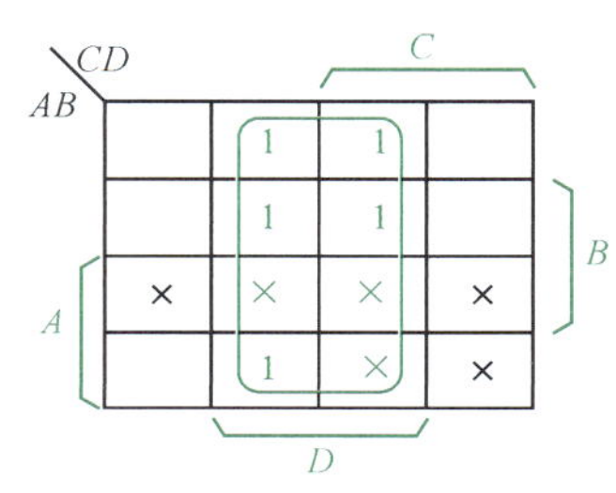

图 1-18　例 1-24 卡诺图

可见，利用约束项可使结果大大简化，同时说明该逻辑问题的实质简化为 $D=1$ 时，$Y=1$，即当 $D=1$ 时，十进制数为奇数。

1.2 认识逻辑门电路

1.2.1 基本逻辑门电路

逻辑门电路

能够实现基本逻辑运算的电路，称为基本逻辑门电路。门电路是构成数字电路的基本单元。对于各种门电路要掌握它们的电路符号、逻辑功能、表示方法及相互转换。

在数字电路中，用高、低电平分别表示二值逻辑的 1 和 0 两种逻辑状态。如果用逻辑 1 表示高电平，用逻辑 0 表示低电平，称这种表示方法为正逻辑。反之，如果用逻辑 0 表示高电平，用逻辑 1 表示低电平，称这种表示方法为负逻辑。在本书中如未加说明，则一律采用正逻辑。

1. 常用基本逻辑门电路的电路符号和逻辑关系

基本逻辑门电路的逻辑关系常用真值表来表示。真值表就是将输入变量可能的取值组合状态及其对应的输出状态列成表格，用以表示电路的输入与输出之间的逻辑关系，也称这种逻辑关系为逻辑功能。

基本逻辑门电路的种类很多，常见的几种基本逻辑门电路见表 1-10。

表 1-10 常见的几种基本逻辑门电路

逻辑名称	逻辑符号		逻辑表达式	逻辑运算规律	真值表（逻辑功能）
	国标符号	国外常用符号			
与门	A、B → & → Y	A、B → Y	$Y=AB$	有 0 为 0，全 1 为 1	A B Y 0 0 0 0 1 0 1 0 0 1 1 1
或门	A、B → ≥1 → Y	A、B → Y	$Y=A+B$	有 1 为 1，全 0 为 0	A B Y 0 0 0 0 1 1 1 0 1 1 1 1
非门	A → 1 → Y	A → Y	$Y=\overline{A}$	有 0 为 1，有 1 为 0	A Y 0 1 1 0

续表

逻辑名称	逻辑符号		逻辑表达式	逻辑运算规律	真值表（逻辑功能）
	国标符号	国外常用符号			
与非门	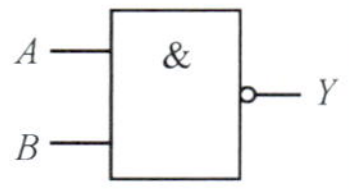		$Y=\overline{AB}$	有 0 为 1， 全 1 为 0	A B Y 0 0 1 0 1 1 1 0 1 1 1 0
或非门	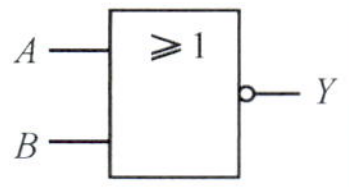	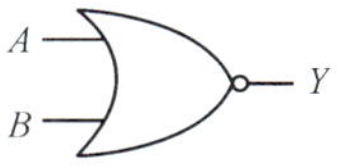	$Y=\overline{A+B}$	有 1 为 0， 全 0 为 1	A B Y 0 0 1 0 1 0 1 0 0 1 1 0
与或非门	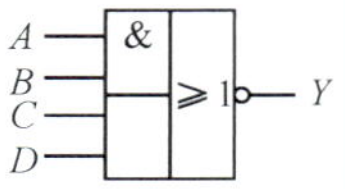	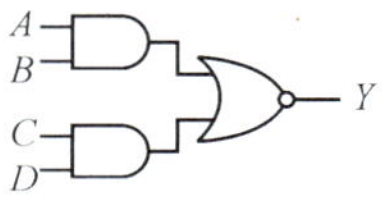	$Y=\overline{AB+CD}$	与项为 1， 结果为 0， 其余输出全为 1	A B C D Y 0 0 0 0 1 0 0 0 1 1 … … … … … 1 1 1 1 0
异或门	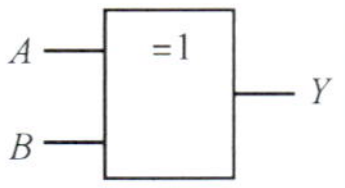	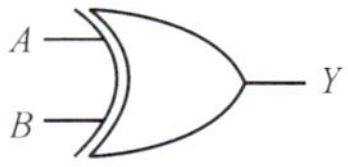	$Y=A\oplus B$	不同为 1， 相同为 0	A B Y 0 0 0 0 1 1 1 0 1 1 1 0
同或门	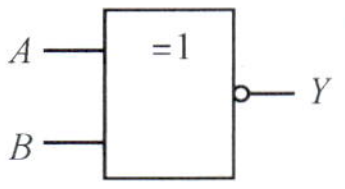	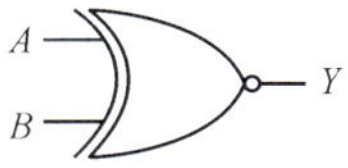	$Y=A\odot B$	不同为 0， 相同为 1	A B Y 0 0 1 0 1 0 1 0 0 1 1 1
OC 门	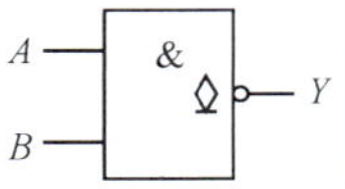	—	$Y=\overline{AB}$ 输出能并联， 可实现线与	有 0 为 1， 全 1 为 0	A B Y 0 0 1 0 1 1 1 0 1 1 1 0

续表

<table>
<tr><th rowspan="2">逻辑名称</th><th colspan="2">逻辑符号</th><th rowspan="2">逻辑表达式</th><th rowspan="2">逻辑运算规律</th><th colspan="3" rowspan="2">真值表
（逻辑功能）</th></tr>
<tr><th>国标符号</th><th>国外常用符号</th></tr>
<tr><td rowspan="5">三态门
（一）</td><td rowspan="5">A, B, $\overline{EN}$, &, Y</td><td rowspan="5">A, B, $\overline{EN}$, Y</td><td rowspan="5">当$\overline{EN}=0$时，
$Y=\overline{AB}$</td><td rowspan="5">有 0 为 1，
全 1 为 0</td><td>A</td><td>B</td><td>Y</td></tr>
<tr><td>0</td><td>0</td><td>1</td></tr>
<tr><td>0</td><td>1</td><td>1</td></tr>
<tr><td>1</td><td>0</td><td>1</td></tr>
<tr><td>1</td><td>1</td><td>0</td></tr>
<tr><td rowspan="5">三态门
（二）</td><td rowspan="5">A, B, EN, &, Y</td><td rowspan="5">A, B, EN, Y</td><td rowspan="5">当 $EN=1$ 时，
$Y=\overline{AB}$</td><td rowspan="5">有 0 为 1，
全 1 为 0</td><td>A</td><td>B</td><td>Y</td></tr>
<tr><td>0</td><td>0</td><td>1</td></tr>
<tr><td>0</td><td>1</td><td>1</td></tr>
<tr><td>1</td><td>0</td><td>1</td></tr>
<tr><td>1</td><td>1</td><td>0</td></tr>
<tr><td rowspan="3">传输门</td><td rowspan="3">$\overline{C}$, u_i/u_o, TG, u_o/u_i, C</td><td rowspan="3">$\overline{C}$, u_i/u_o, C, u_o/u_i</td><td rowspan="3">当 $C=1$，
$\overline{C}=0$ 时，
$u_o=u_i$</td><td rowspan="3">有 0 为 0，
有 1 为 1</td><td colspan="2">u_i</td><td>u_o</td></tr>
<tr><td colspan="2">0</td><td>0</td></tr>
<tr><td colspan="2">1</td><td>1</td></tr>
</table>

在实际数字系统中有时需要将几个与非门的输出端并联使用，但普通的与非门无论输出是高电平还是低电平，其输出负载都很小，所以当这类与非门并联使用时，若一个门截止，另一个门导通，将会有一个很大的电流流过两个门的输出级，这不仅会使导通门输出的低电平被严重抬高，还有可能把导通门烧坏。

(1)OC 门

OC 门是改进了的 TTL 系列与非门，也称为集电极开路的与非门，它很好地解决了这一弊端。它把输出端改为集电极开路的三极管结构，做成了集电极开路的门电路。

OC 门工作时，需要在输出端和电源之间外接一个上拉负载电阻 R_L。两个或两个以上 OC 门的输出端连接在一起后，可通过一个负载电阻 R_L 接到电源上，如图 1-19 所示。

显然，只有所有的 OC 门输出都为高电平时，输出端 Y 才为高电平。若有一个门输出为低电平，Y 就为低电平。称这种多个 OC 门输出信号在输出端可直接相与的逻辑功能为线与，这是其他门电路不具备的特性。在逻辑图中线与用方框来表示，如图 1-19 所示。

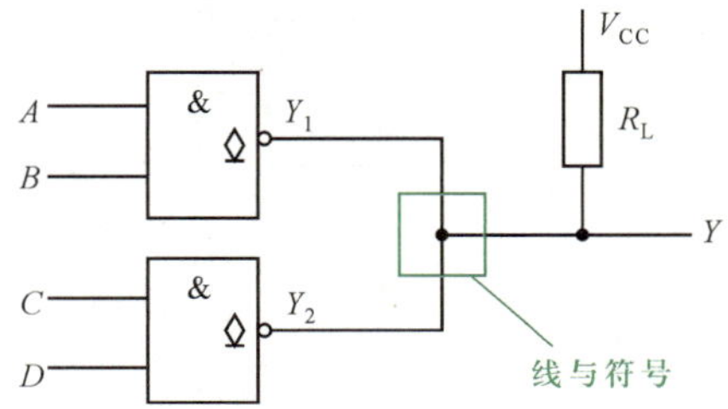

图 1-19 OC 门输出并联使用的电路

如图 1-19 所示电路的逻辑表达式为

$$Y=Y_1Y_2=\overline{AB}\,\overline{CD}$$

为了使线与输出的高、低电平值符合所在数字电路系统的要求，对外接负载电阻 R_L 的阻值要做适当的选取。下面介绍外接负载 R_L 的选取。

假设有 n 个 OC 门接成线与的形式，其输出负载为 m 个 TTL 非门，如图 1-20 所示。

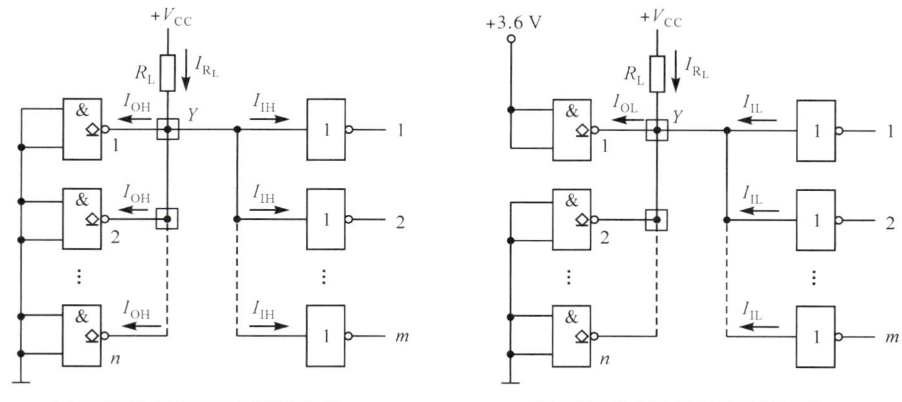

(a) OC门输出为高电平时的电路　　(b) OC门输出为低电平时的电路

图 1-20　计算 OC 门外接负载电阻的电路

当所有的 OC 门都输出高电平时，输出端 Y 为高电平 V_{OH}，为保证输出的高电平不低于规定值，R_L 不能太大。由图 1-20(a)可得 R_L 的最大值为

$$R_{Lmax}=\frac{V_{CC}-V_{OH}}{nI_{OH}+mI_{IH}}$$

式中，V_{CC} 为外接电源电压；I_{OH} 为 OC 门输出高电平时输出端的电流；I_{IH} 为负载门每个输入端为高电平时的输入漏电流。

当有一个 OC 门输出低电平时，输出端 Y 为低电平 V_{OL}。而且应保证在最不利的情况下，即所有负载电流全部流入唯一的一个导通门时，输出低电平仍不高于规定值。由图 1-20(b)可得 R_L 的最小值为

$$R_{Lmin}=\frac{V_{CC}-V_{OL}}{I_{OL}-mI_{IL}}$$

式中，I_{OL} 为 OC 门输出低电平时输出端的电流；I_{IL} 为负载门每个输入端为低电平时的输入漏电流。

综合以上两种情况，R_L 值的选取应满足：

$$R_{Lmin}<R_L<R_{Lmax}$$

(2)三态门

三态门是另一种改进的与非门。它是在普通与非门的基础上附加了控制电路。它的输出不仅有高电平(H 态)和低电平(L 态)两种状态，还有第三种状态——输出端对地高阻抗(Z 态)，简称高阻状态。

三态门逻辑符号中的 EN 和 $\overline{EN}$ 为控制端，又称使能端。

控制端 EN 表示高电平有效，即当 $EN=1$ 时，三态门输出为正常的与非工作状态，有 $Y=\overline{AB}$；当 $EN=0$ 时，三态门输出呈高阻状态，有 $Y=Z$。

控制端 $\overline{EN}$ 表示低电平有效，即当 $\overline{EN}=0$ 时，三态门输出为正常的与非工作状态，有 $Y=\overline{AB}$；当 $\overline{EN}=1$ 时，三态门输出呈高阻状态，有 $Y=Z$。

三态门主要用在实现多个数据的总线传输和数据的双向传输中。

如图 1-21 所示是用三态门构成的单向数据总线。当 EN_1、EN_2 和 EN_3 轮流为高电

平 1 时，则在任一时刻只有一个三态门工作，其他三态门处于高阻状态。从而实现数据 A_1、A_2 和 A_3 轮流反相分时送上总线。

如图 1-22 所示是用三态门构成的双向数据总线。当 $EN=1$ 时，G_1 工作，G_2 禁止。数据 D_1 经 G_1 反相后传送到总线上，即把 $\overline{D}_1$ 传送到总线上；当 $EN=0$ 时，G_1 禁止，G_2 工作。数据 $\overline{D}_2$ 经反相后从总线上传出来，从而构成双向传输的功能。

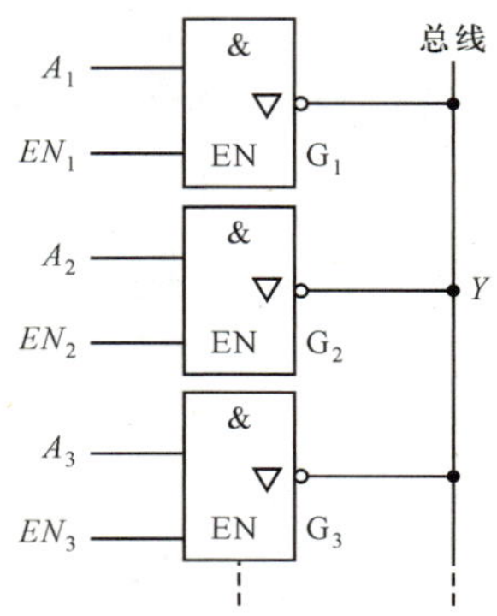

图 1-21 用三态门构成的单向数据总线

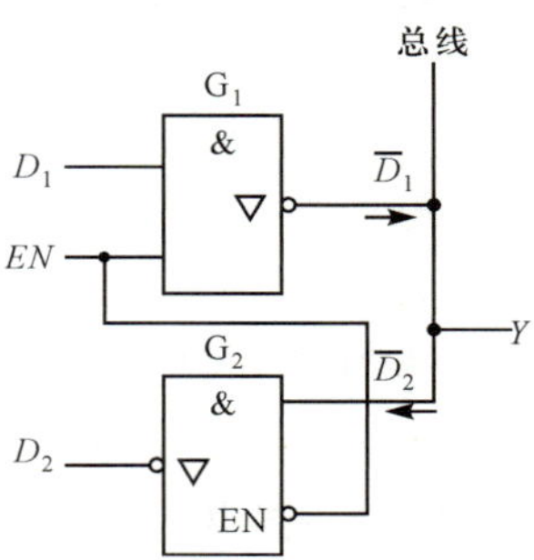

图 1-22 用三态门构成的双向数据总线

(3)传输门

传输门中的 C、$\overline{C}$ 端为一对互补的控制端。当 $C=1$，$\overline{C}=0$ 时，$u_o=u_i$，输入 u_i 传输到输出端，传输门开通。当 $C=0$，$\overline{C}=1$ 时，$u_o=Z$(输出端和输入端之间呈高阻状态)，输入 u_i 不能传输到输出端，传输门关闭。

CMOS 传输门属于双向器件，它的输入端和输出端可以互换使用。

若把 CMOS 传输门和 CMOS 反相器组合成如图 1-23 所示的电路，便构成了双向模拟开关。

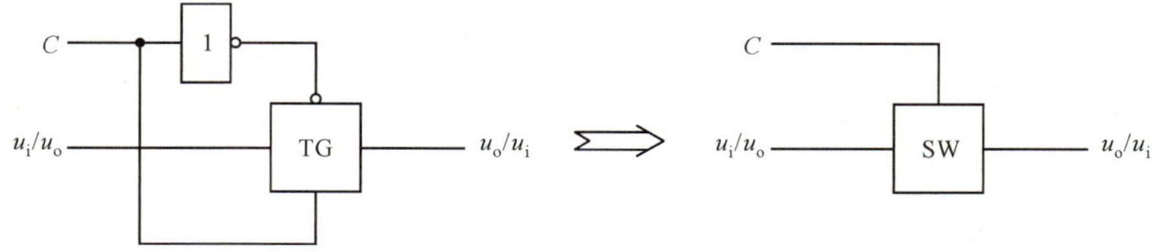

图 1-23 CMOS 双向模拟开关电路

当 $C=1$ 时，$u_o=u_i$，这时相当于开关闭合；当 $C=0$ 时，$u_o=Z$，这时相当于开关断开。和 CMOS 传输门一样，它也是双向器件，而且它能够传输连续变化的模拟信号，这点是无法用一般逻辑门实现的。

2. 门电路逻辑功能的表述方法及不同方法间的相互转换

描述一个门电路的逻辑功能除了用真值表外，通常还可用逻辑函数表达式、逻辑图、卡诺图和波形图来表示。这些方法各有其特点，它们既能相互联系，又可相互转换。

(1)门电路逻辑功能各种表示方法的特点

①逻辑函数表达式 逻辑函数表达式是用与、或、非等基本运算来表示输入变量和输出变量因果关系的逻辑代数式。其特点是形式简单、书写方便，便于进行运算和转换。

同一个逻辑函数可以有不同的逻辑函数表达式，基本形式有与或、或与两种。此外还有与非-与非、或非-或非、与或非这三种形式。

逻辑函数表达式具有不唯一性。因此，可根据需要转换逻辑函数表达式，从而可用不同的逻辑门电路来实现其逻辑功能。

②真值表　真值表是根据给定的逻辑问题，把输入变量的各种取值的组合和对应的输出函数值排列成表格。其特点是直观、明了，可直接看出输入变量与输出函数各种取值之间的一一对应关系。真值表具有唯一性。

③逻辑图　逻辑图是用若干个基本逻辑门连接成的电路图。其特点是与实际使用的器件有着对应关系，比较接近于实际的电路，但它只反映电路的逻辑功能，而不反映电气参数和性能。同一种逻辑功能可以用多种逻辑图实现，它不具备唯一性。

④卡诺图　卡诺图是按相邻性原则排列的最小项的方格图。它实际上是真值表的特定的图示形式。其特点是在化简逻辑函数时比较直观且容易掌握。卡诺图具有唯一性，但化简后的逻辑表达式不是唯一的。

⑤波形图　波形图是利用高、低电平来代表逻辑1和逻辑0而画出的图形。其特点是可以直观、清晰地看到输入变量和输出函数间随时间变化的对应的逻辑关系的全过程。波形图具有唯一性。

(2)各种逻辑功能表示方法的相互转换

在实际工作中，可根据需要选择不同的逻辑功能表达方法，因此需掌握不同逻辑功能表示方法间的相互转换。

① 逻辑函数表达式与真值表的相互转换

- 由逻辑函数表达式列真值表　根据表达式列真值表有如下两种方法：

方法一　将输入变量的所有取值一一代入逻辑函数表达式中，求出所对应的逻辑函数值。再将它们列成表格即可得到真值表。

例 1-25

根据逻辑函数表达式 $Y=A\overline{C}+\overline{A}B$，写出它的真值表。

解　写出 A、B、C 三个变量的八种不同取值的组合，再将各种取值分别代入逻辑函数表达式中，得到对应的逻辑函数 Y 的值，列表即可，见表1-11。

表 1-11　　例 1-25 真值表

输入			输出
A	B	C	Y
0	0	0	0
0	0	1	0
0	1	0	1
0	1	1	1
1	0	0	1
1	0	1	0
1	1	0	1
1	1	1	0

方法二 先将逻辑函数表达式转换为标准的与或式，再将式中的每个最小项对应的函数值填为“1”，式中不存在的最小项对应的函数值填为“0”。

● 由真值表写逻辑函数 Y 的表达式 首先将真值表中逻辑函数值为 1 的每一组输入变量的组合写成一个与式，若对应的输入变量取值为 1，将此变量写为原变量；若取值为 0，将此变量写为反变量。然后将各与式相加，最后化简其表达式为最简式。如果需要写出 $\overline{Y}$ 的函数表达式，可将真值表中逻辑函数值为 0 的每一组输入变量的组合写成一个与式，再将各与式相加，最后化简其表达式为最简式即可。

例 1-26

根据真值表(表 1-12)写 Y、$\overline{Y}$ 的逻辑函数表达式。

表 1-12 例 1-26 真值表

输入		输出
A	B	Y
0	0	1
0	1	0
1	0	0
1	1	1

解 将函数值为 1 所对应的变量组合写成与式，即 $\overline{A}\,\overline{B}$、$AB$。

将这些与式相加，便可得 Y 逻辑函数表达式为

$$Y=\overline{A}\,\overline{B}+AB$$

同理，写出 $\overline{Y}$ 逻辑函数表达式为

$$\overline{Y}=\overline{A}B+A\overline{B}$$

②逻辑函数表达式与逻辑图的相互转换

● 由逻辑函数表达式画逻辑图 将表达式中的运算符号用相应的逻辑门代替，并按照运算顺序把这些逻辑门连接起来便可得到对应的逻辑图。

例 1-27

画出函数 $Y=\overline{A}\,\overline{B}+AB$ 对应的逻辑图。

解 对应的逻辑图如图 1-24 所示。

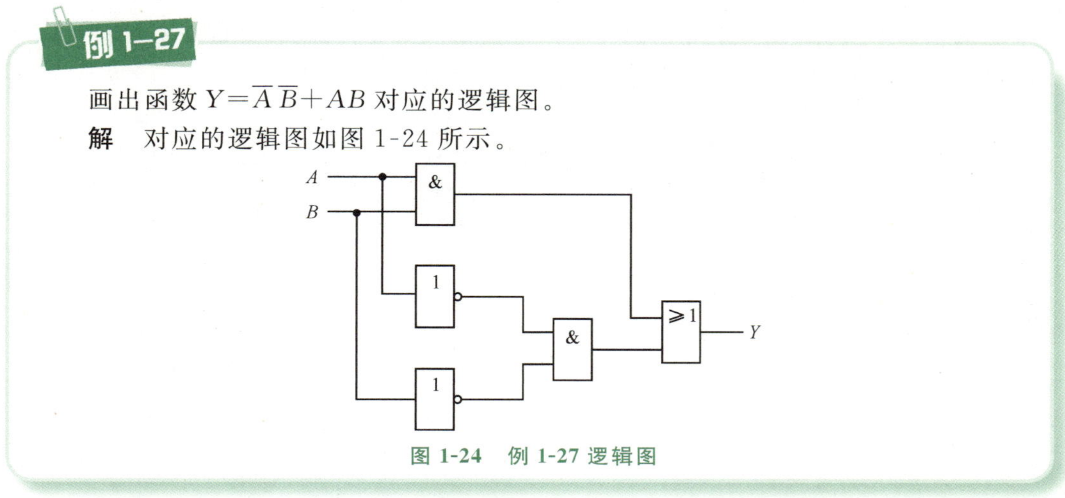

图 1-24 例 1-27 逻辑图

● 由逻辑图写逻辑函数表达式　从逻辑图的输入端到输出端逐级写出每个逻辑符号对应的表达式，就可得到相应的逻辑函数表达式。

例 1-28

由如图 1-25 所示逻辑图写出其逻辑函数表达式。

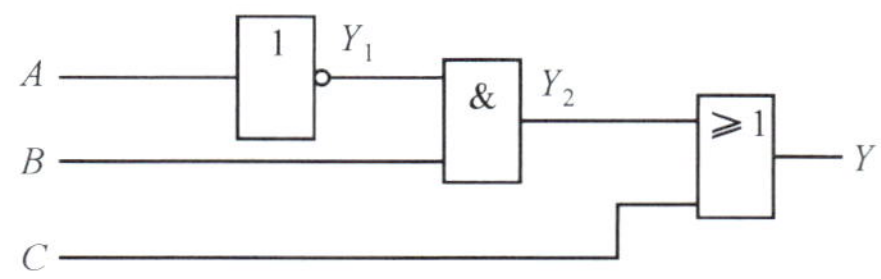

图 1-25　例 1-28 逻辑图

解　根据逻辑图逐级写出输出端的逻辑函数表达式

$$Y_1=\overline{A}$$

$$Y_2=Y_1B=\overline{A}B$$

$$Y=Y_2+C=\overline{A}B+C$$

③逻辑函数表达式与波形图的相互转换

● 由逻辑函数表达式画波形图　首先根据逻辑函数表达式列出函数的真值表，再由真值表画波形图。

画出逻辑函数 $Y=\overline{A}B+A\overline{B}$ 的波形图。

解　根据逻辑函数表达式列真值表，见表 1-13。

表 1-13　例 1-29 真值表

输入		输出
A	B	Y
0	0	0
0	1	1
1	0	1
1	1	0

再由真值表画出如图 1-26 所示的波形图。

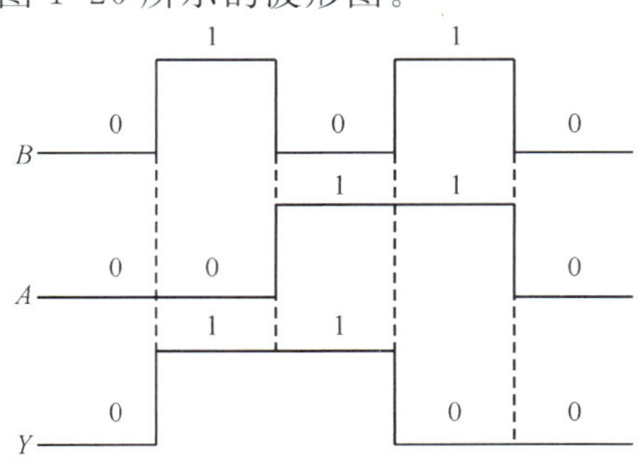

图 1-26　例 1-29 波形图

● 由波形图写出逻辑函数表达式　首先根据波形图列真值表。波形图中重复出现的变量组合只写一次，未出现的变量组合按无关项处理。再根据真值表写出标准的与或逻辑函数表达式。最后化简其表达式为最简式。

例 1-30

数字电路的输入信号 A、B、C 与输出信号 Y 的波形图如图 1-27 所示。写出逻辑函数 Y 的表达式。

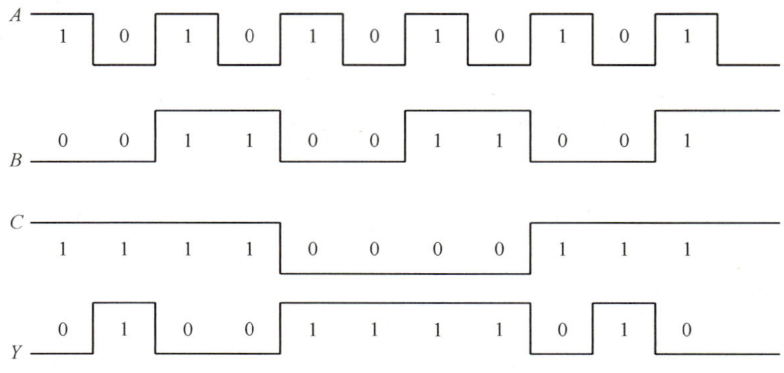

图 1-27　例 1-30 波形图

解　根据波形图列真值表，见表 1-14。

表 1-14　例 1-30 真值表

输　入			输　出
A	B	C	Y
1	0	1	0
0	0	1	1
1	1	1	0
0	1	1	0
1	0	0	1
0	0	0	1
1	1	0	1
0	1	0	1

根据真值表写出标准的与或逻辑函数表达式，并化简为

$$Y=\overline{A}\,\overline{B}\,\overline{C}+\overline{A}\,\overline{B}C+\overline{A}B\overline{C}+A\overline{B}\,\overline{C}+AB\overline{C}=\overline{A}\,\overline{B}+\overline{C}$$

1.2.2　集成逻辑门电路

将数字电路元器件和连线制作在同一硅片上，制造成的电路为集成电路(Integrated Circuit，简称 IC)。因为集成电路体积小、质量轻、功耗低、可靠性好，所以已在许多领域得到了广泛的应用。

集成电路按集成度的高低可划分为四类，见表 1-15。

表 1-15　　集成电路按集成度分类

集成电路分类	集成度	电路规模与范围
小规模集成电路	10～100 个元件/片 1～10 个门/片	逻辑单元电路 包括逻辑门电路和触发器
中规模集成电路	100～1 000 个元件/片 10～100 个门/片	逻辑部件 包括计数器、译码器、编码器等
大规模集成电路	1 000～100 000 个元件/片 100～1 000 个门/片	数字逻辑系统 包括中央控制器、存储器、各种接口电路
超大规模集成电路	大于 10 万个元件/片 大于 1 000 个门/片	高集成度的数字逻辑系统 包括各种单片机(在一片硅片上集成一个完整计算机)

按集成电路内部器件的不同又可划分为两类:一类是双极型晶体管集成电路,另一类是单极型场效应管集成电路。TTL 是双极型集成电路中用得最多的一种,单极型集成电路则以 CMOS 型为主。TTL 是 transistor-transistor logic 的缩写,它是指晶体管-晶体管逻辑门电路,它的输入端和输出端都是由晶体管组成。CMOS 是 complementary symmetry metal-oxide-semicorductor 的缩写,它是指互补型金属-氧化物-半导体场效应管门电路,它由增强型 PMOS 管和增强型 NMOS 管组成互补对称 MOS 门电路。

对于集成逻辑门电路的学习,主要应了解它的逻辑功能、主要参数和使用方法。

1. TTL 集成逻辑门电路

(1)TTL 集成逻辑门电路的分类

TTL 集成逻辑门电路有很多系列,主要的系列有五种,分别介绍如下:

①54/74 系列　54/74 系列是标准 TTL 系列。该系列功耗约为 10 mW,平均延迟时间 t_{pd}=9 ns。

②54L/74L 系列　54L/74L 系列是低功耗 TTL 系列。该系列功耗为 1 mW 以下,但 t_{pd} 增大为 33 ns。

③54H/74H 系列　54H/74H 系列是高速 TTL 系列。与标准 74 系列相比,它做了两方面的改进,一是减小了电阻值,二是采用了达林顿结构,从而提高了工作速度。该系列电路功耗为 22 mW,t_{pd} 减小到 6 ns。

④54S/74S 系列　54S/74S 系列是肖特基 TTL 系列。由于采用了正向压降只有 0.3 V 的肖特基二极管,有效地减轻了三极管的饱和深度,t_{pd} 减小到 3 ns,其功耗减小到 19 mW。

⑤54LS/74LS 系列　54LS/74LS 系列是低功耗肖特基 TTL 系列。该系列除采用肖特基二极管提高工作速度外,还通过增大电路中的电阻值来减小功耗。其 t_{pd}=9 ns,功耗为 2 mW。

CT54 系列常用于军品中,CT74 系列常用于民品中,两者电路结构和参数基本相同。其差异仅仅在于使用温度和工作电压不同而已,CT54 系列的使用温度为－55～125 ℃,工作电压为(5±0.5) V;CT74 系列的使用温度为 0～70 ℃,工作电压为(5±0.25) V。

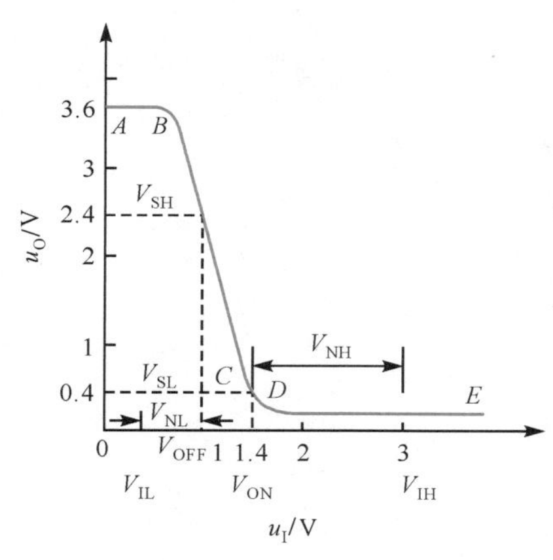

图 1-28 标准型 TTL 与非门的电压传输特性曲线

(2)TTL 与非门的电压传输特性

TTL 与非门的电压传输特性是指在空载条件下,输出电压 u_O 随输入电压 u_I 变化的特性。图 1-28 所示为标准型 TTL 与非门的电压传输特性曲线。

该曲线可分为四个段区:

①AB 段为截止区:输入电压 $u_I<0.6$ V 时,输出电压 $u_O\approx3.6$ V,为高电平。

②BC 段为线性区:当 $0.6\ \text{V}<u_I<1.3$ V 时,u_O 将随着 u_I 的增大而减小。

③CD 段为转折区:当 $1.3\ \text{V}<u_I<1.4$ V 时,u_O 将随着 u_I 的增大而急剧下降为 0.3 V。

④DE 段为饱和区:当 $u_I>1.4$ V 时,输出电压不发生太大的变化,$u_O\approx0.3$ V,为低电平。

(3)TTL 集成逻辑门电路的主要参数

在集成逻辑门电路中,TTL 与非门和 CMOS 反相器是构成其他门电路的基本结构。下面将着重讨论 TTL 与非门的电路特性及其主要参数,以便正确地使用门电路。

①阈值电压 V_{TH} 又称门槛电压,它是指工作在电压传输特性曲线转折区中点对应的输入电压,一般取 $V_{TH}=1.4$ V。在近似分析中,可以认为:当 $u_I<V_{TH}$时,与非门工作在关闭状态,输出高电平 V_{OH};当 $u_I>V_{TH}$时,与非门工作在导通状态,输出低电平 V_{OL}。

②关门电平 V_{OFF} 在保证输出为标准高电平 V_{SH}的条件下所允许输入的最大低电平值称为关门电平 V_{OFF},若 $V_{SH}=2.4$ V,由图 1-28 可得关门电平 $V_{OFF}=0.9$ V。

③开门电平 V_{ON} 在保证输出为标准低电平 V_{SL}的条件下所允许输入的最小高电平值称为开门电平 V_{ON},若 $V_{SL}=0.4$ V,由图 1-28 得 $V_{ON}=1.4$ V。

从上述结论可以看出,当 $u_I<V_{OFF}$时与非门关闭,输出高电平;当 $u_I>V_{ON}$时与非门导通,输出为低电平。

④噪声容限 TTL 与非门在使用时,输入端有时会有干扰信号叠加在输入信号上,干扰信号用噪声电压来描述。把不会影响输出端正常逻辑功能所允许的噪声电压的幅度称为噪声容限。

低电平噪声容限 V_{NL}:为保证输出为高电平,在输入低电平时所允许叠加的最大正向干扰电压,即 $V_{NL}=V_{OFF}-V_{IL}$。

高电平噪声容限 V_{NH}:为保证输出为低电平,在输入高电平时所允许叠加的最大负向干扰电压,即 $V_{NH}=V_{IH}-V_{ON}$。

噪声容限越大,电路抗干扰能力越强。

⑤输入短路电流 I_{IS} I_{IS}是指与非门的输入端有一端接地,其余输入端开路时,流入接地输入端的电流。在多级电路连接时,I_{IS}就是在前级与非门输出低电平时,灌入前级的负载电流。它的大小直接影响前级带同类与非门的能力。显然 I_{IS}大,则使前级带同类与非门的能力下降。一般规范值为 $I_{IS}\leqslant1.5$ mA。

⑥输入漏电流 I_{IH}　I_{IH}是指与非门的一个输入端接高电平，其余输入端接地时，流入该输入端的电流。在多级电路连接时，I_{IH}就是在前级与非门输出高电平时，从前级与非门流出的电流，若 I_{IH}太大，将会使前级与非门输出的高电平下降，一般 $I_{IH} \leqslant 40\ \mu A$。

⑦关门电阻 R_{OFF}与开门电阻 R_{ON}　关门电阻 R_{OFF}是指与非门输出端维持高电平时，所对应输入端对地的最大电阻。当与非门输入端对地所接电阻 $R_i < R_{OFF}$时，相当于输入端接低电平。

开门电阻 R_{ON}是指与非门输出端维持低电平时，所对应输入端对地的最小电阻。当与非门输入端对地所接电阻 $R_i > R_{ON}$时，相当于输入端接高电平。当 TTL 与非门输入端悬空时，输入端对地的电阻视为无穷大，远大于 R_{ON}。所以，TTL 与非门输入端悬空时相当于接高电平。

由此可知，门电路输入端外接电阻的大小，会影响门电路的输出状态。

不同系列门电路的 R_{OFF}与 R_{ON}阻值不同，具体数值可查阅相关手册。对于 54/74 系列，$R_{OFF}=0.9\ k\Omega$，$R_{ON}=1.9\ k\Omega$。

⑧扇出系数 N　N 是指与非门能驱动同类门电路的最大个数，它代表了门电路带负载的能力。

与非门输出低电平时，允许输出端带同类门的最大个数称为输出低电平扇出系数，用 N_L 表示。如果与非门输出低电平时的输出最大电流为 $I_{OL(max)}$，每个负载门的输入低电平电流为 I_{IL}，则 N_L 为

$$N_L=\frac{I_{OL(max)}}{I_{IL}}$$

这时由于与非门输出为低电平，负载电流是灌入与非门输出端的，所以称此时的带载能力为灌流负载能力。通常取 $N_L \leqslant 8$。

与非门输出高电平时，允许输出端带同类门的最大个数称为输出高电平扇出系数，用 N_H 表示。如果与非门输出高电平时的输出最大电流为 $I_{OH(max)}$，每个负载门的输入高电平电流为 I_{HL}，则 N_H 为

$$N_H=\frac{I_{OH(max)}}{I_{HL}}$$

这时由于与非门输出为高电平，负载电流是由与非门输出端拉出的电流，所以称此时的带载能力为拉流负载能力。

N 的数值应取 N_L、N_H 中较小的值。TTL 与非门带拉流负载的个数远大于带灌流负载的个数。所以手册上规定 TTL 与非门带灌流负载的个数为扇出系数，即 $N \leqslant 8$。

⑨平均延迟时间 t_{pd}　平均延迟时间指输出信号滞后于输入信号的时间，它是表示开关速度的参数，如图 1-29 所示。从输入波形上升沿的中点到输出波形下降沿的中点之间的时间称为导通延迟时间 t_{PHL}；从输入波形下降沿的中点到输出波形上升沿的中点之间的时间称为截止

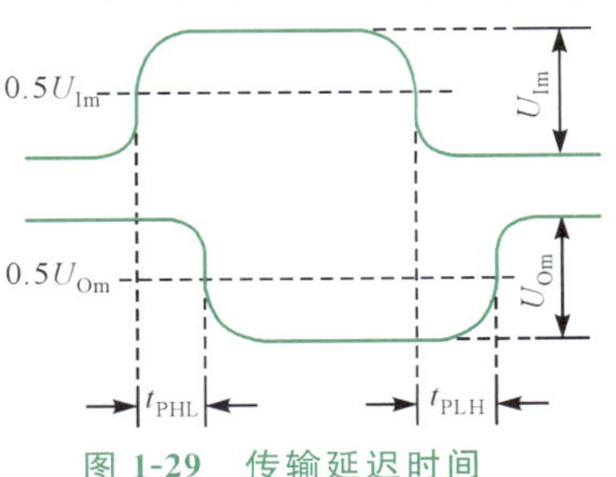

图 1-29　传输延迟时间

延迟时间 t_{PLH}，所以 TTL 与非门平均延迟时间为

$$t_{pd}=\frac{1}{2}(t_{PHL}+t_{PLH})$$

2. CMOS 集成逻辑门电路

CMOS 集成逻辑门电路与 TTL 集成逻辑门电路相比具有以下优点：微功耗，工作功耗仅有几十毫瓦，静态功耗几乎为零；工作电压取值范围宽，可在 3～18 V 取值；高抗干扰能力，其噪声容限为电源电压的 45%；带负载能力强，它的扇出系数最大可达到 50，使用时至少可为 20；输入阻抗高达 $10^3\sim10^{11}$ Ω，几乎不消耗驱动电路功率；温度性好，工作温度为－45～85 ℃。因此 CMOS 集成逻辑门电路在中、大规模集成电路中有着广泛的应用。

(1)CMOS 集成逻辑门电路的分类

CMOS 集成逻辑门电路也有许多系列，常用的系列有 4000 系列、54HC/74HC 系列、54HCT/74HCT 系列等，分别介绍如下。

①4000 系列　4000 系列还含有许多系列，目前常用的是标准型 4000B 系列。该系列是以美国 RCA 公司的 CD4000B 系列和 CD4500B 系列制定的，与美国 Motorola 公司的 MC14000B 系列和 MC14500B 系列产品完全兼容。该系列产品的最大特点是工作电源电压范围宽(3～18 V)、功耗小、速度较低。

② 54HC/74HC 系列和 54HCT/74HCT 系列　54HC/74HC 系列和 54HCT/74HCT 系列均为高速 CMOS 电路。它们具有与 TTL 电路中 54LS/74LS 系列同等的工作速度和 CMOS 电路固有的低功耗等特点。其逻辑功能、引脚排列与同型号(型号最后几位数字相同)的 TTL 电路中 54LS/74LS 系列相同，为用 54HC/74HC 或 54HCT/74HCT 系列替代 54LS/74LS 系列提供了方便。54HC/74HC 系列的工作电压为 2～6 V，如电源电压取 5 V 时，输出高、低电平与 TTL 电路兼容。54HCT/74HCT 中的“T”表示与 TTL 电路兼容，其电源电压为 4.5～5.5 V，电平特性与 54LS/74LS 系列相同。

(2)CMOS 集成逻辑门电路的主要参数

CMOS 集成逻辑门电路的电压参数、时间参数、输出端的电流参数的含义与 TTL 系列的相同。因为 CMOS 集成逻辑门电路使用的是绝缘栅场效应管，所以它没有输入电流参数。CMOS 集成逻辑门电路的电源电压可以在 3～18 V 工作，所以 CMOS 集成逻辑门电路的各种参数都与电源电压的取值有关。

3. 常用 TTL74 系列、CMOS 系列集成逻辑门电路的介绍

一些常用的门电路，CMOS 系列集成逻辑门电路和 TTL 系列集成逻辑门电路中均有，且相同逻辑功能的 CMOS 集成逻辑门电路与 TTL 集成逻辑门电路的逻辑符号相同。TTL 集成逻辑门电路中的 OC 门电路，在 CMOS 集成逻辑门电路中称为 OD 门(是漏极开路的门电路)，同样能够实现线与及输出电平的转换。而传输门是 CMOS 系列的门电路。

目前常用的数字集成电路多采用双列直插式封装，其引脚数有14、16、18、20等多种。其引脚排列编号的判断方法是将半圆形凹口或标志线、标志圆点等朝左，字面向上，按逆时针方向从左下角开始顺序排列。如图1-30所示为14引脚集成逻辑门电路的引脚排列。

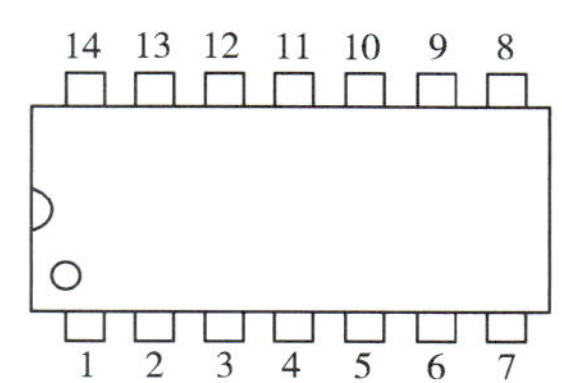

图1-30 14引脚集成逻辑门电路的引脚排列

常用的TTL74系列、CMOS系列集成逻辑门电路见表1-16。

表1-16 常用的TTL74系列、CMOS系列集成逻辑门电路

名称	引脚排列及类别	逻辑关系式	真值表
四2输入与门	74LS08 1A 1 — 14 V_{CC} 1B 2 — 13 4B 1Y 3 — 12 4A 2A 4 — 11 4Y 2B 5 — 10 3B 2Y 6 — 9 3A GND 7 — 8 3Y	$Y=AB$	输入 A B / 输出 Y 0 0 / 0 0 1 / 0 1 0 / 0 1 1 / 1
四2输入或门	74LS32 1A 1 — 14 V_{CC} 1B 2 — 13 4B 1Y 3 — 12 4A 2A 4 — 11 4Y 2B 5 — 10 3B 2Y 6 — 9 3A GND 7 — 8 3Y	$Y=A+B$	输入 A B / 输出 Y 0 0 / 0 0 1 / 1 1 0 / 1 1 1 / 1
六反相器	74LS04 1A 1 — 14 V_{CC} 1Y 2 — 13 6A 2A 3 — 12 6Y 2Y 4 — 11 5A 3A 5 — 10 5Y 3Y 6 — 9 4A GND 7 — 8 4Y	$Y=\overline{A}$	输入 A / 输出 Y 0 / 1 1 / 0

续表

<table>
<tr><th>名　称</th><th>引脚排列及类别</th><th>逻辑关系式</th><th>真值表</th></tr>
<tr><td>四 2
输入
与非门</td><td>74LS00
1A 1 ｜ 14 V_{CC}
1B 2 ｜ 13 4B
1Y 3 ｜ 12 4A
2A 4 ｜ 11 4Y
2B 5 ｜ 10 3B
2Y 6 ｜ 9 3A
GND 7 ｜ 8 3Y</td><td>$Y=\overline{AB}$</td><td>输入 A B ｜ 输出 Y
0 0 ｜ 1
0 1 ｜ 1
1 0 ｜ 1
1 1 ｜ 0</td></tr>
<tr><td>二 4
输入
与非门</td><td>74LS20
1A 1 ｜ 14 V_{CC}
1B 2 ｜ 13 2D
NC 3 ｜ 12 2C
1C 4 ｜ 11 NC
1D 5 ｜ 10 2B
1Y 6 ｜ 9 2A
GND 7 ｜ 8 2Y</td><td>$Y=\overline{ABCD}$</td><td>输入 A B C D ｜ 输出 Y
1 1 1 1 ｜ 0
有一个为 0 时 ｜ 1</td></tr>
<tr><td>OC
门</td><td>74LS22
1A 1 ｜ 14 V_{CC}
1B 2 ｜ 13 2D
NC 3 ｜ 12 2C
1C 4 ｜ 11 NC
1D 5 ｜ 10 2B
1Y 6 ｜ 9 2A
GND 7 ｜ 8 2Y</td><td>$Y=\overline{ABCD}$</td><td>输入 A B C D ｜ 输出 Y
1 1 1 1 ｜ 0
有一个为 0 时 ｜ 1</td></tr>
<tr><td>四 2
输入
或非门</td><td>74LS02
1Y 1 ｜ 14 V_{CC}
1A 2 ｜ 13 4Y
1B 3 ｜ 12 4B
2Y 4 ｜ 11 4A
2A 5 ｜ 10 3Y
2B 6 ｜ 9 3B
GND 7 ｜ 8 3A</td><td>$Y=\overline{A+B}$</td><td>输入 A B ｜ 输出 Y
0 0 ｜ 1
0 1 ｜ 0
1 0 ｜ 0
1 1 ｜ 0</td></tr>
</table>

续表

<table>
<tr><th>名　称</th><th>引脚排列及类别</th><th>逻辑关系式</th><th>真值表</th></tr>
<tr><td>四路与或非门</td><td>74LS54
A 1 ｜ 14 V_{CC}
B 2 ｜ 13 J
C 3 ｜ 12 I
D 4 ｜ 11 H
E 5 ｜ 10 G
Y 6 ｜ 9 F
GND 7 ｜ 8 NC</td><td>$Y=\overline{AB+CDE+FGH+IJ}$</td><td><table>
<tr><th colspan="10">输 入</th><th>输 出</th></tr>
<tr><td>A</td><td>B</td><td>C</td><td>D</td><td>E</td><td>F</td><td>G</td><td>H</td><td>I</td><td>J</td><td>Y</td></tr>
<tr><td>1</td><td>1</td><td>1</td><td>×</td><td>×</td><td>×</td><td>×</td><td>×</td><td>×</td><td>×</td><td>0</td></tr>
<tr><td>×</td><td>×</td><td>×</td><td>1</td><td>1</td><td>×</td><td>×</td><td>×</td><td>×</td><td>×</td><td>0</td></tr>
<tr><td>×</td><td>×</td><td>×</td><td>×</td><td>×</td><td>1</td><td>1</td><td>×</td><td>×</td><td>×</td><td>0</td></tr>
<tr><td>×</td><td>×</td><td>×</td><td>×</td><td>×</td><td>×</td><td>×</td><td>1</td><td>1</td><td>1</td><td>0</td></tr>
<tr><td colspan="10">其他组合</td><td>1</td></tr>
</table></td></tr>
<tr><td>四异或门</td><td>74LS86
1A 1 ｜ 14 V_{CC}
1B 2 ｜ 13 4B
1Y 3 ｜ 12 4A
2A 4 ｜ 11 4Y
2B 5 ｜ 10 3B
2Y 6 ｜ 9 3A
GND 7 ｜ 8 3Y</td><td>$Y=\overline{A}B+A\overline{B}$</td><td><table>
<tr><th colspan="2">输 入</th><th>输 出</th></tr>
<tr><td>A</td><td>B</td><td>Y</td></tr>
<tr><td>0</td><td>0</td><td>0</td></tr>
<tr><td>0</td><td>1</td><td>1</td></tr>
<tr><td>1</td><td>0</td><td>1</td></tr>
<tr><td>1</td><td>1</td><td>0</td></tr>
</table></td></tr>
<tr><td>四总线缓冲器</td><td>74HC125
$1\overline{C}$ 1 ｜ 14 V_{CC}
1A 2 ｜ 13 $4\overline{C}$
1Y 3 ｜ 12 4A
$2\overline{C}$ 4 ｜ 11 4Y
2A 5 ｜ 10 $3\overline{C}$
2Y 6 ｜ 9 3A
GND 7 ｜ 8 3Y</td><td>$\overline{C}=0$ 时，
$Y=\overline{A}$；
$\overline{C}=1$ 时，
Y=Z（高阻）</td><td><table>
<tr><th colspan="2">输 入</th><th>输 出</th></tr>
<tr><td>A</td><td>$\overline{C}$</td><td>Y</td></tr>
<tr><td>1</td><td>0</td><td>1</td></tr>
<tr><td>0</td><td>0</td><td>0</td></tr>
<tr><td>×</td><td>1</td><td>Z</td></tr>
</table></td></tr>
<tr><td>四总线缓冲器</td><td>74HC126
1C 1 ｜ 14 V_{CC}
1A 2 ｜ 13 4C
1Y 3 ｜ 12 4A
2C 4 ｜ 11 4Y
2A 5 ｜ 10 3C
2Y 6 ｜ 9 3A
GND 7 ｜ 8 3Y</td><td>C=1 时，
Y=A；
C=0 时，
Y=Z（高阻）</td><td><table>
<tr><th colspan="2">输 入</th><th>输 出</th></tr>
<tr><td>A</td><td>C</td><td>Y</td></tr>
<tr><td>1</td><td>1</td><td>1</td></tr>
<tr><td>0</td><td>1</td><td>0</td></tr>
<tr><td>×</td><td>0</td><td>Z</td></tr>
</table></td></tr>
</table>

续表

名　称	引脚排列及类别	逻辑关系式	真值表
四 2 输入与门	CD4081 1A 1 — 14 V_{DD} 1B 2 — 13 4A 1Y 3 — 12 4B 2Y 4 — 11 4Y 2A 5 — 10 3Y 2B 6 — 9 3B V_{SS} 7 — 8 3A	$Y=AB$	输入: A B ／ 输出: Y(J) 0 0 ／ 0 0 1 ／ 0 1 0 ／ 0 1 1 ／ 1
四 2 输入或门	CD4071 1A 1 — 14 V_{DD} 1B 2 — 13 4A 1Y 3 — 12 4B 2Y 4 — 11 4Y 2A 5 — 10 3Y 2B 6 — 9 3B V_{SS} 7 — 8 3A	$Y=A+B$	输入: A B ／ 输出: Y 0 0 ／ 0 0 1 ／ 1 1 0 ／ 1 1 1 ／ 1
六反相器	CD4069 1A 1 — 14 V_{DD} 1Y 2 — 13 4A 2A 3 — 12 4Y 2Y 4 — 11 5A 3A 5 — 10 5Y 3Y 6 — 9 6A V_{SS} 7 — 8 6Y	$Y=\overline{A}$	输入: A ／ 输出: Y 0 ／ 1 1 ／ 0
四 2 输入与非门	CD4011 1A 1 — 14 V_{DD} 1B 2 — 13 4A 1Y 3 — 12 4B 2Y 4 — 11 4Y 2A 5 — 10 3Y 2B 6 — 9 3A V_{SS} 7 — 8 3B	$Y=\overline{AB}$	输入: A B ／ 输出: Y 0 0 ／ 1 0 1 ／ 1 1 0 ／ 1 1 1 ／ 0

续表

<table>
<tr><th>名 称</th><th>引脚排列及类别</th><th>逻辑关系式</th><th>真值表</th></tr>
<tr><td>四2输入或非门</td><td>CD4001
1A 1 | 14 V_{DD}
1B 2 | 13 4A
1Y 3 | 12 4B
2Y 4 | 11 4Y
2A 5 | 10 3Y
2B 6 | 9 3A
V_{SS} 7 | 8 3B</td><td>$Y=\overline{A+B}$</td><td><table><tr><th colspan="2">输 入</th><th>输 出</th></tr><tr><td>A</td><td>B</td><td>Y</td></tr><tr><td>0</td><td>0</td><td>1</td></tr><tr><td>0</td><td>1</td><td>0</td></tr><tr><td>1</td><td>0</td><td>0</td></tr><tr><td>1</td><td>1</td><td>0</td></tr></table></td></tr>
<tr><td>四异或门</td><td>CD4030
1A 1 | 14 V_{DD}
1B 2 | 13 4A
1Y 3 | 12 4B
2Y 4 | 11 4Y
2A 5 | 10 3Y
2B 6 | 9 3A
V_{SS} 7 | 8 3B</td><td>$Y=\overline{A}B+A\overline{B}$</td><td><table><tr><th colspan="2">输 入</th><th>输 出</th></tr><tr><td>A</td><td>B</td><td>Y</td></tr><tr><td>0</td><td>0</td><td>0</td></tr><tr><td>0</td><td>1</td><td>1</td></tr><tr><td>1</td><td>0</td><td>1</td></tr><tr><td>1</td><td>1</td><td>0</td></tr></table></td></tr>
</table>

4. 集成逻辑门电路使用注意事项

(1)TTL集成逻辑门电路使用注意事项

①电源电压　TTL集成逻辑门电路采用+5 V电源。电源电压的稳定度对于54系列应在±10%以内，对于74系列应在±5%以内。为防止干扰，应在电源和地之间接入滤波电容。

②输出端的连接　TTL集成逻辑门电路的输出端不允许直接接电源或地。三态门的输出端可以并联使用，但任一时刻只允许一个门处于工作状态，其他门均处于高阻状态。OC门的输出端可以并联使用，但负载要接到输出端和电源之间。其他门的输出端都不允许并联使用。

③闲置输入端的处理　TTL集成逻辑门电路使用时，对于闲置输入端(不用的输入端)的处理以不改变电路的逻辑功能及工作的稳定性为原则。常用的方法有以下几种。

- 与门和与非门闲置端的处理方法：可直接接电源或高电平；当前级驱动能力允许时，可将闲置端与使用端并联使用；在外接干扰很小时，闲置端可以悬空，但一般不宜采用此方法。
- 或门和或非门闲置端的处理方法：可将闲置端直接接地或低电平；当前级驱动能力允许时，可将闲置端与使用端并联使用。

④输入电阻的选择　在 TTL 集成逻辑门电路的应用中，有时需要在门的输入端对地接一电阻 R_i。当 $R_i \geqslant R_{ON}$（开门电平）时，相当于输入高电平；当 $R_i \leqslant R_{OFF}$（关门电平）时，相当于输入低电平。

(2)CMOS 集成逻辑门电路使用注意事项

①注意静电防护　因为 CMOS 集成逻辑门电路输入电阻大(大于 10^{10} Ω 以上)，容易通过静电感应产生高压而造成器件的永久性损坏，所以使用时要注意静电防护问题。

存储、运输 CMOS 器件时，不要使用易产生静电高压的化工、化纤制品。最好采用金属屏蔽层作包装材料。

组装、调试 CMOS 集成逻辑门电路时，所用的工作台、工具、仪表等应有良好的接地，且要有静电防护。

②电源电压　CMOS4000 系列集成逻辑门电路采用 3～15 V 电源，最大不允许超过 18 V。CMOS74HC 系列集成逻辑门电路采用 2～6 V 电源，最大不允许超过 7 V。CMOS74HCT 系列集成逻辑门电路采用 4.5～5.5 V 电源，最大不允许超过 7 V。

③输出的连接　CMOS 集成逻辑门电路的输出端不允许直接接电源或地。不同的 CMOS 集成逻辑门电路的输出端不能并联使用。为提高电路的驱动能力，可将相同的 CMOS 集成逻辑门电路的输入端、输出端并联使用，如图 1-31 所示。

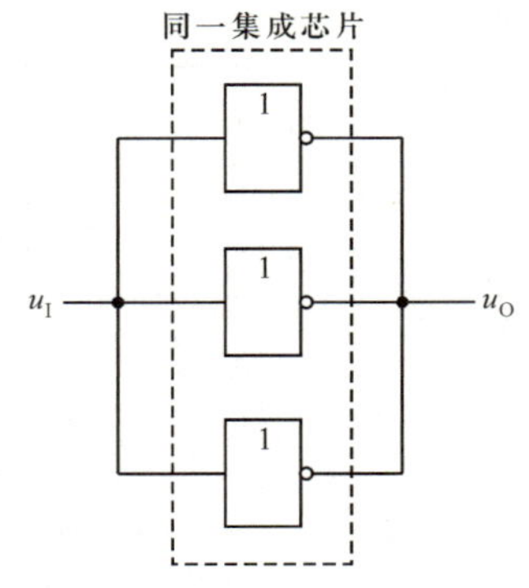

图 1-31　增大 CMOS 集成逻辑门电路驱动能力的解法

④闲置输入端的处理　闲置输入端不允许悬空。对于与门和与非门，闲置输入端可接正电源或高电平。对于或门和或非门，闲置输入端可接地或低电平。

(3)TTL 集成逻辑门电路与 CMOS 集成逻辑门电路的接口

在数字系统中，当 TTL 和 CMOS 两种集成逻辑门电路并存时，经常会遇到两种电路互相连接的问题。两种电路连接时，接在前面的门电路称为驱动门，接在后面的门电路称为负载门。两电路连接时，要求驱动门能为负载门提供符合标准的高、低电平和驱动电流，因此必须同时满足下列各式：

驱动门　负载门

$$V_{OH(min)} \geqslant V_{IH(min)}$$

$$V_{OL(max)} \leqslant V_{IL(max)}$$

$$I_{OH(max)} \geqslant nI_{IH(max)}$$

$$I_{OL(max)} \geqslant mI_{IL(max)}$$

表 1-17 列出了 TTL 和 CMOS 集成逻辑门电路各系列的输入、输出参数，供选择电路时参考。

表 1-17　　TTL 和 CMOS 集成逻辑门电路各系列的输入、输出参数

参数名称	TTL				CMOS	HCMOS	
	74 系列	74LS 系列	74AS 系列	74ALS 系列	4000 系列	74HC 系列	74HCT 系列
电源电压/V	5	5	5	5	5	5	5
V_{OH}/V	2.4	2.7	2.7	2.7	4.95	4.9	4.9
V_{OL}/V	0.4	0.5	0.5	0.5	0.05	0.1	0.1
I_{OH}/mA	−0.4	−0.4	−2	−0.4	−0.51	−4	−4
I_{OL}/mA	16	8	20	8	0.51	4	4
V_{IH}/V	2	2	2	2	3.5	3.5	2
V_{IL}/V	0.8	0.8	0.8	0.8	1.5	1.0	0.8
I_{IH}/μA	40	20	20	20	0.1	0.1	0.1
I_{IL}/mA	−1.6	−0.4	−0.5	−0.1	-0.1×10^{-3}	-0.1×10^{-3}	-0.1×10^{-3}

①CMOS 电路驱动 TTL 电路

• CMOS4000 系列驱动 TTL 电路　当 CMOS 和 TTL 电路的电源电压 $V_{DD}=V_{CC}=5$ V 时，则 CMOS4000 系列电路可直接驱动 TTL 电路。但由于 TTL 电路的输入低电平电流较大，而 CMOS4000 系列输出的低电平电流却很小，不能向 TTL 电路提供较大的输入低电平电流，解决这个问题的办法有两个。

第一个办法是将同一芯片上的多个 CMOS 门电路并联使用。如图 1-32(a)所示为用同一芯片上的多个 CMOS 与非门并联使用驱动 TTL 电路的情况。此外，同一芯片的多个 CMOS 或非门、多个非门同样也可并联使用。

第二个办法是在 CMOS 电路输出端和 TTL 电路输入端之间接入 CMOS 驱动器，如图 1-32(b)所示。

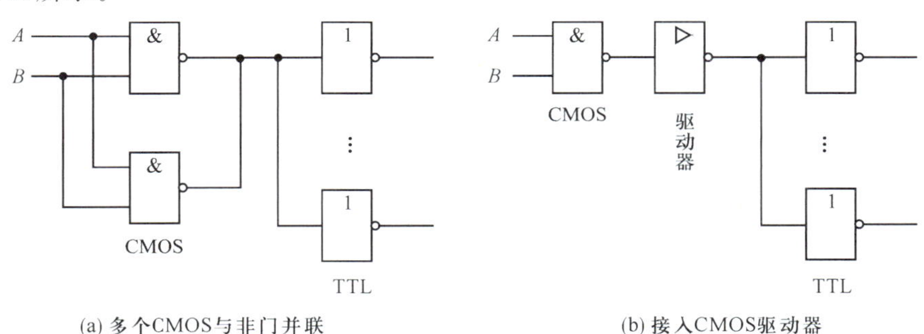

图 1-32　CMOS 系列驱动 TTL 门路

• 74HC 与 74HCT 系列驱动 TTL 电路　由表 1-17 可知，当 74HC、74HCT 电路和 TTL 电路的电源电压 $V_{DD}=V_{CC}=5$ V 时，74HC 和 74HCT 系列的输出端和 TTL 电路的输入端可以直接相连。

②TTL 电路驱动 CMOS 电路

• TTL 电路驱动 CMOS4000 系列和 HCMOS74HC 系列　用 TTL 电路驱动 CMOS 电路时，主要是考虑 TTL 电路输出的电平是否符合 CMOS 电路输入电平的要求。由表 1-17 可知，在电源电压都为 5 V 时，74LS、74AS 和 74ALS 系列 TTL 电路输出的高电平 V_{OH} 都为 2.7 V，而 CMOS4000 系列和 HCMOS74HC 系列输入高电平 V_{IH} 都为 3.5 V，这使它们之间的接口产生了困难。为了解决它们之间的接口问题，可在 TTL 系列电路的输出端和电源之间接一个上拉电阻 R_{UF}，以提高 TTL 电路的输出电平，如图 1-33 所示。

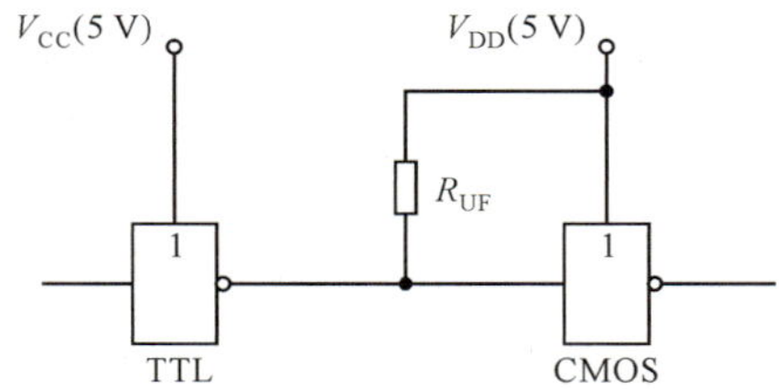

图 1-33　TTL 电路驱动 CMOS 电路

对于 TTL74 系列上拉电阻 R_{UF} 的取值在 390～4 700 Ω 选取；74LS 系列上拉电阻 R_{UF} 的取值在 820～12 000 Ω 选取。

如果 CMOS 电路的电源电压与 TTL 电路电源电压不同，仍需要用上拉电阻 R_{UF}，但需要用 OC 门，如图 1-34 所示。

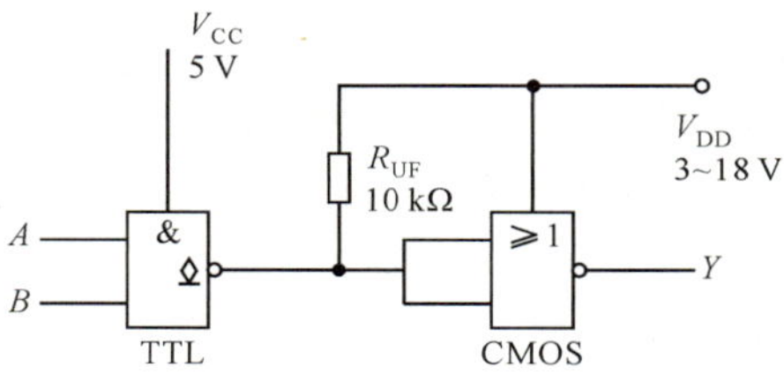

图 1-34　电源电压不同时 TTL 电路驱动 CMOS 的电路

• TTL 电路驱动 HCMOS74HCT 系列　HCMOS74HCT 系列在制造时已经考虑了与 TTL 电路的兼容问题，因此 TTL 电路的输出端可以直接与 HCMOS74HCT 电路的输入端相连，不需要另加其他器件。

5. 逻辑符号的等效变换

在现代数字电路系统中，为了简化逻辑图，往往采用正逻辑符号和负逻辑符号混合使用。常用的正、负逻辑符号的等效变换见表 1-18。

表 1-18　正、负逻辑符号的等效变换

逻辑变换表达式	正逻辑符号	负逻辑符号
$Y=AB=\overline{\overline{A}+\overline{B}}$	& 正与门	≥1 负或门

续表

逻辑变换表达式	正逻辑符号	负逻辑符号
$Y=A+B=\overline{\overline{A}\cdot\overline{B}}$	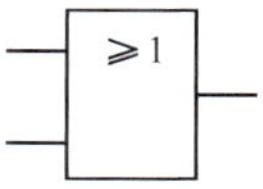 ≥1 正或门	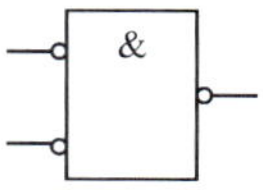 & 负与门
$Y=\overline{A\cdot B}=\overline{A}+\overline{B}$	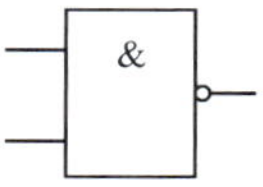 & 正与非门	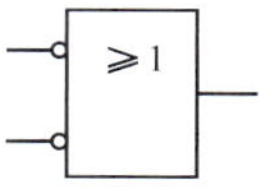 ≥1 负或非门
$Y=\overline{A+B}=\overline{A}\cdot\overline{B}$	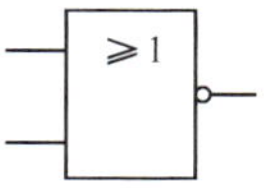 ≥1 正或非门	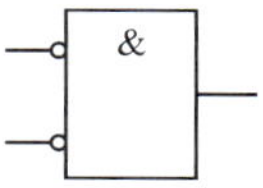 & 负与非门
$Y=A\oplus B=\overline{A}\oplus\overline{B}$	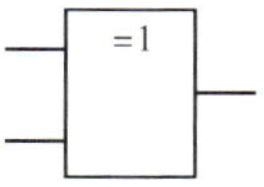 =1 正异或门	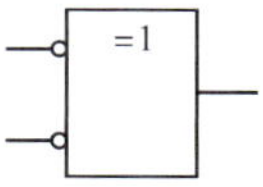 =1 负异或门
$Y=A\odot B=\overline{A}\odot\overline{B}$	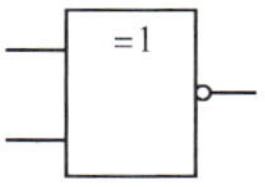 =1 正同或门	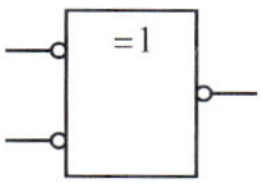 =1 负同或门
$Y=\overline{A}=(\overline{A})$	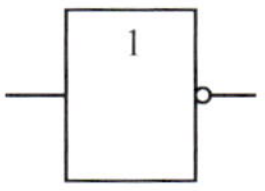 1 正非门	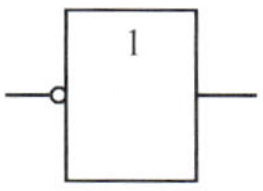 1 负非门
$Y=A=\overline{\overline{A}}$	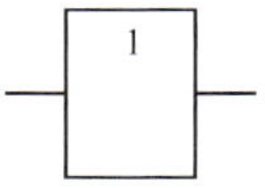 1 正缓冲器	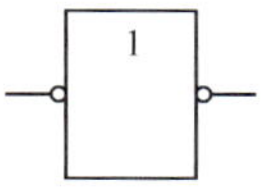 1 负缓冲器

表 1-18 中，负逻辑符号中输入端的小圆圈表示在负逻辑系统中低电平有效，即低电平为逻辑 1。同时在逻辑运算中该小圆圈仍表示取反。正、负逻辑符号的等效变换可以通过真值表加以证明。

逻辑图中的非运算符号“。”(简称非号“。”)在逻辑图中的变换规则如下：

(1)一条线两端同时去掉或同时加上非号“。”，原逻辑关系不变，如图 1-35(a)所示。

(2)一条线上非号“。”从一端移向另一端，原逻辑关系不变，如图 1-35(b)所示。

(3)一端消去或加上非号“。”,相应变量取反,原逻辑关系不变,如图 1-35(c)所示。

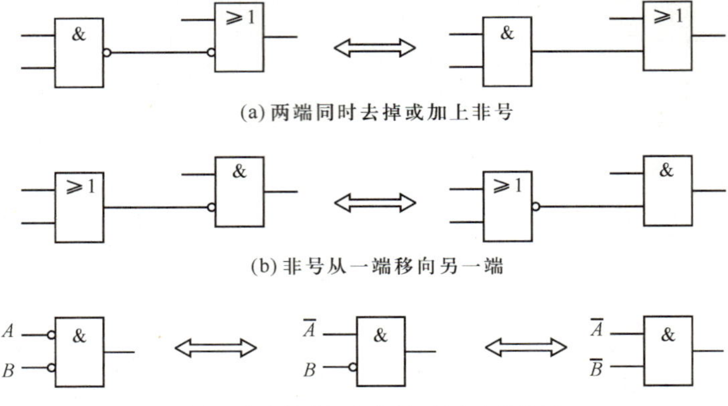

图 1-35 逻辑图中非号“○”的变换规则

例 1-31

根据非号的变换规则,将图 1-36(a)中各逻辑门输入端上的非号“。”去掉,并写出与或逻辑表达式。

解 ①根据第三条变换规则,输入信号$\overline{B}$变为原变量 B,同时将与它相连接的两个门输入端的非号“。”去掉。

②根据逻辑门等效变换规则,将图 1-36(a)中的第二级负或非门变换为正与非门。

③画出变换后的等效逻辑图,如图 1-36(b)所示。

④根据图 1-36(b)写出逻辑式为

$$
\begin{aligned}
Y &= \overline{\overline{AB}(B\overline{C}+\overline{B}C)} \\
&= \overline{\overline{AB}}+\overline{B\overline{C}+\overline{B}C} \\
&= AB+BC+\overline{B}\,\overline{C}
\end{aligned}
$$

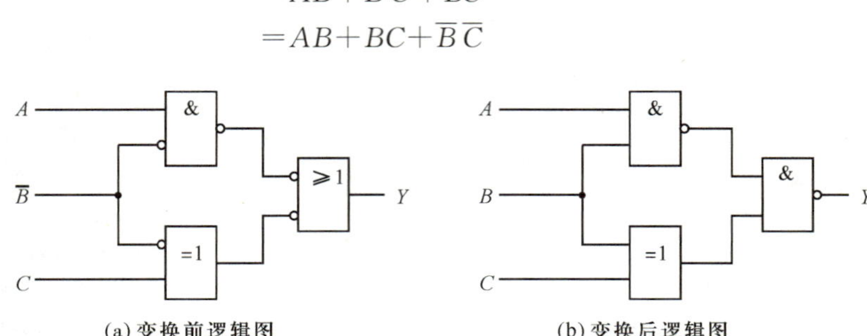

图 1-36 例 1-31 逻辑图变换

6. 集成电路命名方法

(1)TTL 系列集成电路命名法

TTL 系列集成电路的型号由五部分组成,其符号及意义见表 1-19。

表 1-19　　TTL 系列集成电路命名法

第一部分		第二部分		第三部分		第四部分		第五部分	
型号前缀		工作温度范围		器件系列		器件品种		封装形式	
符 号	说 明	符 号	说 明	符 号	说 明	符 号	说 明	符 号	说 明
CT	中国制造的 TTL 类型	54	−55～125 ℃	—	标准	阿拉伯数字	器件功能	W	陶瓷扁平
				H	高速			B	塑封扁平
				S	肖特基			F	全密封扁平
SN	美国 TEXAS 公司	74	0～70 ℃	LS	低功耗肖特基			D	陶瓷双列直插
				AS	先进肖特基			P	塑料双列直插
				ALS	先进低功耗肖特基			J	黑陶瓷双列直插
…	…	…	…	…	…			…	…

示例：

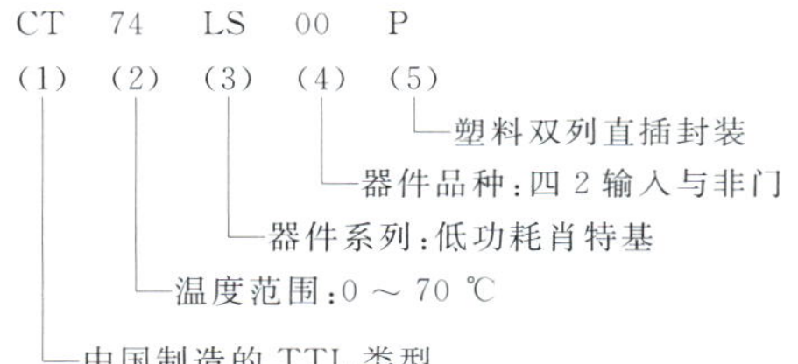

(2)CMOS 系列集成电路命名法

CMOS 系列集成电路的型号由四部分组成，其符号及意义见表 1-20。

表 1-20　　CMOS 数字集成电路命名法

第一部分		第二部分		第三部分		第四部分	
器件前缀(生产商)		器件系列		器件品种		工作温度范围	
符 号	说 明	符 号	说 明	符 号	说 明	符 号	说 明
CC	中国制造的 CMOS 类型	40	系列符号	阿拉伯数字	器件功能	C	0～70 ℃
CD	美国无线电公司产品	45				E	−40～85 ℃
TC	日本东芝公司产品	145				R	−55～85 ℃
…	…	…				M	−55～125 ℃
						…	…

示例：

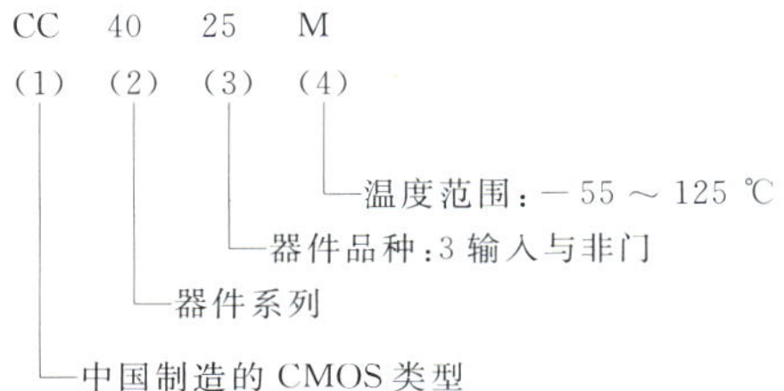

1.3 组合逻辑电路的分析与设计

在数字电路系统中，根据逻辑功能特点的不同，可将数字电路分为组合逻辑电路和时序逻辑电路两大类。如果一个逻辑电路在任何时刻其输出状态仅取决于这一时刻的输入状态，而与电路原来的状态无关，则称该电路为组合逻辑电路，简称组合电路。

在电路结构上，组合电路是由逻辑门电路组成的，电路的输出与输入之间无反馈。因此组合电路中的信号是单方向传输的，它没有记忆功能。

下面将学习组合逻辑电路的分析、设计方法及组合逻辑电路中的竞争-冒险现象。

1.3.1 组合逻辑电路的分析

所谓组合逻辑电路的分析就是对给定的一个逻辑电路，通过分析找出它的逻辑功能。

组合逻辑电路分析

分析过程可按如下步骤进行：

(1)根据给定的逻辑电路，从输入到输出逐级写出每一级的逻辑表达式。最后写出该电路输出与输入的逻辑表达式。

(2)对输出与输入的逻辑表达式进行化简和变换。

(3)列出真值表(若能从逻辑函数表达式中分析出逻辑功能，此步可省略)。

(4)由逻辑函数表达式及真值表分析电路的逻辑功能。

例 1-32

分析如图 1-37 所示电路的逻辑功能。

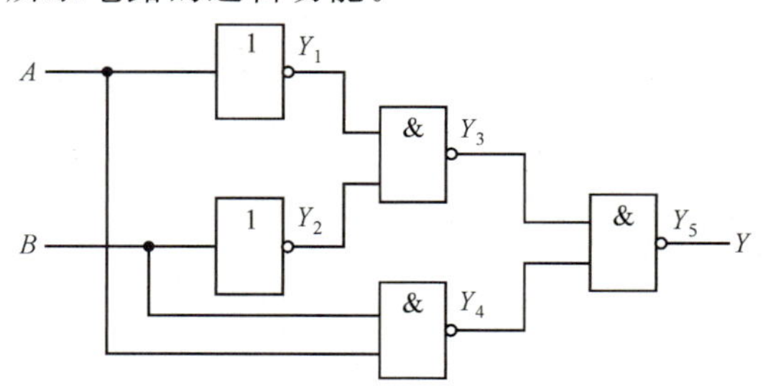

图 1-37 例 1-32 逻辑图

解 ①由逻辑图写出输出与输入的逻辑表达式。

逐级写出逻辑函数表达式为

$$Y_1=\overline{A},Y_2=\overline{B},Y_3=\overline{\overline{A}\,\overline{B}},Y_4=\overline{AB},Y_5=\overline{\overline{AB}\,\overline{\overline{A}\,\overline{B}}}$$

输出与输入的逻辑表达式为

$$Y=Y_5=\overline{\overline{AB}\,\overline{\overline{A}\,\overline{B}}}$$

②化简逻辑函数表达式。

$$Y=\overline{\overline{AB}\,\overline{\overline{A}\,\overline{B}}}=\overline{\overline{AB}}+\overline{A}\,\overline{B}=AB+\overline{A}\,\overline{B}$$

③分析逻辑功能：从逻辑函数表达式中可以看出，该电路具有“同或”功能。

例 1-33

分析如图 1-38 所示组合逻辑电路的功能。

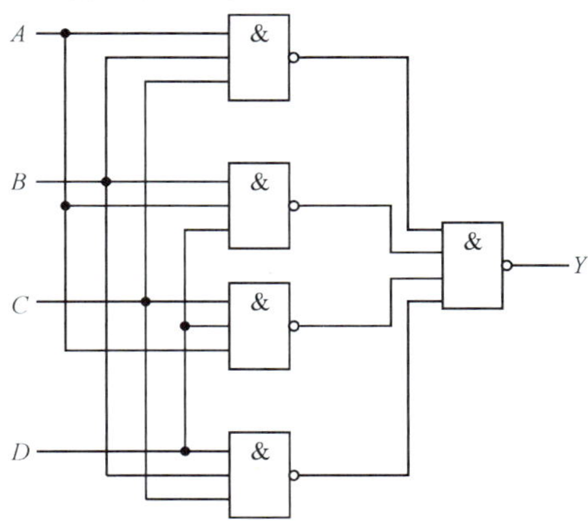

图 1-38　例 1-33 逻辑图

解　①根据逻辑图写出逻辑函数表达式。

$$Y=\overline{\overline{ABC}\,\overline{ABD}\,\overline{ACD}\,\overline{BCD}}$$

从上面的逻辑函数表达式中，不能直接分析出电路的逻辑功能，因此需要列出真值表。

②由函数表达式列真值表，见表 1-21。

表 1-21　例 1-33 真值表

输　入				输　出
A	B	C	D	Y
0	0	0	0	0
0	0	0	1	0
0	0	1	0	0
0	0	1	1	0
0	1	0	0	0
0	1	0	1	0
0	1	1	0	0
0	1	1	1	1
1	0	0	0	0
1	0	0	1	0
1	0	1	0	0
1	0	1	1	1
1	1	0	0	0
1	1	0	1	1
1	1	1	0	1
1	1	1	1	1

③分析逻辑功能：从真值表中可以看出，当输入变量 A、B、C、D 有三个或三个以上为 1 时，输出为 1，否则输出为 0。因此，该电路为四变量多数表决器。

1.3.2 组合逻辑电路的设计

组合逻辑电路的设计就是根据给出的实际逻辑问题，求出能实现这一逻辑功能的最简逻辑电路。所谓“最简”，就是指电路所用的器件数最少，器件种类最少，器件间的连线也最少。

组合逻辑电路的设计

通常组合逻辑电路的设计方法可按以下步骤进行。

1. 将实际逻辑问题转换成逻辑函数表达式

具体方法如下：

(1)分析事件的因果关系，确定输入变量和输出变量，并对输入变量和输出变量进行逻辑赋值。

通常把引起事件的原因作为输入变量，而把事件的结果作为输出变量，并用逻辑 0、逻辑 1 分别代表输入变量和输出变量的两种不同状态。这里的逻辑 0、逻辑 1 的具体含义是人为选定的。

(2)根据给定实际逻辑问题中的因果关系列出真值表。

(3)由真值表写出输出输入间的逻辑函数表达式。

至此，便将一个实际的逻辑问题写成了逻辑函数表达式。

2. 选择器件种类

根据对电路的具体要求和器件资源情况决定采用哪一种类型的器件。

3. 化简或变换逻辑函数表达式

将逻辑函数表达式化为最简的逻辑函数表达式。若对所用器件的种类有所限制，还需把最简逻辑函数表达式变换成与器件种类相适应的形式。

4. 根据化简或变换后的逻辑函数表达式画逻辑图

例 1-34

设计一个三人表决电路。要求当三人中有两人或三人表示同意时，表决通过；否则不通过。

解 ①将实际逻辑问题转换成逻辑函数表达式。

- 确定输入变量和输出变量并赋值。

分析命题：设三人为输入变量，分别用 A、B、C 表示。同意用逻辑 1 表示；不同意用逻辑 0 表示。表决的结果为输出变量，用 Y 表示。通过用逻辑 1 表示；不通过用逻辑 0 表示。

- 根据实际逻辑问题列真值表，见表 1-22。

表1-22　例1-34真值表

输入			输出
A	B	C	Y
0	0	0	0
0	0	1	0
0	1	0	0
0	1	1	1
1	0	0	0
1	0	1	1
1	1	0	1
1	1	1	1

● 根据真值表写出逻辑函数表达式。

$$Y=\overline{A}BC+A\overline{B}C+AB\overline{C}+ABC$$

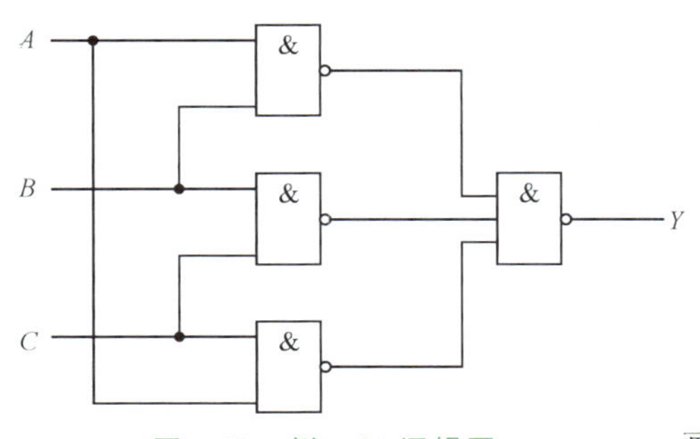

图1-39　例1-34逻辑图

②选定逻辑器件，用与非门实现。

③化简、变换逻辑函数表达式。

$$\begin{aligned}Y&=\overline{A}BC+A\overline{B}C+AB\overline{C}+ABC\\&=AB+BC+AC\\&=\overline{\overline{AB+BC+AC}}\\&=\overline{\overline{AB}\cdot\overline{BC}\cdot\overline{AC}}\end{aligned}$$

④根据化简、变换后的逻辑函数表达式画逻辑图，如图1-39所示。

例1-35

有一水箱由大、小两台水泵 M_L 和 M_S 供水，如图1-40所示。水箱中设置了3个水位检测元件 A、B、C。现要求当水位超过 C 点时水泵停止工作；水位低于 C 点而高于 B 点时，M_S 单独工作；水位低于 B 点而高于 A 点时，M_L 单独工作；水位低于 A 点时，M_L 和 M_S 同时工作。设计一个控制两台水泵的逻辑电路，要求用与非门实现。

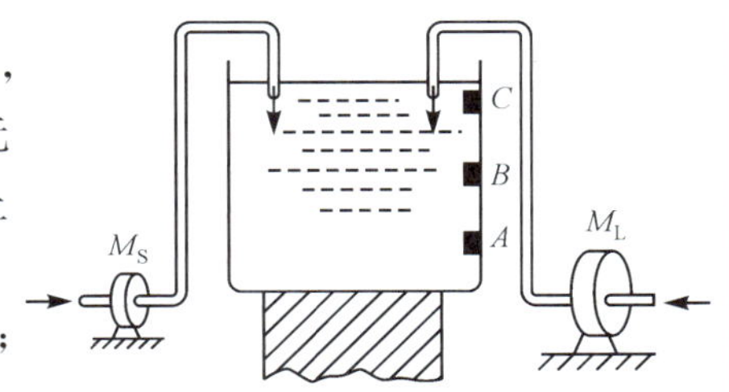

图1-40　例1-35原理

解　①将实际逻辑问题转换成逻辑函数表达式。

● 确定输入变量和输出变量，并赋值。

分析命题：设3个水位检测元件 A、B、C 为输入变量。当水位低于 A、B、C 某点时，用1表示；否则用0表示。水泵 M_S、M_L 为输出变量。当水泵工作时为1；否则为0。

● 根据命题列真值表，见表1-23。

表 1-23　　例 1-35 真值表

输入			输出	
A	B	C	M_S	M_L
0	0	0	0	0
0	0	1	1	0
0	1	0	×	×
0	1	1	0	1
1	0	0	×	×
1	0	1	×	×
1	1	0	×	×
1	1	1	1	1

- 根据真值表写出逻辑函数表达式。

$$M_S=\overline{A}\,\overline{B}C+ABC$$

$$M_L=\overline{A}BC+ABC$$

②选定逻辑器件，用与非门实现。

③化简、变换逻辑函数。

$$M_S=\overline{\overline{A}\,\overline{\overline{B}C}}$$

$$M_L=B$$

④根据化简、变换后的逻辑函数表达式画逻辑图，如图 1-41 所示。

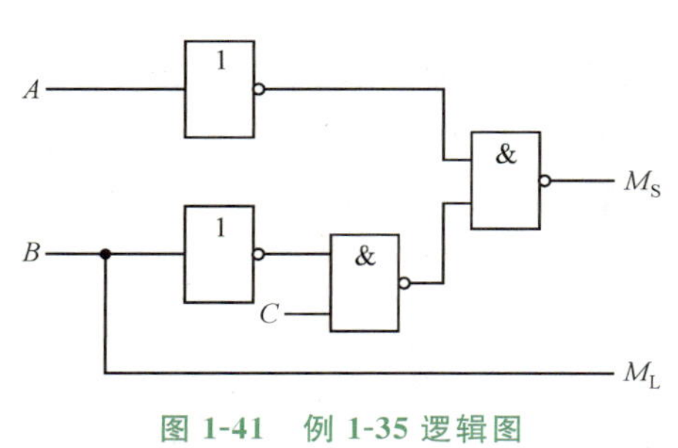

图 1-41　例 1-35 逻辑图

1.3.3　组合逻辑电路中的竞争-冒险现象

1. 竞争-冒险现象及产生的原因

前面讨论的组合逻辑电路的分析与设计都是在理想情况下进行的。所谓“理想”情况就是假定信号的变化都是立刻完成的，没有考虑信号通过导线和逻辑门电路的传输延迟时间。而在实际电路中，信号通过导线和门电路以及信号发生变化时，都需要一定的传输延迟时间。

在组合逻辑电路中，若一门电路的两个输入信号同时向相反的状态变化(一个从 1 变为 0，另一个从 0 变为 1)，或同一个门电路的一组输入信号，由于经过门电路的数目及导线的长度不同，到达门电路输入端的时间也不同，这些现象均称为竞争。竞争现象导致的结果是电路可能产生错误输出。竞争使电路输出暂时错误的现象称为竞争-冒险。大多数组合逻辑电路都存在着竞争，但不是所有的竞争都一定会出现错误。

例如，在如图 1-42(a)所示的电路中，输出 $Y=A+\overline{A}=1$。理想情况下其工作波形如图 1-42(b)所示。如考虑到 G_1 的平均传输延迟时间 $1t_{pd}$ 时，则输出波形如图 1-42(c)所示。

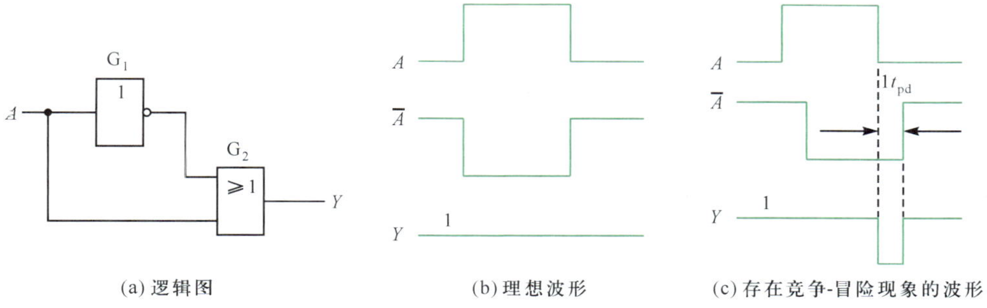

(a) 逻辑图　　(b) 理想波形　　(c) 存在竞争-冒险现象的波形

图 1-42　产生负尖峰脉冲的冒险现象

可见，G_2 的两个输入信号 A、$\overline{A}$ 由于传输路径不同，到达 G_2 输入端时，$\overline{A}$ 信号比 A 延迟了 $1t_{pd}$，因此 G_2 的输出端出现了很窄的负脉冲。按照设计要求，这个负尖峰脉冲是不应出现的，它的出现可能会导致负载电路的错误动作。

再如，在如图 1-43(a)所示电路中，输出 $Y=A\cdot\overline{A}=0$，如考虑 G_1 的平均传输延迟时间 $1t_{pd}$时，则在 G_2 输出端出现了不应有的很窄的正尖峰脉冲，如图 1-43(b)所示。当 $Y=A+\overline{A}=1$ 时，输出端出现了不应有的负尖峰脉冲，这种冒险称为“0”态冒险。当 $Y=A\cdot\overline{A}=0$ 时，输出端出现了不应有的正尖峰脉冲，这种冒险称为“1”态冒险。

从上述分析可以看出，在组合逻辑电路中，当一个门电路(如 G_2)输入两个同时向相反方向变化的互补信号时，则在输出端可能会产生不应有的尖峰干扰脉冲。这是产生竞争-冒险现象的主要原因。

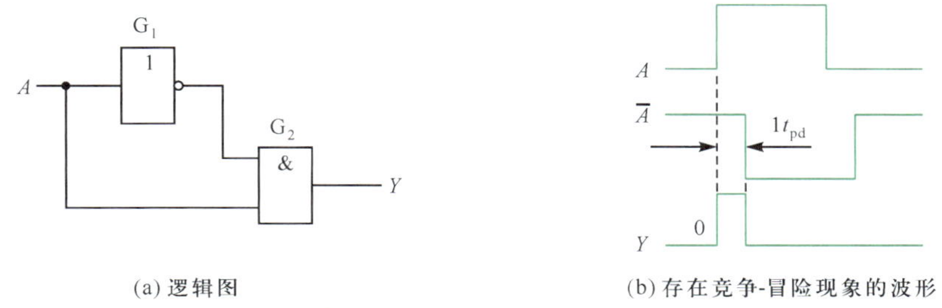

(a) 逻辑图　　(b) 存在竞争-冒险现象的波形

图 1-43　产生正尖峰脉冲的竞争-冒险现象

2. 判别冒险现象的方法

在组合逻辑电路中是否存在冒险现象可通过逻辑函数式来判别。

(1)首先观察逻辑函数表达式中是否存在某变量的原变量和反变量，即先判断是否存在竞争。因为只有存在竞争才可能产生冒险。

(2)若存在竞争，消去逻辑函数表达式中不存在竞争的变量，仅留下有竞争能力的变量。若得到的表达式为

$$Y=A\cdot\overline{A}$$

或者

$$Y=A+\overline{A}$$

则该组合逻辑电路存在冒险现象。

例 1-36

判断逻辑函数表达式 $Y=AB+\overline{A}C$ 是否存在竞争-冒险现象。属于哪种冒险？

解 ①观察逻辑函数表达式是否存在竞争。因为表达式中存在原变量 A 及反变量 $\overline{A}$，所以 A 变量存在竞争。

②为了判断变量 A 是否可能产生冒险，则需消去变量 B 和 C。

令 $BC=00$，可得 $Y=0$；

令 $BC=01$，可得 $Y=\overline{A}$；

令 $BC=10$，可得 $Y=A$；

令 $BC=11$，可得 $Y=A+\overline{A}$。

由上述结论可知，当 $B=1,C=1$ 时，$Y=A+\overline{A}$。

A 变量产生冒险，故逻辑函数表达式 $Y=AB+\overline{A}C$ 存在竞争-冒险现象，属于“0”态冒险。

例 1-37

判断逻辑函数表达式 $Y=(A+B)(\overline{B}+C)$ 是否存在竞争-冒险现象。

解 ①观察逻辑函数表达式是否存在竞争。因为表达式中存在原变量 B 及反变量 $\overline{B}$，所以 B 变量存在竞争。

②为了判断变量 B 是否可能产生冒险，则需消去变量 A 和 C。

令 $AC=00$，可得 $Y=B\cdot\overline{B}$；

令 $AC=01$，可得 $Y=B$；

令 $AC=10$，可得 $Y=\overline{B}$；

令 $AC=11$，可得 $Y=1$。

由上述结论可知，当 $A=0,C=0$ 时，$Y=B\cdot\overline{B}$。

B 变量产生冒险，故逻辑函数表达式 $Y=(A+B)(\overline{B}+C)$ 存在竞争-冒险现象，属于“1”态冒险。

3. 消除冒险现象的方法

(1)接入滤波电容

由于尖峰干扰脉冲的宽度一般都很窄，在可能产生尖峰干扰脉冲的门电路输出端与地之间接入一个容量为几十皮法的电容就可吸收掉尖峰干扰脉冲。

(2)加选通脉冲

对输出可能产生尖峰干扰脉冲的门电路，可增加一个接选通脉冲信号的输入端，如

图 1-44(a)所示,其波形如图 1-44(b)所示。

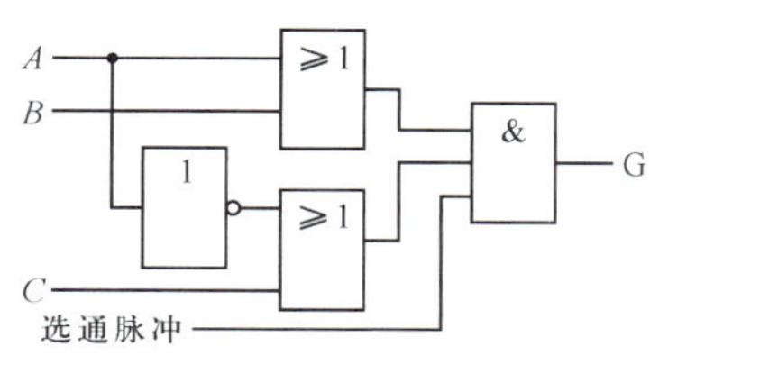

(a)用选通脉冲消除冒险的电路

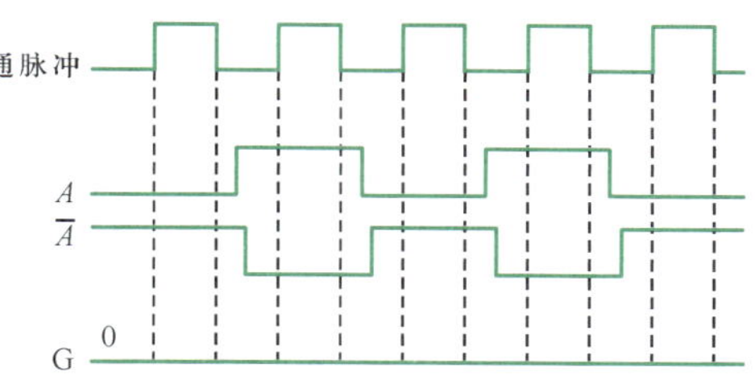

(b)用选通脉冲消除冒险的波形

图 1-44 用选通脉冲消除冒险

选通脉冲仅在输出处于稳定状态期间到来,以保证输出正确的结果。无选通脉冲期间,输出无效。因此,输出不会出现尖峰干扰脉冲。

(3)修改逻辑设计

在例 1-36 中,逻辑函数式 $Y=AB+\overline{A}C$,当 $B=1,C=1$ 时存在冒险现象。若变换逻辑函数表达式,可消除冒险现象。例如:

$$Y=AB+\overline{A}C=AB+\overline{A}C+BC$$

增加冗余项 BC 后,在 $B=1,C=1$ 时,$Y=1$ 不会出现 $Y=A+\overline{A}$ 的情况,即消除了冒险现象。

巩固练习

1-1 将下列二进制数转换成十进制数。

(1)$(1011)_2$ (2)$(11011)_2$ (3)$(100110.011)_2$ (4)$(110011.01101)_2$

1-2 将下列十进制数转换成二进制数。

(1)$(36)_{10}$ (2)$(96)_{10}$ (3)$(125)_{10}$ (4)$(13.25)_{10}$

1-3 用代数化简法将下列函数化为最简与或式。

(1) $Y=\overline{A}\,\overline{B}+(A\overline{B}+\overline{A}B+AB)D$

(2) $Y=AB+A\overline{C}+\overline{B}C+B\overline{C}+\overline{B}D+ADEF$

(3) $Y=(A+B)(A+\overline{B})(\overline{A}+B)$

1-4 用卡诺图法把下列逻辑函数化简为最简与或式。

(1) $Y=AB+\overline{A}BC+\overline{A}B\overline{C}$

(2) $Y=\overline{A}\,\overline{C}D+\overline{A}B\overline{D}+ABD+A\overline{C}\,\overline{D}$

(3) $Y=A\overline{B}+B\overline{C}\,\overline{D}+ABD+\overline{A}B\overline{C}D$

(4) $Y(A,B,C)=\sum m(3,5,6,7)$

(5) $Y(A,B,C,D)=\sum m(4,5,6,7,8,9,10,11,12,13)$

1-5 用卡诺图法化简下列具有约束条件 $\sum d$ 的逻辑函数。

(1) $Y(A,B,C,D)=\sum m(3,5,6,7)+\sum d(2,4)$

(2) $Y(A,B,C,D)=\sum m(2,3,4,7,12,13,14)+\sum d(5,6,8,9,10,11)$

(3) $Y(A,B,C,D)=\sum m(1,3,5,9)+\sum d(10,11,12,13,14,15)$

(4) $Y(A,B,C,D)=\sum m(0,4,6,8,13)+\sum d(1,2,3,9,10,11)$

(5) $Y(A,B,C,D)=\sum m(0,1,8,10)+\sum d(2,3,4,5,11)$

1-6 TTL门电路如图1-45所示，已知 $V_{IHmin}=2.0\ V$，$V_{ILmax}=0.7\ V$，$V_{TH}=1.1\ V$，$R_{OFF}=2\ k\Omega$，$R_{ON}=40\ k\Omega$，$V_{OH}=3.6\ V$，$V_{OL}=0.3\ V$，确定电路的输出状态。

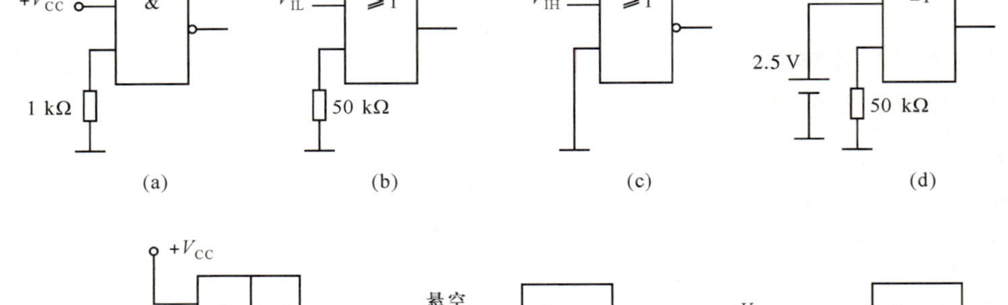

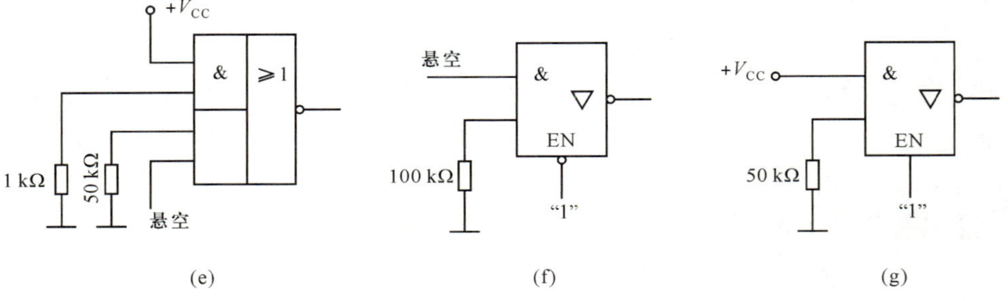

图1-45 题1-6图

1-7 根据表1-24所示真值表，写出其最简与或逻辑表达式。

表1-24 题1-7的真值表

输入			输出
A	B	C	Y
0	0	0	1
0	0	1	1
0	1	0	0
0	1	1	1
1	0	0	1
1	0	1	0
1	1	0	1
1	1	1	0

1-8 根据逻辑函数表达式画逻辑图。

(1) $Y=\overline{\overline{A}\,\overline{B}C\cdot\overline{B}\,\overline{C}}$　　(2) $Y=\overline{ABC}+\overline{A+B}$

(3) $Y=A\oplus B\oplus C$　　(4) $Y=\overline{\overline{A}\,\overline{B}+\overline{CD}}$

1-9　用与非门实现下列逻辑函数并画出逻辑图。

(1) $Y=AB+AC$　　(2) $Y=\overline{(A+B)(C+D)}$

(3) $Y=\overline{(AB-AC)E}$　　(4) $Y=\overline{\overline{A\overline{B}}+C+B+ABC}$

1-10　根据图 1-46 所示的逻辑图，写出逻辑函数表达式。

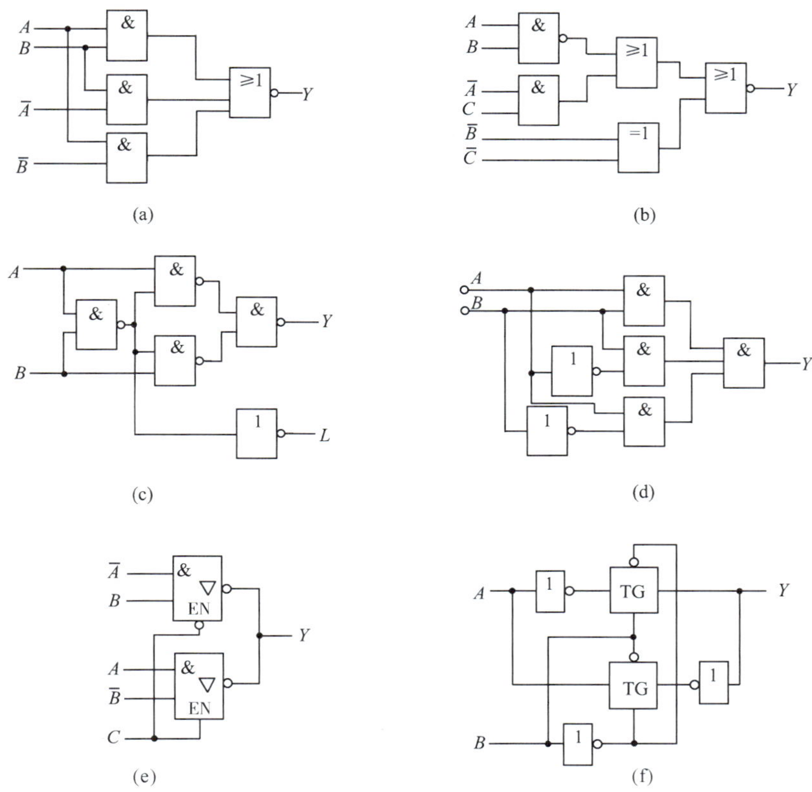

图 1-46　题 1-10 图

1-11　分析如图 1-47 所示电路的逻辑功能，判断能否用更简单的电路实现这一功能。如果能，画出相应的逻辑图。

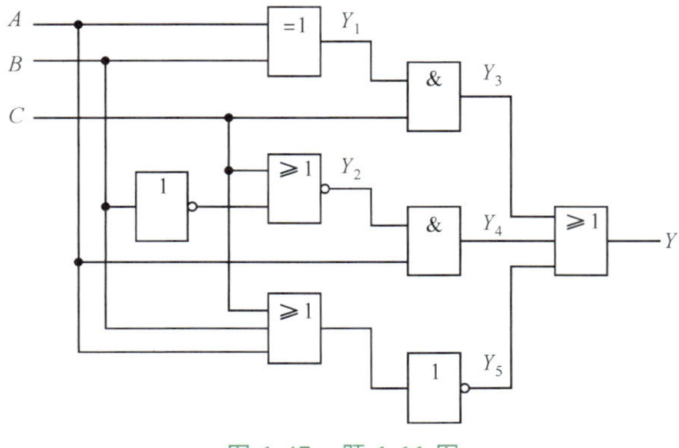

图 1-47　题 1-11 图

1-12 分析如图 1-48 所示电路的逻辑功能。

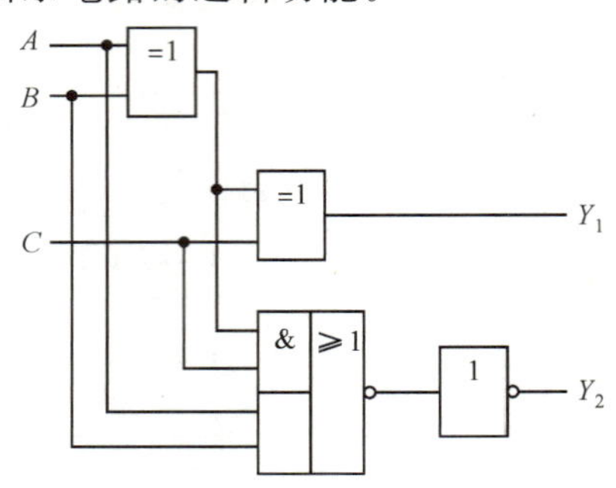

图 1-48 题 1-12 图

1-13 有四台电动机的额定功率分别为 10 kW、10 kW、20 kW、30 kW。电源设备的额定容量为 45 kW。若电动机的运行是随机的，用与非门设计一个电源设备过载指示逻辑电路。

1-14 三个工厂由甲、乙两个变电站供电。如果一个工厂用电，则由甲站供电；如果两个工厂用电，则由乙站供电；如果三个工厂同时用电，则由甲、乙两站供电。用异或门和与非门设计一个供电控制电路。

1-15 电话室对三种电话编码控制，按紧急次序排列。优先权高低的顺序：火警电话、急救电话、普通电话，编码分别为 11、10、01。用门电路设计该逻辑电路。

1-16 分析下列函数是否存在冒险现象。

(1)$Y=AB+\overline{A}C+\overline{B}C+\overline{A}\,\overline{B}\,\overline{C}$

(2)$Y=(A+B)(\overline{B}+\overline{C})(\overline{A}+\overline{C})$

拓展小课堂1

项目 2

一位加法计算器的设计与制作

项目导引

加法器是数字系统中最基本的运算单元，但其实现的是二进制加法运算。日常生活和工作中人们习惯于直接进行十进制运算。利用集成编码器、译码器、加法器和数码显示器就能设计出十进制加法运算电路，并能看到运算结果。

知识目标

- 了解编码器、译码器、加法器和数值比较器的作用。
- 掌握常见集成编码器、译码器、加法器和数值比较器的使用方法。

技能目标

- 会用集成编码器、译码器、加法器和数值比较器设计实用电路。
- 会设计和调试一位加法计算器电路。

素质目标

了解国际半导体器件学科的先行者、中国集成电路发展的引领者、中国航天微电子与微计算机技术的奠基人黄敞大师的先进事迹，学习老一代科学家的奉献精神、爱国主义精神，自强不息，开拓进取。

项目要求

(1)利用编码器、译码器、加法器等集成组合逻辑电路设计一个一位加法计算器电路。

(2)具体要求如下：

①加数按照十进制输入。

②能显示计算的结果。

③选择元器件，对电路进行组装调试。

项目分析与参考电路

1. 项目分析

如图 2-1 所示是一位加法计算器电路设计框图。整个电路由输入电路、编码电路、加法计算电路、译码驱动电路和显示电路等组成。

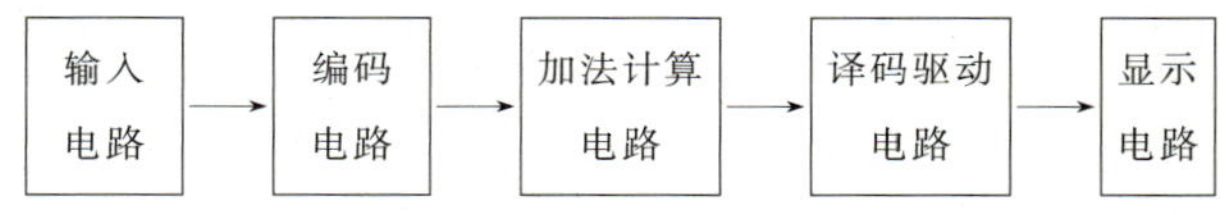

图 2-1 一位加法计算器电路设计框图

2. 参考电路

如图 2-2 所示是用集成组合逻辑电路设计的一位加法计算器电路(学完寄存器后可设计得更合理)。电源采用+5 V 电源。电阻 R 起限流作用。

电路的组成如下：

(1)输入电路由 18 个按键组成(这是由于组合逻辑电路不能保持记忆的特点)，每 9 个是一组，相当于数字 1～9，不按键时所有按键都接高电平，相当于数字 0 输入。

(2)编码电路由两片二-十进制优先编码器 74LS147 组成，分别对输入的两个十进制数进行 8421 编码，并按照反码输出。

(3)加法计算电路由两片四位二进制超前进位全加器 74LS283(IC_5、IC_{11})以及四位二进制数值比较器 74LS85(IC_{10})、四二输入或门 74LS32(IC_{12})完成。由于编码器 74LS147 的输出是低电平有效，所以在进行加法计算前用了两片六反相器 74LS04 对 74LS147 的编码输出进行了反相处理，然后输入 74LS283(IC_5)。加法器 74LS283 是逢 16 进 1，而最终要显示的是十进制运算结果，所以当和小于等于 9 时，结果不用变换，即可正确显示，但当和大于 9 时就需要对结果进行加 6 修正以显示正确的结果。修正的具体方法如下：

①将 IC_5 的和 $S_3S_2S_1S_0$ 送入 IC_{10}的 $A_3A_2A_1A_0$ 与数值 9(IC_{10}的 $B_3B_2B_1B_0$ 为 1001)进行比较，比较的结果给 IC_{12}的引脚 1；将 IC_5 的进位输出结果送入 IC_{12}的引脚 2；当两个数的和为 10～15 时，前者结果为 1，当两个数的和为 16、17、18 时后者的结果为 1；所以当和为 10～18 时，或门 IC_{12} 的引脚 3 输出为 1，送到 IC_{11} 的 B_2B_1 端，使得 $B_3B_2B_1B_0$ 为 0110，即十进制的 6，否则为 0000。

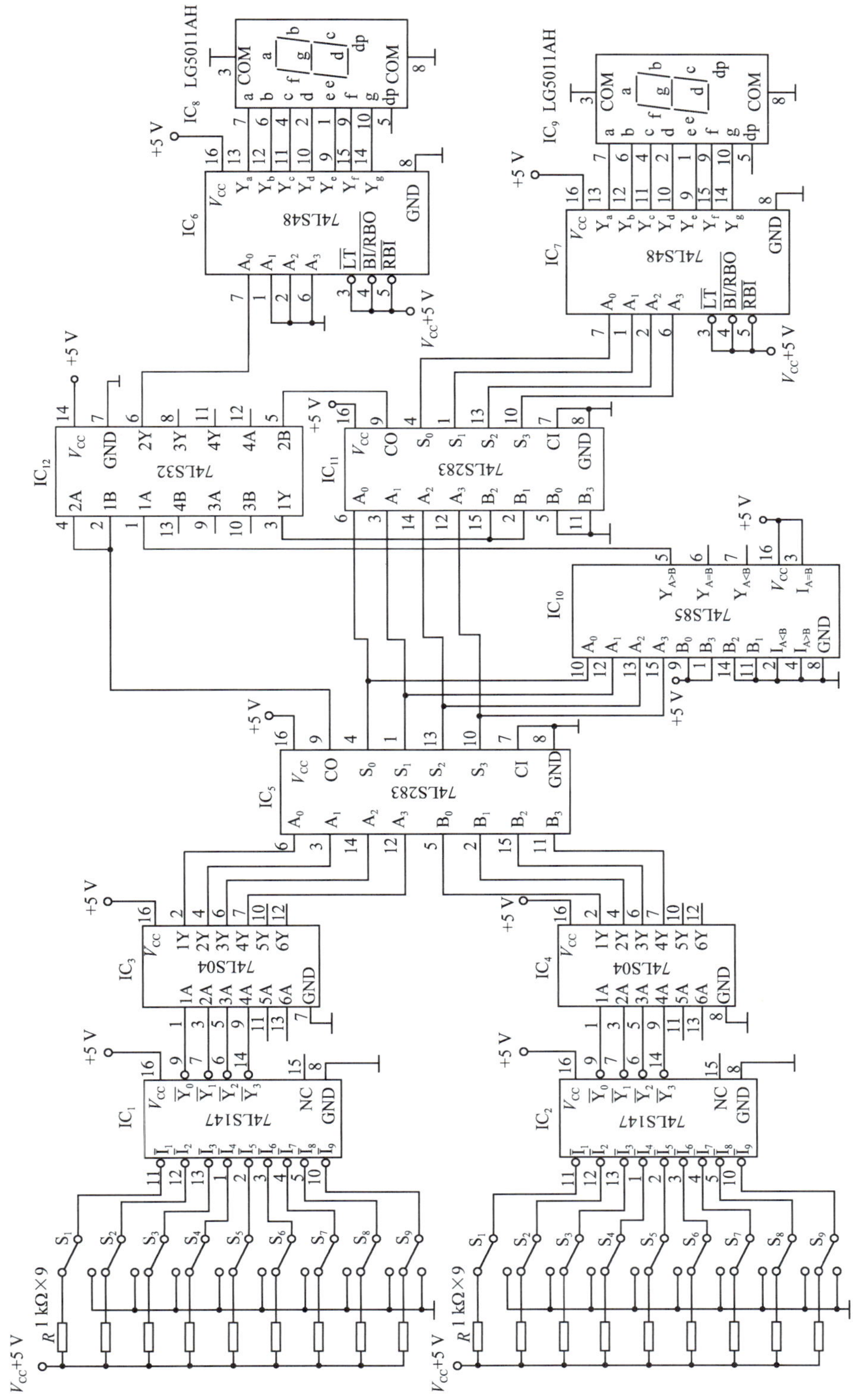

图 2-2　一位加法计算器电路

②将 IC_5 的和 $S_3S_2S_1S_0$ 同时送入 IC_{11} 的 $A_3A_2A_1A_0$ 与其 $B_3B_2B_1B_0$ 相加，IC_{11} 所得结果 $S_3S_2S_1S_0$ 即个位正确显示的数据，送入显示译码器 IC_7。

③将 IC_5 的进位输出 CO(和为 16、17、18 时输出 1)给或门 IC_{12} 的引脚 4，将 IC_{11} 的进位输出 CO(和为 10～15 时输出 1)给或门 IC_{12} 的引脚 5，这样，在 IC_{12} 的引脚 6 就得到了十位正确显示的数据，送入显示译码器 IC_6。

注：全加器 74LS283 的输出是高电平有效的。

(4)译码驱动电路由两片 BCD 7 段显示译码器 74LS48 组成。它的输入、输出都是高电平有效的。它将加法器计算得出的 BCD 码转换成 7 段数码显示器所需要的驱动信号。

(5)显示电路由两个半导体数码显示器 LG5011AH 组成，其中 IC_8 显示计算结果的十位数字，IC_9 显示计算结果的个位数字。它采用共阴极接法以符合 74LS48 的要求。

注意：如果数码显示暗淡，可在 74LS48 输出端与＋5 V 电源间接入上拉电阻。

电路的工作过程如下：

(1)当不按任何按键时，相当于 0 与 0 相加，74LS147 输出 1111，74LS04 反相后输出为 0000，进入加法器 74LS283 相加，其 CO 端输出为 0，四个输出端 $S_3S_2S_1S_0$ 输出为 0000，分别进入各自的 BCD 7 段显示译码器 74LS48，译码输出端 $Y_a \sim Y_g$ 为 1111110，此信号输入 LG5011AH 的输入端 $a \sim g$，两个数码显示器显示的结果都为 0。

(2)当在一组按键中按下任一按键时，相当于这个数字与 0 相加，将在个位数码显示器 IC_9 上显示这个数字。电路工作过程与(1)类似，不再赘述。

(3)接着在另一组按键中按下任一按键时，这个数将与(2)中的数字相加，在数码显示器上显示相加的结果。

项目实施

工作任务名称	一位加法计算器的设计与制作						
仪器设备 1. 直流稳压电源；2. 万用表；3. 面包板(或者印制电路板和电烙铁)；4. 集成电路测试装置(配 16 脚和 14 脚的集成电路插座)；5. 示波器。							
元器件选择							
序号	名称	型号/规格	个数	序号	名称	型号/规格	个数
1	按键 $S_1 \sim S_9$	6 mm×6 mm×10 mm(标注 1～9)	2 套，18 个	6	数码显示器 IC_8、IC_9	LG5011AH	2
2	编码器 IC_1、IC_2	74LS147	2	7	编码器限流电阻 R	1 kΩ	18
3	六反相器 IC_3、IC_4	74LS04	2	8	或门 IC_{12}	74LS32	1
4	全加器 IC_5、IC_{11}	74LS283	2	9	数值比较器 IC_{10}	74LS85	1
5	显示译码器 IC_6、IC_7	74LS48	2				

电路连接与调试

1. 检测。用万用表检测电阻和按键，用集成电路检测装置测试 IC_1～IC_9 的逻辑功能，确保元器件是好的。

2. 安装。按图 2-2 所示连接电路。

3. 测试电路。不按任何按键显示两个 0；依次按下单独的一个按键，IC_9 的个位显示按下的数字；在两组按键上分别按下一个数字，显示两数字相加的结果。

4. 调试。只要符合要求，一般安装完毕即能工作。但如果出现接触不良或电路元器件性能及参数误差较大，电路就不能正常工作，则需根据实际情况进行以下操作：

(1)检查电路连接是否有误。对照电路原理图，根据信号流程由输入到输出逐级检查。

(2)全面检查电路连接是否有不牢固的地方和焊接是否有虚焊点。

(3)重新检测所使用的集成组合逻辑电路功能是否正常，以防止在电路安装过程中对集成电路造成损坏。

(4)当数码显示器不亮时，检测其两个公共端是否接地以及各个集成芯片的电源和接地情况；当数码显示器显示不正常时，利用 74LS48 的试灯输入端 $\overline{LT}$ 测试数码显示器各段是否损坏；检查各信号对应连接是否有误。

出现问题与解决方法

结果分析

项目拓展

查找资料，显示译码器选用 CC4511(注意：需加限流电阻)，加法器选用 CC14560，LED 显示器选用 BS202，六反相器选用 CC4069，其余可不变，重新设计电路，画出电路图。

项目考核

序 号	考核内容	分 值	得 分
1	元器件选择	15%	
2	电路连接	40%	
3	电路调试	25%	
4	结果分析	10%	
5	项目拓展	10%	
考核结果			

相关知识

组合逻辑电路经常出现在各种实际数字系统中，如编码器、译码器、数码显示器、数据选择器、数值比较器、加法器等。为了方便使用，把这些常用的组合逻辑电路制成了标准化的集成电路产品。下面介绍一些常用集成组合逻辑器件。

2.1 认识编码器

所谓编码就是将具有特定意义的信息(如数字、文字、符号等)用二进制代码来表示的过程。能实现编码功能的电路称为编码器。在二值逻辑电路中,信号都是以高、低电平的形式来表示的。因此,编码器输入信号是一组代表不同信息的高、低电平,输出信号是一组二进制代码。

编码器的特点和应用

根据编码的概念,编码器的输入端子数 N 和输出端子数 n 之间应满足如下关系:

$$N \leqslant 2^n$$

编码器按编码方式不同,可分为普通编码器和优先编码器。按输出代码的种类不同,又可分为二进制编码器和二-十进制编码器等。

2.1.1 普通编码器

普通编码器的特点是在任一时刻,只允许输入一个编码信号,否则输出发生混乱。如图 2-3 所示的电路是用与非门及非门组成的 3 位二进制普通编码器的逻辑图。该电路的输入端子数为 8,输出端子数为 3。

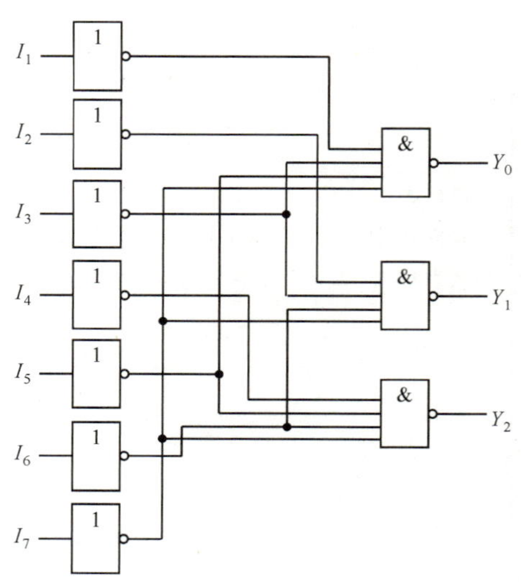

图 2-3 3 位二进制普通编码器的逻辑图

分析电路的逻辑功能:

由图 2-3 可写出该编码器各输出端的逻辑函数表达式为

$$Y_2 = I_4 + I_5 + I_6 + I_7$$
$$Y_1 = I_2 + I_3 + I_6 + I_7$$
$$Y_0 = I_1 + I_3 + I_5 + I_7$$

根据上述逻辑函数表达式可列出该编码器的功能表,见表 2-1。

表 2-1 3 位二进制普通编码器功能表

输入								输出		
I_0	I_1	I_2	I_3	I_4	I_5	I_6	I_7	Y_2	Y_1	Y_0
0	0	0	0	0	0	0	1	1	1	1
0	0	0	0	0	0	1	0	1	1	0
0	0	0	0	0	1	0	0	1	0	1
0	0	0	0	1	0	0	0	1	0	0
0	0	0	1	0	0	0	0	0	1	1
0	0	1	0	0	0	0	0	0	1	0
0	1	0	0	0	0	0	0	0	0	1
1	0	0	0	0	0	0	0	0	0	0

根据 3 位二进制普通编码器的功能表，对其功能具体说明如下：

(1) $I_1 \sim I_7$ 为 7 个信号输入端，输入高电平有效。

所谓高电平有效，就是该端输入信号为 1 时，表示有编码请求；为 0 时，表示无编码请求。当 $I_1 \sim I_7$ 全为低电平，即 $I_1 \sim I_7$ 均无编码请求时，输出 $Y_2 \sim Y_0$ 对应的二进制代码为 000，此时相当于对 I_0 进行编码。所以该编码器能为八个输入信号编码。

(2) $Y_2 \sim Y_0$ 为 3 位二进制代码输出端，输出高电平有效。

所谓输出高电平有效就是输出的 3 位二进制代码用 8421 码的原码表示。3 位二进制代码从高位到低位的顺序依次为 Y_2、Y_1、Y_0。

例如，当 $I_7=1$ 时，$Y_2Y_1Y_0=111$，用 8421 码的原码表示数 7。

(3) 任何时刻只允许对 1 个输入信号编码。

该编码器任何时刻都不允许有两个或两个以上输入信号同时请求编码，否则输出将发生混乱。

2.1.2　优先编码器

优先编码器是当多个输入信号同时有编码请求时，电路只对其中优先级别最高的输入信号进行编码。

优先编码器克服了普通编码器输入信号相互排斥的问题。由于在设计优先编码器时已经预先对所有编码信号按优先顺序进行了排队，所以当输入端有多个编码请求时，编码器只对其中优先级别最高的输入信号进行编码，而不考虑优先级别比较低的输入信号。常用的优先编码器有 74LS148、74LS147 等。

1. 3 位二进制优先编码器 74LS148

图 2-4 给出了 3 位二进制优先编码器 74LS148 的逻辑符号和引脚排列。由于它有 8 个信号输入端 $\overline{I}_7 \sim \overline{I}_0$，3 位二进制代码输出端 $\overline{Y}_2 \sim \overline{Y}_0$，因此又把它称为 8 线-3 线优先编码器。

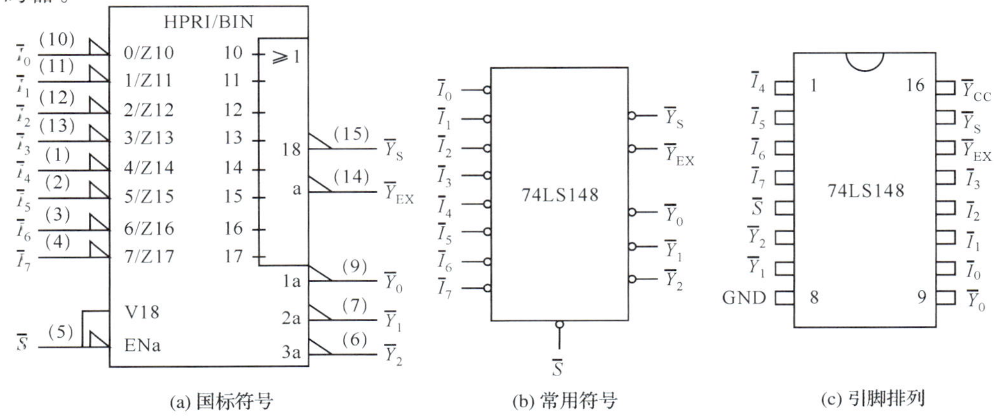

图 2-4　3 位二进制优先编码器 74LS148 的逻辑符号和引脚排列

74LS148 的功能表见表 2-2。

表 2-2　　74LS148 的功能表

输入									输出				
$\overline{S}$	$\overline{I}_0$	$\overline{I}_1$	$\overline{I}_2$	$\overline{I}_3$	$\overline{I}_4$	$\overline{I}_5$	$\overline{I}_6$	$\overline{I}_7$	$\overline{Y}_2$	$\overline{Y}_1$	$\overline{Y}_0$	$\overline{Y}_{EX}$	$\overline{Y}_S$
1	×	×	×	×	×	×	×	×	1	1	1	1	1
0	1	1	1	1	1	1	1	1	1	1	1	1	0
0	×	×	×	×	×	×	×	0	0	0	0	0	1
0	×	×	×	×	×	×	0	1	0	0	1	0	1
0	×	×	×	×	×	0	1	1	0	1	0	0	1
0	×	×	×	×	0	1	1	1	0	1	1	0	1
0	×	×	×	0	1	1	1	1	1	0	0	0	1
0	×	×	0	1	1	1	1	1	1	0	1	0	1
0	×	0	1	1	1	1	1	1	1	1	0	0	1
0	0	1	1	1	1	1	1	1	1	1	1	0	1

注：表中 H 表示高电平；L 表示低电平；×表示可以是高电平也可低电平。

根据 74LS148 的功能表，对其功能具体说明如下：

(1)$\overline{I}_7 \sim \overline{I}_0$ 为 8 个信号输入端，低电平有效。

$\overline{I}_7$ 优先级别最高，按下标序数依次降低，$\overline{I}_0$ 优先级别最低。

(2)$\overline{Y}_2 \sim \overline{Y}_0$ 为 3 位二进制代码输出端，低电平有效。

所谓输出低电平有效就是输出的 3 位二进制代码用 8421 码的反码表示，3 位二进制代码从高位到低位的排列顺序依次为 $\overline{Y}_2$、$\overline{Y}_1$、$\overline{Y}_0$。

例如，在编码器工作时，若 $\overline{I}_7\ \overline{I}_6\ \overline{I}_5\ \overline{I}_4\ \overline{I}_3\ \overline{I}_2\ \overline{I}_1\ \overline{I}_0=01001010$ 即 $\overline{I}_7$、$\overline{I}_5$、$\overline{I}_4$、$\overline{I}_2$、$\overline{I}_0$ 有编码请求，$\overline{I}_6$、$\overline{I}_3$、$\overline{I}_1$ 无编码请求时，编码器只对优先权最高的 $\overline{I}_7$ 进行编码。对应的输出代码为 $\overline{Y}_2\ \overline{Y}_1\ \overline{Y}_0=000$，用 8421 码的反码表示数字 7。

(3)$\overline{S}$ 为选通输入端，低电平有效。

当 $\overline{S}=0$ 时，允许编码器工作；$\overline{S}=1$ 时，不管信号输入端有无编码请求，都不允许编码器工作。

(4)$\overline{Y}_S$ 为选通输出端、$\overline{Y}_{EX}$ 为扩展输出端。

$\overline{Y}_S$、$\overline{Y}_{EX}$ 的作用是可扩展编码器的容量。

功能表中有三种 $\overline{Y}_2\ \overline{Y}_1\ \overline{Y}_0=111$ 的情况，可通过 $\overline{Y}_S$、$\overline{Y}_{EX}$ 的不同取值加以区分：

当 $\overline{S}=0$，$\overline{Y}_S=1$，$\overline{Y}_{EX}=0$ 时，对应的 $\overline{Y}_2\ \overline{Y}_1\ \overline{Y}_0=111$，表示编码器对 $\overline{I}_0$ 信号编码。

当 $\overline{S}=0$，$\overline{Y}_S=0$，$\overline{Y}_{EX}=1$ 时，对应的 $\overline{Y}_2\ \overline{Y}_1\ \overline{Y}_0=111$，表示允许编码器工作，但所有的编码输入端无编码请求。

当 $\overline{S}=1, \overline{Y}_S=1, \overline{Y}_{EX}=1$ 时，对应的 $\overline{Y}_2\overline{Y}_1\overline{Y}_0=111$，表示禁止编码器工作。

2. 二-十进制优先编码器 74LS147

74LS147 是二-十进制优先编码器。它可以把 $\overline{I}_0 \sim \overline{I}_9$ 10 个输入信号分别编成 10 个 8421 码的反码输出。图 2-5 给出了二-十进制优先编码器 74LS147 的逻辑符号和引脚排列。

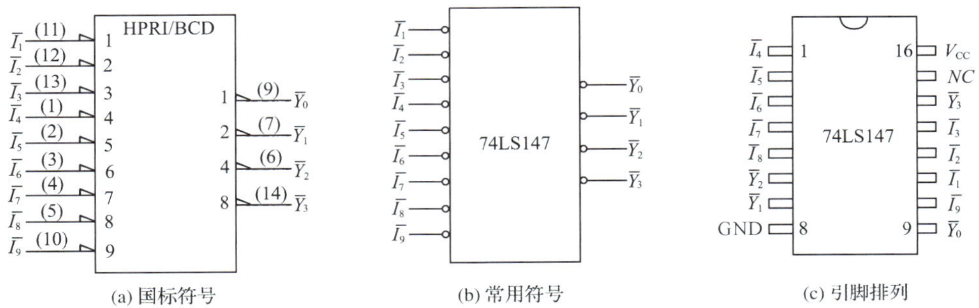

图 2-5　二-十进制优先编码器 74LS147 的逻辑符号和引脚排列

74LS147 的功能表见表 2-3。

表 2-3　74LS147 的功能表

输入									输出			
$\overline{I}_1$	$\overline{I}_2$	$\overline{I}_3$	$\overline{I}_4$	$\overline{I}_5$	$\overline{I}_6$	$\overline{I}_7$	$\overline{I}_8$	$\overline{I}_9$	$\overline{Y}_3$	$\overline{Y}_2$	$\overline{Y}_1$	$\overline{Y}_0$
1	1	1	1	1	1	1	1	1	1	1	1	1
×	×	×	×	×	×	×	×	0	0	1	1	0
×	×	×	×	×	×	×	0	1	0	1	1	1
×	×	×	×	×	×	0	1	1	1	0	0	0
×	×	×	×	×	0	1	1	1	1	0	0	1
×	×	×	×	0	1	1	1	1	1	0	1	0
×	×	×	0	1	1	1	1	1	1	0	1	1
×	×	0	1	1	1	1	1	1	1	1	0	0
×	0	1	1	1	1	1	1	1	1	1	0	1
0	1	1	1	1	1	1	1	1	1	1	1	0

根据 74LS147 的功能表，对其功能具体说明如下：

(1) $\overline{I}_1 \sim \overline{I}_9$ 为 9 个信号输入端，低电平有效。

优先级别最高的是 $\overline{I}_9$，按下标序数依次降低，$\overline{I}_1$ 优先权最低。当 $\overline{I}_9 \sim \overline{I}_1$ 全无编码请求，即输出端 $\overline{Y}_3 \sim \overline{Y}_0$ 全为高电平时，相当于对 $\overline{I}_0$ 进行编码。

(2) $\overline{Y}_3 \sim \overline{Y}_0$ 为 4 位二进制代码输出端，低电平有效。

4 位二进制代码从高位到低位的顺序为 $\overline{Y}_3$、$\overline{Y}_2$、$\overline{Y}_1$、$\overline{Y}_0$。

74LS147 没有使能端，不能进行容量扩展。

2.1.3 编码器的应用

例 2-1

用两片 74LS148 优先编码器扩展成为 16 线-4 线优先编码器。

解 设 16 线-4 线优先编码器的编码输入端为 $\overline{I}_{15}\sim\overline{I}_0$，二进制代码的输出端为 $Y_3\sim Y_0$。

①信号输入端的确定：将 $\overline{I}_{15}\sim\overline{I}_8$ 分别接到 74LS148(1)和 74LS148(2)的输入端，如图 2-6 所示。

②选通输出端的接法：因为只有 $\overline{I}_{15}\sim\overline{I}_8$ 均无编码请求时，才能对 $\overline{I}_7\sim\overline{I}_0$ 的输入信号编码。所以只要将 74LS148(1)的选通输出端 $\overline{Y}_{S(1)}$ 接到 74LS148(2)的控制输入端 $\overline{S}_{(2)}$ 上就可以了。此外应使 $S_{(1)}=0$、$\overline{Y}_{S(2)}$ 悬空。

③二进制代码输出端的确定：74LS148 仅有 3 位代码输出端，而 16 线-4 线编码器需要 4 位代码输出端。因此，需再选一端，作为第四位代码的输出端。74LS148(1)的扩展输出端 $\overline{Y}_{EX(1)}$ 在编码器工作时，$\overline{Y}_{EX(1)}=0$；不工作时，$\overline{Y}_{EX(1)}=1$。刚好可利用此端作为输出代码的第四位，以区别两片编码器轮流工作时的编码。编码器输出的低 3 位应为两片输出端 $\overline{Y}_2$、$\overline{Y}_1$、$\overline{Y}_0$ 的正逻辑与。

依照上述分析，便可画出 16 线-4 线编码器的逻辑图，如图 2-6 所示。

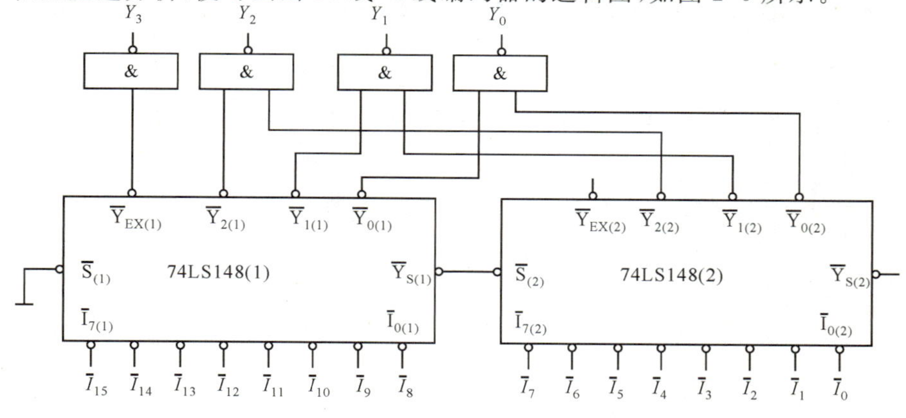

图 2-6 16 线-4 线优先编码器的逻辑图

2.2 认识译码器

译码是编码的逆过程。能实现译码功能的电路为译码器。译码器是将输入的二进制代码译成对应的输出是一组高、低电平的信号。

根据译码的概念，译码器的输出端子 N 和输入端子 n 之间应满足如下关系：

$$N \geqslant 2^n$$

常用的译码器有二进制译码器、二-十进制译码器和显示译码器三类。

2.2.1 二进制译码器 74LS138

二进制译码器的输入信号是一组二进制代码，输出信号是一组与输入代码一一对应的高、低电平。由于 74LS138 的输入是 3 位二进制代码 $A_2 \sim A_0$，输出有 8 个端子 $\overline{I}_7 \sim \overline{I}_0$，因此也称其为 3 线-8 线译码器。

图 2-7 给出了二进制译码器 74LS138 的逻辑符号和引脚排列。

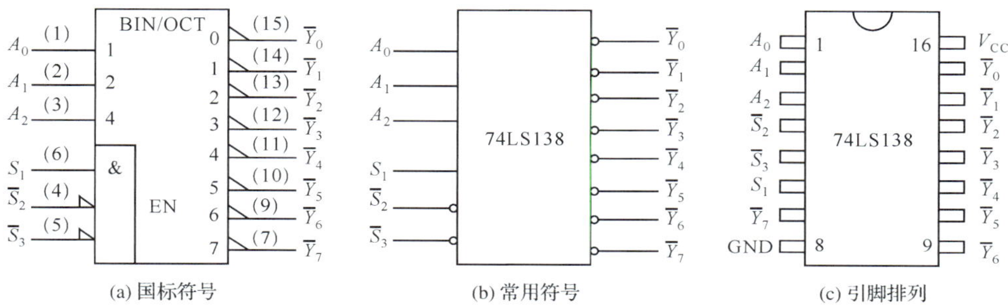

图 2-7 二进制译码器 74LS138 的逻辑符号和引脚排列

74LS138 的功能表见表 2-4。

表 2-4 74LS138 的功能表

输入					输出							
S_1	$\overline{S}_2+\overline{S}_3$	A_2	A_1	A_0	$\overline{Y}_0$	$\overline{Y}_1$	$\overline{Y}_2$	$\overline{Y}_3$	$\overline{Y}_4$	$\overline{Y}_5$	$\overline{Y}_6$	$\overline{Y}_7$
×	1	×	×	×	1	1	1	1	1	1	1	1
0	×	×	×	×	1	1	1	1	1	1	1	1
1	0	0	0	0	0	1	1	1	1	1	1	1
1	0	0	0	1	1	0	1	1	1	1	1	1
1	0	0	1	0	1	1	0	1	1	1	1	1
1	0	0	1	1	1	1	1	0	1	1	1	1
1	0	1	0	0	1	1	1	1	0	1	1	1
1	0	1	0	1	1	1	1	1	1	0	1	1
1	0	1	1	0	1	1	1	1	1	1	0	1
1	0	1	1	1	1	1	1	1	1	1	1	0

根据 74LS138 的功能表，对其功能具体说明如下：

(1)A_2、A_1、A_0 为 3 位二进制代码输入端。

(2)$\overline{Y}_7 \sim \overline{Y}_0$ 为 8 个输出端，低电平有效。

所谓低电平有效，就是用输出的低电平代表对应的二进制码。

由功能表可写出各输出端的逻辑函数表达式分别为

$$\overline{Y}_0=\overline{\overline{A}_2\,\overline{A}_1\,\overline{A}_0}=\overline{m_0}$$

$$\overline{Y}_1=\overline{\overline{A}_2\,\overline{A}_1A_0}=\overline{m_1}$$

$$\overline{Y}_2=\overline{\overline{A}_2A_1\,\overline{A}_0}=\overline{m_2}$$

$$\overline{Y}_3=\overline{\overline{A}_2A_1A_0}=\overline{m_3}$$

$$\overline{Y}_4=\overline{A_2\,\overline{A}_1\,\overline{A}_0}=\overline{m_4}$$

$$\overline{Y}_5=\overline{A_2\,\overline{A}_1A_0}=\overline{m_5}$$

$$\overline{Y}_6=\overline{A_2A_1\,\overline{A}_0}=\overline{m_6}$$

$$\overline{Y}_7=\overline{A_2A_1A_0}=\overline{m_7}$$

可见每一个输出端对应一个最小项，$\overline{Y}_7\sim\overline{Y}_0$ 是 A_2、A_1、A_0 这 3 个变量的全部最小项，所以也称这种译码器为最小项译码器。

(3)S_1、$\overline{S}_2$、$\overline{S}_3$ 为 3 个输入控制端，其中 S_1 高电平有效，$\overline{S}_2$、$\overline{S}_3$ 低电平有效。

当 $S_1=1$，$\overline{S}_2+\overline{S}_3=0$ 时，译码器工作，即允许译码。否则禁止译码，此时 $\overline{Y}_7\sim\overline{Y}_0$ 均为高电平，所有输出端被封锁。

这 3 个控制端也称为片选输入端，利用片选输入端还可以扩展译码器的功能。

2.2.2 二-十进制译码器 74LS42

二-十进制译码器是将输入的 8421 码中的 10 个 4 位二进制代码译成 10 个高、低电平的输出信号。由于 74LS42 的输入是 4 位二进制代码 $A_3\sim A_0$，输出有 10 个端子 $\overline{Y}_9\sim\overline{Y}_0$，所以也称其为 4 线-10 线译码器。

图 2-8 所示给出了二-十进制译码器 74LS42 的逻辑符号和引脚排列。

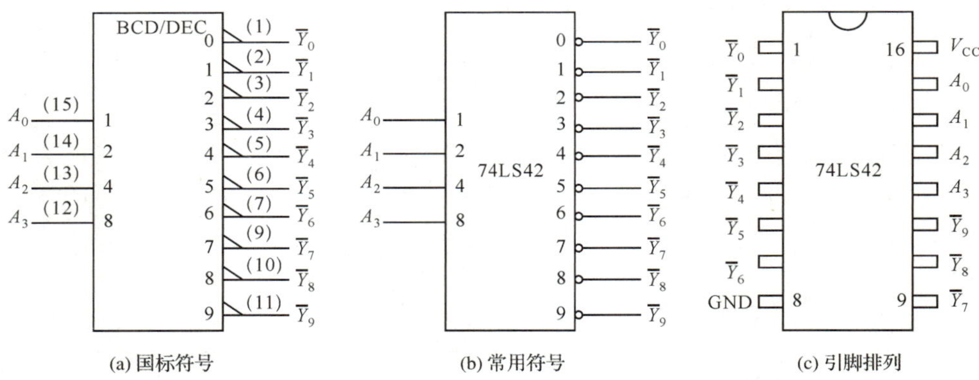

(a) 国标符号　(b) 常用符号　(c) 引脚排列

图 2-8 二-十进制译码器 74LS42 的逻辑符号和引脚排列

74LS42 的功能表见表 2-5。

表 2-5　　74LS42 的功能表

十进制数码	输入				输出									
	A_3	A_2	A_1	A_0	$\overline{Y}_0$	$\overline{Y}_1$	$\overline{Y}_2$	$\overline{Y}_3$	$\overline{Y}_4$	$\overline{Y}_5$	$\overline{Y}_6$	$\overline{Y}_7$	$\overline{Y}_8$	$\overline{Y}_9$
0	0	0	0	0	0	1	1	1	1	1	1	1	1	1
1	0	0	0	1	1	0	1	1	1	1	1	1	1	1
2	0	0	1	0	1	1	0	1	1	1	1	1	1	1
3	0	0	1	1	1	1	1	0	1	1	1	1	1	1
4	0	1	0	0	1	1	1	1	0	1	1	1	1	1
5	0	1	0	1	1	1	1	1	1	0	1	1	1	1
6	0	1	1	0	1	1	1	1	1	1	0	1	1	1
7	0	1	1	1	1	1	1	1	1	1	1	0	1	1
8	1	0	0	0	1	1	1	1	1	1	1	1	0	1
9	1	0	0	1	1	1	1	1	1	1	1	1	1	0
伪码	1	0	1	0	1	1	1	1	1	1	1	1	1	1
	1	0	1	1	1	1	1	1	1	1	1	1	1	1
	1	1	0	0	1	1	1	1	1	1	1	1	1	1
	1	1	0	1	1	1	1	1	1	1	1	1	1	1
	1	1	1	0	1	1	1	1	1	1	1	1	1	1
	1	1	1	1	1	1	1	1	1	1	1	1	1	1

根据 74LS42 的功能表，对其功能具体说明如下：

(1)$A_3 \sim A_0$ 为 4 位 8421 码的输入端。

(2)$\overline{Y}_9 \sim \overline{Y}_0$ 为 10 个输出端，低电平有效。

(3)当输入是伪码时(1010～1111)，$\overline{Y}_9 \sim \overline{Y}_0$ 均为 1，输出端全被高电平封锁。

该译码器也可当作 3 线-8 线译码器使用。当作 3 线-8 线译码器使用时，可将 $A_2 \sim A_0$ 作为 3 位二进制码输入端，$\overline{Y}_0 \sim \overline{Y}_7$ 作为输出端，$\overline{Y}_8$、$\overline{Y}_9$ 闲置。A_3 作为输入控制端，当 $A_3=0$ 时，译码器工作；当 $A_3=1$ 时，译码器禁止工作。

2.2.3　显示译码器

在数字系统中，常常需要将数字、字母或符号等直观地显示出来，以便人们观测、查看。能够显示数字、字母或符号等图形的电路称为显示器。需显示的数字、字母或符号等先要以一定的二进制代码的形式表示出来，所以在送到显示器之前要先经显示译码器的译码，即将这些二进制代码转换成显示器所需要的驱动信号。这些驱动信号是一组高、低电平信号。

1.7 段数码显示器

7 段数码显示器是用来显示十进制数 0～9 十个数码的器件。常见的 7 段数码显示器有半导体数码显示器和液晶显示器两种。7 段数码显示器是由 7 段可发光的字段组合而成的。

(1)半导体数码显示器

这种数码显示器是由 7 段发光二极管组成的，每一段都是一个发光二极管，发光二极管加正向电压发光。如图 2-9 所示是半导体数码显示器 LG5011AH 的外形和利用字段不同组合分别显示的 0～9 十个数字。

(a) 外形

(b) 显示的数字

图 2-9 半导体数码显示器外形和显示的数字

半导体数码显示器内部的发光二极管有两种接法，即共阳极接法和共阴极接法，如图 2-10 所示。

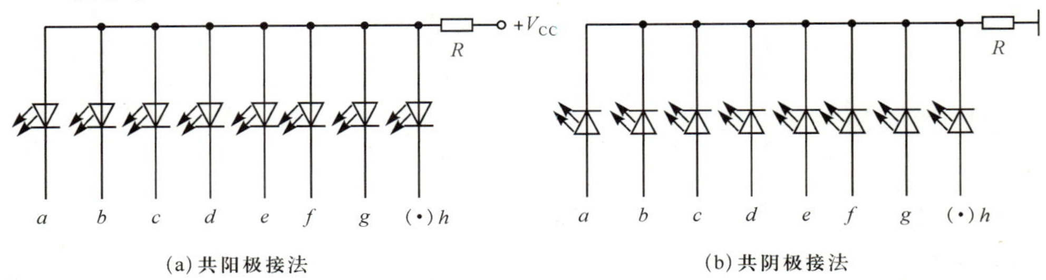

(a) 共阳极接法

(b) 共阴极接法

图 2-10 半导体数码显示器发光二极管的接法

半导体数码显示器的优点是工作电压低，体积小，寿命长，可靠性高，响应时间短，亮度高；缺点是工作电流比较大。

(2)液晶显示器

液晶是既有液体的流动性，又有某些光学特性的有机化合物，它的透明度和颜色受外电场的控制。利用这一特点，可做成电场控制的 7 段液晶数码显示器，其字形与 7 段半导体数码显示器相同。这种显示器在没有外加电场时，液晶分子排列整齐，入射的光线大部分被反射回来，液晶为透明状态，显示器呈白色。当在相应字段的电极上加上电压后，液晶中的分子因电离产生正离子，这些正离子在电场作用下运动，并不断撞击其他液晶分子，从而破坏了液晶分子的整齐排列，原来透明的液晶变成了暗灰色，显示出相应的数字。当外加电压撤掉时，液晶分子又恢复到整齐排列的状态，显示的数字也随之消失。

液晶显示器的优点是功耗极小，工作电压低；缺点是亮度较差，响应速度慢。

2. BCD 7 段显示译码器 74LS48

7 段数码显示器若要显示十进制数字，需要在它的输入端加驱动信号。BCD 7 段显示译码器就是将输入的 BCD 码转换成 7 段数码显示器所需要的驱动信号的电路。它输入的是 BCD 码，输出的是与 7 段数码显示器相对应的一组高、低电平驱动信号。

BCD 7 段显示译码器按其输出有效电平不同(使灯“点亮”的驱动电平不同)，可分为输出低电平有效和输出高电平有效两大类。

如图 2-11 所示为 BCD 7 段显示译码器 74LS48 的逻辑符号和引脚排列。它是高电平有效的 BCD 7 段显示译码器，因此要与共阴极 7 段数码显示器配合使用。若 BCD 7 段显示译码器为输出低电平有效，则应与共阳极 7 段数码显示器配合使用。

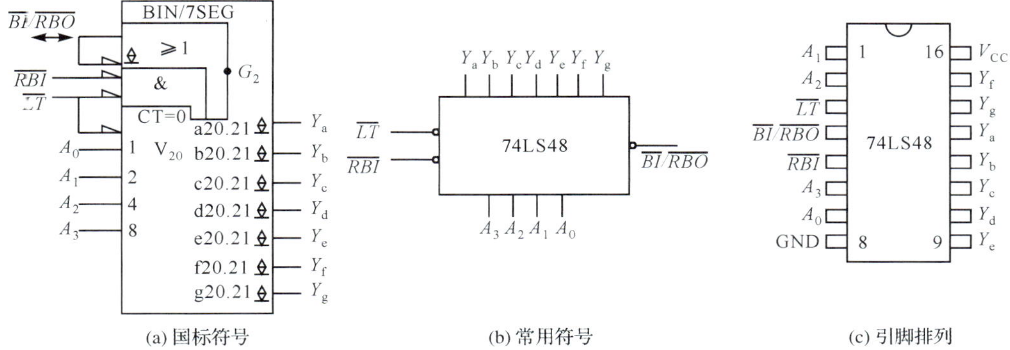

(a) 国标符号　(b) 常用符号　(c) 引脚排列

图 2-11　BCD 7 段显示译码器 74LS48 的逻辑符号和引脚排列

74LS48 的功能表见表 2-6。

表 2-6　74LS48 的功能表

十进制数字或功能	输入						输入/输出	输出							字形
	$\overline{LT}$	$\overline{RBI}$	A_3	A_2	A_1	A_0	$\overline{BI}/\overline{RBO}$	Y_a	Y_b	Y_c	Y_d	Y_e	Y_f	Y_g	
0	1	1	0	0	0	0	/1	1	1	1	1	1	1	0	0
1	1	×	0	0	0	1	/1	0	1	1	0	0	0	0	1
2	1	×	0	0	1	0	/1	1	1	0	1	1	0	1	2
3	1	×	0	0	1	1	/1	1	1	1	1	0	0	1	3
4	1	×	0	1	0	0	/1	0	1	1	0	0	1	1	4
5	1	×	0	1	0	1	/1	1	0	1	1	0	1	1	5
6	1	×	0	1	1	0	/1	0	0	1	1	1	1	1	6
7	1	×	0	1	1	1	/1	1	1	1	0	0	0	0	7
8	1	×	1	0	0	0	/1	1	1	1	1	1	1	1	8
9	1	×	1	0	0	1	/1	1	1	1	0	0	1	1	9
10	1	×	1	0	1	0	/1	1	0	0	1	1	1	0	
11	1	×	1	0	1	1	/1	1	1	1	1	0	0	0	
12	1	×	1	1	0	0	/1	0	1	1	1	1	1	0	
13	1	×	1	1	0	1	/1	1	0	0	1	0	1	1	
14	1	×	1	1	1	0	/1	0	0	0	1	1	1	1	
15	1	×	1	1	1	1	/1	0	0	0	0	0	0	0	全暗
灭灯	×	×	×	×	×	×	0/	0	0	0	0	0	0	0	全暗
灭零	1	0	0	0	0	0	/0	0	0	0	0	0	0	0	全暗
灯测试	0	×	×	×	×	×	/1	1	1	1	1	1	1	1	8

根据 74LS48 的功能表，对其功能具体说明如下：

(1)$A_3 \sim A_0$ 为 4 位 8421 码输入端。

(2)$Y_a \sim Y_g$ 为 7 个输出端，高电平有效。

当某一输出端为 1 时，7 段数码显示器中对应的发光二极管亮；某一输出端为 0 时，对应的发光二极管不亮。

(3)$\overline{LT}$ 为试灯输入端，低电平有效。

该端的功能用于判断 7 段数码显示器的各段能否正常发光。当 $\overline{LT}=0$ 时，无论输入端 $A_3 \sim A_0$ 为何状态，输出端 $Y_a \sim Y_g$ 全为高电平，即 7 段数码显示器的 7 段发光二极管同时亮。译码器工作时，应使 $\overline{LT}=1$。

(4)$\overline{BI}/\overline{RBO}$ 为灭灯输入/灭零输出端，低电平有效。

$\overline{BI}/\overline{RBO}$ 作为输入端使用时，此端为灭灯输入端。当 $\overline{BI}=0$ 时，无论 $\overline{LT}$、$\overline{RBI}$、$A_3 \sim A_0$ 为何状态，输出端 $Y_a \sim Y_g$ 均为低电平，7 段显示器各段同时熄灭，隐藏了要显示的字形。所以也称 $\overline{BI}$ 为消隐输入端。译码器工作时，应使 $\overline{BI}=1$。

当 $\overline{RBI}=0$，$A_3A_2A_1A_0=0000$ 时，$\overline{RBO}$ 作为输出端且输出低电平，称其为灭零输出端。

(5)$\overline{RBI}$ 为灭零输入端，低电平有效。

该端的功能是熄灭不需要显示的 0。当 $\overline{LT}=1$，$A_3A_2A_1A_0=0000$ 时，7 段数码显示器显示数字 0。此时，若使 $\overline{RBI}=0$，便可将此 0 熄灭。

例如，一个 8 位数字显示器，当要显示 3.6 时，出现 0003.6000 字样，这时可将不需要的 0 所对应的 7 段数码显示器的 $\overline{RBI}$ 端加低电平，不需要显示的 0 即被熄灭，7 段数码显示器只显示 3.6 字样，使显示结果更加醒目。

此时，$\overline{RBO}=0$，表示译码器已经将本位应显示的 0 熄灭了。

可见，只有当 $\overline{LT}=1$，$A_3A_2A_1A_0=0000$，$\overline{RBI}=0$ 时，$\overline{RBO}$ 才会输出低电平。

将灭零输入端与灭零输出端配合使用，即可实现多位数码显示系统的灭零控制。如图 2-12 所示为灭零控制的连接方法，只需在整数部分把高位的 $\overline{RBO}$ 与低位的 $\overline{RBI}$ 相连，在小数部分将低位的 $\overline{RBO}$ 与高位的 $\overline{RBI}$ 相连，就可以把前、后多余的 0 熄灭了。在这种连接方式下，整数部分只有高位是 0，而且被熄灭的情况下，低位才有灭零输入信号。同理，小数部分只有在低位是 0，而且被熄灭时，高位才有灭零输入信号。

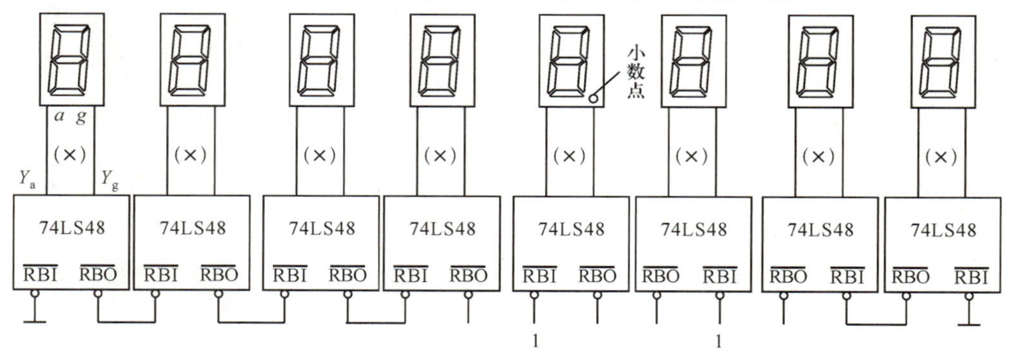

图 2-12 有灭零控制的 8 位数码显示系统

2.2.4 译码器的应用

1. 译码器的扩展

例 2-2

用两片 74LS138 实现 4 线-16 线译码器。

解 设 4 线-16 线译码器的 4 位二进制代码输入端为 $A_3 \sim A_0$，16 个输出端分别为 $\overline{Y}_0 \sim \overline{Y}_{15}$。

①二进制代码输入端的确定：因为 74LS138 输入二进制代码仅有 3 位，即 $A_2 \sim A_0$，而 4 线-16 线译码器输入的二进制代码是 4 位。因此，需再选一端，作为第四位二进制代码的输入端。$S_{1(2)}$ 可利用输入控制端作为第四位输入端。将 74LS138(1) 的 $\overline{S}_{2(1)}$ 和 $\overline{S}_{3(1)}$ 与 74LS138(2) 的 $S_{1(2)}$ 连接在一起，作为 4 线-16 线译码器的第四位代码的输入端，即 $A_3 = \overline{S}_{2(1)} = \overline{S}_{3(1)} = S_{1(2)}$，将 74LS138(1) 与 74LS138(2) 相同的数码输入端连在一起作为低 3 位的数码输入端，即 $A_2 = A_{2(1)} = A_{2(2)}$，$A_1 = A_{1(1)} = A_{1(2)}$，$A_0 = A_{0(1)} = A_{0(2)}$。并使 $S_{1(1)} = 1$，$\overline{S}_{2(2)} = \overline{S}_{3(2)} = 0$。

②输出端的确定：将 $\overline{Y}_{15} \sim \overline{Y}_8$ 接到 74LS138(2) 的输出端 $\overline{Y}_{7(2)} \sim \overline{Y}_{0(2)}$ 上，$\overline{Y}_7 \sim \overline{Y}_0$ 接到 74LS138(1) 的输出端 $\overline{Y}_{7(1)} \sim \overline{Y}_{0(1)}$ 上。其连线图如图 2-13 所示。

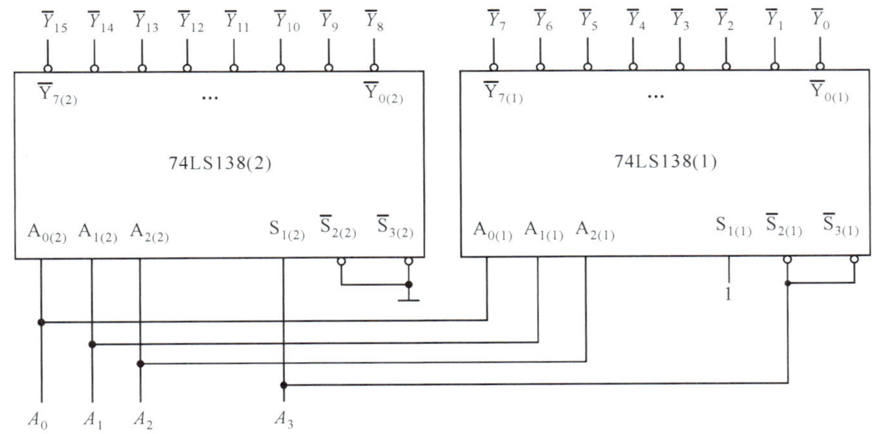

图 2-13 例 2-2 的连线图

当 $A_3 = 0$ 时，74LS138(1) 工作，禁止 74LS138(2) 工作，可将 $A_3\ A_2\ A_1\ A_0$ 的 0000～0111 这 8 个代码译成 $\overline{Y}_0 \sim \overline{Y}_7$ 8 个低电平信号。当 $A_3 = 1$ 时，74LS138(2) 工作，禁止 74LS138(1) 工作，可将 $A_3\ A_2\ A_1\ A_0$ 的 1000～1111 这 8 个代码译成 $\overline{Y}_8 \sim \overline{Y}_{15}$ 8 个低电平信号。这样，便用两片 74LS138 译码器扩展成一个 4 线-16 线译码器。

2. 用译码器实现组合逻辑函数

二进制译码器的输出为输入的全部最小项，即每一个输出都对应一个最小项。而任何一个逻辑函数都可变换为最小项之和的标准与或表达式，因此，用二进制译码器和门电路可实现任何组合逻辑函数。

例 2-3

用 3 线-8 线译码器和门电路实现逻辑函数 $Y=\overline{A}\,\overline{B}\,\overline{C}+AB\overline{C}+BC$。

解 设输入变量 $A=A_2, B=A_1, C=A_0$

①变换逻辑函数表达式为标准的与或式。

$$
\begin{aligned}
Y &= \overline{A}\,\overline{B}\,\overline{C}+AB\overline{C}+BC \\
&= \overline{A}\,\overline{B}\,\overline{C}+AB\overline{C}+BC(A+\overline{A}) \\
&= \overline{A}\,\overline{B}\,\overline{C}+AB\overline{C}+ABC+\overline{A}BC \\
&= m_0+m_3+m_6+m_7 \\
&= \overline{\overline{m_0}\cdot\overline{m_3}\cdot\overline{m_6}\cdot\overline{m_7}}
\end{aligned}
$$

②将逻辑函数表达式 Y 与 74LS138 输出表达式进行比较得

$$Y=\overline{\overline{Y_0}\cdot\overline{Y_3}\cdot\overline{Y_6}\cdot\overline{Y_7}}$$

③根据变换后的逻辑函数式画连线图。使译码器处于译码工作状态，即 $S_1=1, \overline{S_2}=\overline{S_3}=0$。其连线图如图 2-14 所示。

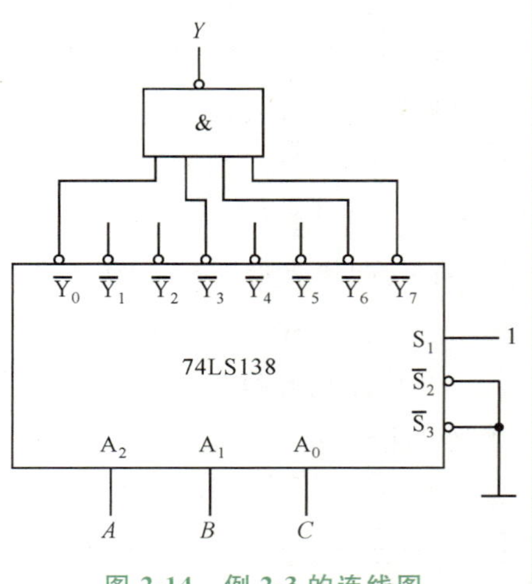

图 2-14 例 2-3 的连线图

2.3 认识加法器与数值比较器

在数字系统中两个二进制数经常要进行加、减、乘、除等算术运算。加法运算是算术运算中最基本的运算，其他的运算都可以转化成加法运算来实现。能实现加法运算的电路称为加法器。加法器按加数位数不同可分为一位加法器和多位加法器。

很多时候还需要比较两个数字的大小。能比较两个数字大小的电路称为数值比较器。数值比较器按可比较的二进制数的位数分为一位数值比较器和多位数值比较器。

2.3.1 一位加法器

一位加法器又可分为半加器和全加器。

加法器

1. 半加器

两个一位二进制数相加，不考虑来自低位进位数的运算称为半加。能实现半加运算的电路称为半加器。

设 A 和 B 为两个加数，S 为本位的和，C 为向高位的进位。根据二进制数加法的运算规则，可以得出半加器的真值表，见表 2-7。

表 2-7　　半加器的真值表

输入		输出	
A	B	S	C
0	0	0	0
0	1	1	0
1	0	1	0
1	1	0	1

由真值表可得半加器的逻辑函数表达式，即

$$S=\overline{A}B+A\overline{B}=A\oplus B$$

$$C=AB$$

根据逻辑函数表达式，可画出半加器的逻辑图，如图 2-15(a)所示。半加器的逻辑符号如图 2-15(b)所示。

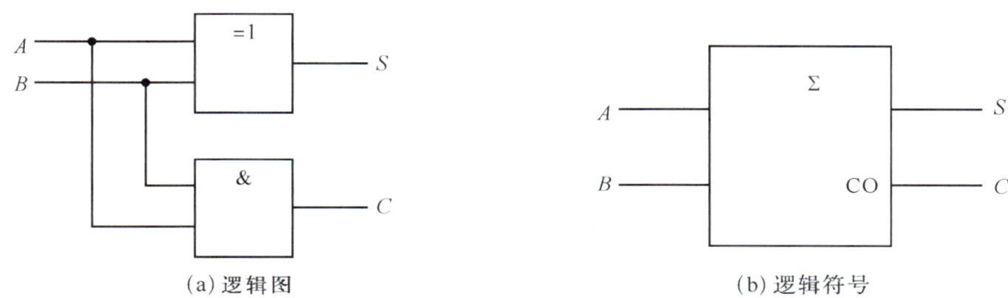

图 2-15　半加器的逻辑图和逻辑符号

2. 全加器

两个一位二进制数与来自低位的进位数相加的运算称为全加。能实现全加运算的电路称为全加器。若 A 和 B 为两个加数，C_i 为来自低位的进位数，S 为本位的和，C_{i+1} 为向高位的进位。根据二进制加法的运算规则，可列出全加器的真值表，见表 2-8。

表 2-8　　全加器的真值表

输入			输出	
A	B	C_i	S	C_{i+1}
0	0	0	0	0
0	0	1	1	0
0	1	0	1	0
0	1	1	0	1
1	0	0	1	0
1	0	1	0	1
1	1	0	0	1
1	1	1	1	1

由真值表可得全加器的逻辑函数表达式，即

$$S=\overline{A}\,\overline{B}C_i+\overline{A}B\overline{C_i}+A\overline{B}\,\overline{C_i}+ABC_i=A\oplus B\oplus C_i$$

$$C_{i+1}=\overline{A}BC_i+A\overline{B}C_i+AB\overline{C_i}+ABC_i=AB+BC_i+AC_i$$

根据逻辑函数表达式，可画出全加器的逻辑图，如图 2-16(a)所示。全加器的逻辑符号如图 2-16(b)所示。

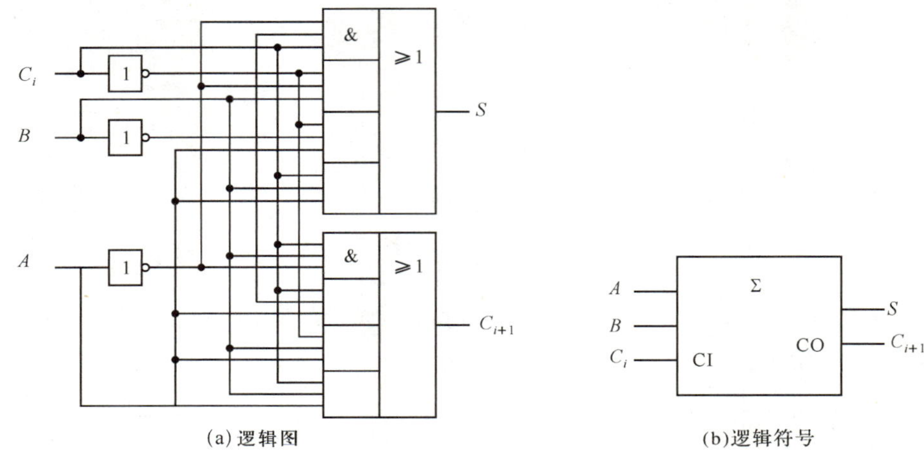

图 2-16　全加器的逻辑图和逻辑符号

集成器件 74LS183 就是由上述逻辑电路构成的双全加器。

2.3.2　多位加法器

能实现多位加法运算的电路称为多位加法器。多个一位二进制全加器级联就可以实现多位加法运算。根据级联的方式不同，多位加法器可分为串行进位加法器和超前进位加法器两种。

如图 2-17 所示为 4 位串行进位加法器。

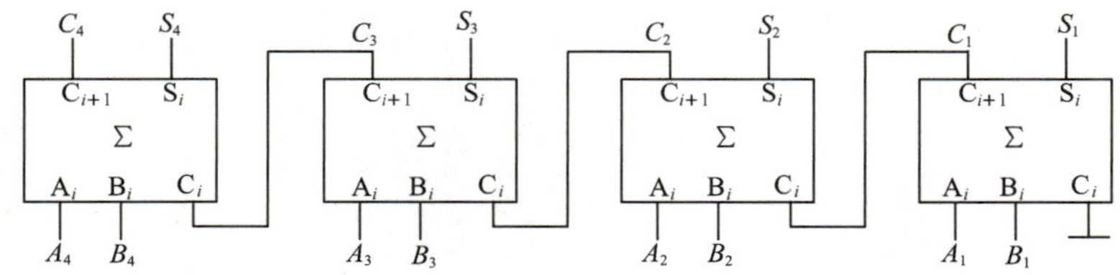

图 2-17　4 位串行进位加法器

这种加法器依次将低位加法器的进位输出端 C_{i+1} 与高位加法器的进位端 C_i 相连。其特点是电路比较简单，但运算速度比较慢。为了克服这一缺点，采用超前进位方式。下面介绍超前进位的原理。

全加器本位的输出表达式为

$$S_i=\overline{A}_i\,\overline{B}_iC_i+\overline{A}_iB_i\,\overline{C}_i+A_i\,\overline{B}_i\,\overline{C}_i+A_iB_i\,C_i=A_i\oplus B_i\oplus C_i$$

$$C_{i+1}=\overline{A}_iB_iC_i+A_i\,\overline{B}_iC_i+A_iB_i\,\overline{C}_i+A_iB_iC_i=A_iB_i+B_iC_i+A_iC_i$$

若定义 $G_i=A_iB_i$ 为产生变量，$P_i=A_i\oplus B_i$ 为传输变量，这两个变量都与进位信号无关，则上面两式可写成

$$S_i=P_i\oplus C_i$$

$$C_{i+1}=G_i+P_iC_i$$

超前进位全加器的进位输入是由专门的“进位逻辑门”来提供，该门综合所有低位的加数、被加数以及最低位的进位输入。因为最低位全加器的进位 $C_0=0$，所以各位的进位数 C_{i+1} 都只与两个加数相关，可以与 S_i 并行产生，从而有效地提高了运算速度。

74LS283 是根据超前进位原理构成的 4 位二进制超前进位全加器，其逻辑符号和引脚排列如图 2-18 所示。

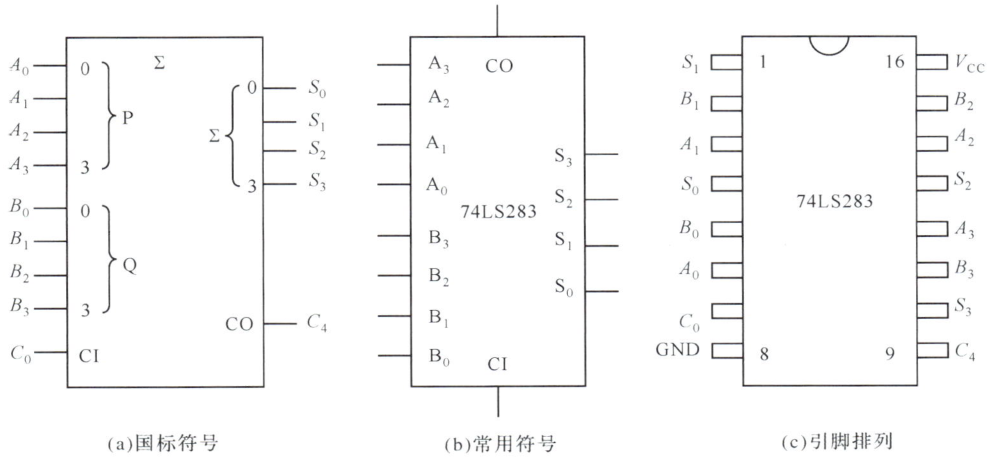

(a)国标符号　(b)常用符号　(c)引脚排列

图 2-18　4 位二进制超前进位全加器 74LS283 的逻辑符号和引脚排列

74LS283 的功能举例见表 2-9。

表 2-9　74LS283 的功能举例

$C_0(CI)$	$A_3A_2A_1A_0$	$B_3B_2B_1B_0$	$S_3S_2S_1S_0$	C_4(CO)
0	0000	0000	0000	0
1	0000	0000	0001	0
0	0000	0001	0001	0
1	0000	0001	0010	0
…	…	…	…	…
0	1111	1111	1110	1
1	1111	1111	1111	1

下面对 74LS283 的功能具体说明如下：

(1)$A_3 \sim A_0$、$B_3 \sim B_0$ 为两组 4 位二进制数的输入端。A_3、B_3 分别为两组数的最高位，A_0、B_0 分别为最低位。

(2)C_0 为来自低位的进位输入端。

(3)$S_3 \sim S_0$ 为 4 位二进制数的和。S_3 为最高位，S_0 为最低位。

(4)C_4 为向高位进位的输出端。

加法器的应用非常广泛。如果一个逻辑函数能化成输入变量与输入变量或者输入变量与常量在数值上相加的形式，这时用加法器来实现这个组合逻辑电路，往往会非常简单。

用 4 位二进制超前进位全加器 74LS283，将 8421 码转换为余 3 码。

解　设 8421 码为 DCBA，余 3 码为 $Y_4Y_3Y_2Y_1$。

由 8421 码及余 3 码的特性可得

$$Y_4Y_3Y_2Y_1 = DCBA + 0011$$

可知，用一片 74LS283 便可实现两种代码的转换。其连线图如图 2-19 所示。

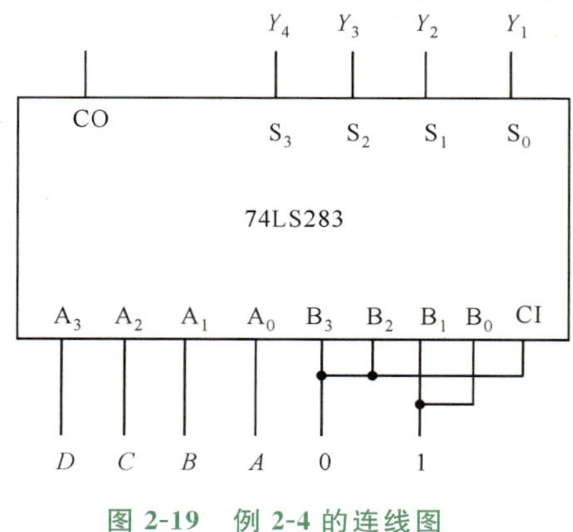

图 2-19　例 2-4 的连线图

2.3.3　数值比较器

数值比较器

1. 一位数值比较器

两个一位二进制数 A 和 B 进行比较时，结果有三种：$A>B$；$A<B$；$A=B$。

根据两数的比较规律列真值表，见表 2-10。

表 2-10　一位数值比较器的真值表

输入		输出		
A	B	$Y_{A>B}$	$Y_{A<B}$	$Y_{A=B}$
0	0	0	0	1
0	1	0	1	0
1	0	1	0	0
1	1	0	0	1

由真值表可得一位数值比较器的逻辑函数表达式，即

$$Y_{A>B} = A\overline{B}$$

$$Y_{A<B} = \overline{A}B$$

$$Y_{A=B} = \overline{A}\,\overline{B} + AB$$

根据逻辑函数表达式，可画出一位数值比较器的逻辑图，如图 2-20 所示。

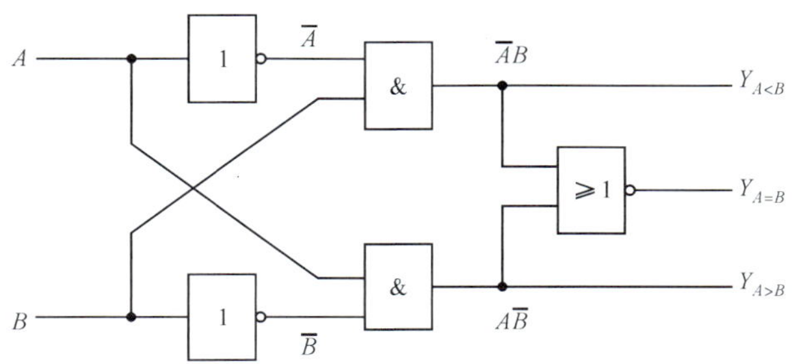

图 2-20　一位数值比较器的逻辑图

2. 多位数值比较器

多位数值比较器是从高位开始比较，逐位进行。高位不同时，可以直接给出比较结果；高位相同时，依次比较低位直至级联输入位。

74LS85 为常用的 4 位二进制数值比较器，其逻辑符号和引脚排列如图 2-21 所示。

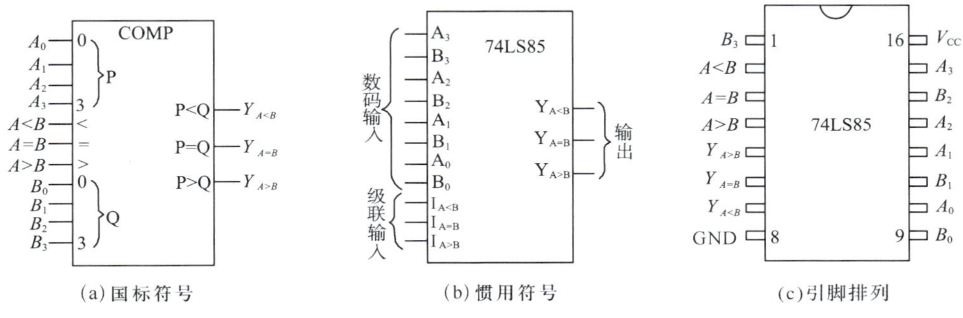

图 2-21　4 位二进制数值比较器 74LS85 的逻辑符号和引脚排列

74LS85 的功能表见表 2-11。

表 2-11　74LS85 的功能表

数码输入				级联输入			输　出		
A_3、B_3	A_2、B_2	A_1、B_1	A_0、B_0	$I_{A>B}$	$I_{A<B}$	$I_{A=B}$	$Y_{A>B}$	$Y_{A<B}$	$Y_{A=B}$
$A_3>B_3$	×	×	×	×	×	×	1	0	0
$A_3<B_3$	×	×	×	×	×	×	0	1	0
$A_3=B_3$	$A_2>B_2$	×	×	×	×	×	1	0	0
$A_3=B_3$	$A_2<B_2$	×	×	×	×	×	0	1	0
$A_3=B_3$	$A_2=B_2$	$A_1>B_1$	×	×	×	×	1	0	0
$A_3=B_3$	$A_2=B_2$	$A_1<B_1$	×	×	×	×	0	1	0
$A_3=B_3$	$A_2=B_2$	$A_1=B_1$	$A_0>B_0$	×	×	×	1	0	0
$A_3=B_3$	$A_2=B_2$	$A_1=B_1$	$A_0<B_0$	×	×	×	0	1	0
$A_3=B_3$	$A_2=B_2$	$A_1=B_1$	$A_0=B_0$	1	0	0	1	0	0
$A_3=B_3$	$A_2=B_2$	$A_1=B_1$	$A_0=B_0$	0	1	0	0	1	0
$A_3=B_3$	$A_2=B_2$	$A_1=B_1$	$A_0=B_0$	0	0	1	0	0	1
$A_3=B_3$	$A_2=B_2$	$A_1=B_1$	$A_0=B_0$	×	×	1	0	0	1
$A_3=B_3$	$A_2=B_2$	$A_1=B_1$	$A_0=B_0$	1	1	0	0	0	0
$A_3=B_3$	$A_2=B_2$	$A_1=B_1$	$A_0=B_0$	0	0	0	1	1	0

注：表中的最后三行无实际意义，只是芯片对于出现的这种情况给出的固定输入、输出。

根据 74LS85 的功能表，对其功能具体说明如下：

(1) $A_3 \sim A_0$、$B_3 \sim B_0$ 为两组 4 位二进制数码输入端。

(2) $I_{A>B}$、$I_{A<B}$、$I_{A=B}$ 为 3 个级联输入端。

级联输入端的作用是扩展数值比较器的功能。当比较的二进制数超过 4 位，需要多个 4 位二进制数值比较器时，该端用于数值比较器之间的级联使用。即将来自低位的三个输出端 $Y_{A>B}$、$Y_{A<B}$、$Y_{A=B}$（比较结果）分别接到高一位的数值比较器的级联输入端 $I_{A>B}$、$I_{A<B}$、$I_{A=B}$ 上。当本级两个数码相等时，低位输出的比较结果决定总的比较结果。

当 4 位二进制数值比较器单独使用或作最低位时，为了不影响比较结果，其级联输入端 $I_{A>B}$、$I_{A<B}$ 应置 0，$I_{A=B}$ 应置 1。

(3) $Y_{A>B}$、$Y_{A<B}$、$Y_{A=B}$ 为 3 个比较输出端，高电平有效。

3. 数值比较器的应用

当比较的数值多于 4 位时，可通过对 4 位二进制数值比较器的扩展来实现。

数值比较器的扩展方法有两种：一种是串联扩展，另一种是并行扩展。串联扩展的速度较慢，适用于比较数值位数较小的情况。并联扩展速度较快，适用于比较数值位数较大的情况。

例 2-5

用两片 74LS85 构成一个串行 8 位二进制数值比较器。

解 设 8 位二进制数值比较器的两组数值输入端分别为 $A_7 \sim A_0$，$B_7 \sim B_0$，输出端为 $Y_{A>B}$、$Y_{A<B}$、$Y_{A=B}$。

①数据输入端的确定：将高 4 位 $A_7 \sim A_4$，$B_7 \sim B_4$ 分别接到 74LS85(2) 的数码输入端 $A_{3(2)} \sim A_{0(2)}$，$B_{3(2)} \sim B_{0(2)}$ 上，低 4 位 $A_3 \sim A_0$，$B_3 \sim B_0$ 分别接到 74LS85(1) 的数码输入端 $A_{3(1)} \sim A_{0(1)}$，$B_{3(1)} \sim B_{0(1)}$ 上。

②级联输入端的接法：将 74LS85(1) 的输出端 $Y_{A>B(1)}$、$Y_{A<B(1)}$、$Y_{A=B(1)}$ 分别与 74LS85(2) 的级联输入端 $I_{A>B(2)}$、$I_{A<B(2)}$、$I_{A=B(2)}$ 连接，并使 74LS85(1) 的级联输入端 $I_{A>B(1)} = I_{A<B(1)} = 0$，$I_{A=B(1)} = 1$。

③输出端的确定：74LS85(2) 的输出端是 8 位二进制数值比较器的输出端，即 $Y_{A>B} = Y_{A>B(2)}$，$Y_{A<B} = Y_{A<B(2)}$，$Y_{A=B} = Y_{A=B(2)}$。

其连线图如图 2-22 所示。

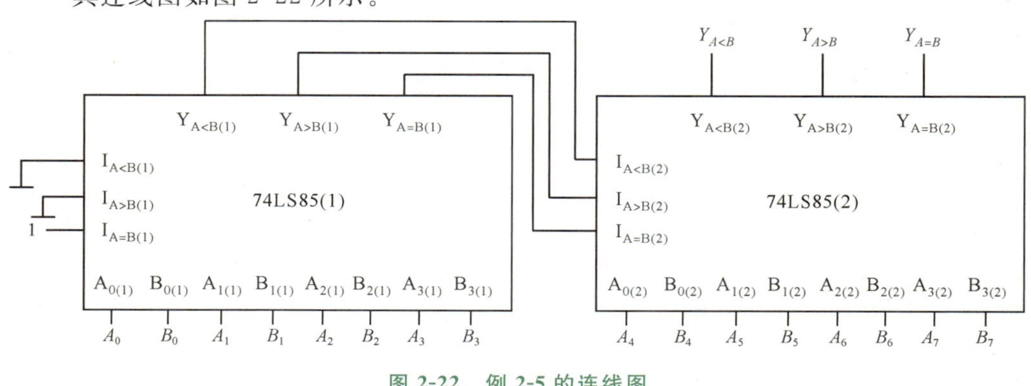

图 2-22 例 2-5 的连线图

例 2-6

用 5 片 74LS85 构成一个并行 16 位二进制数值比较器。

解　并联扩展采用的是两级比较法，各组的比较是并行进行的，其连线图如图 2-23 所示。

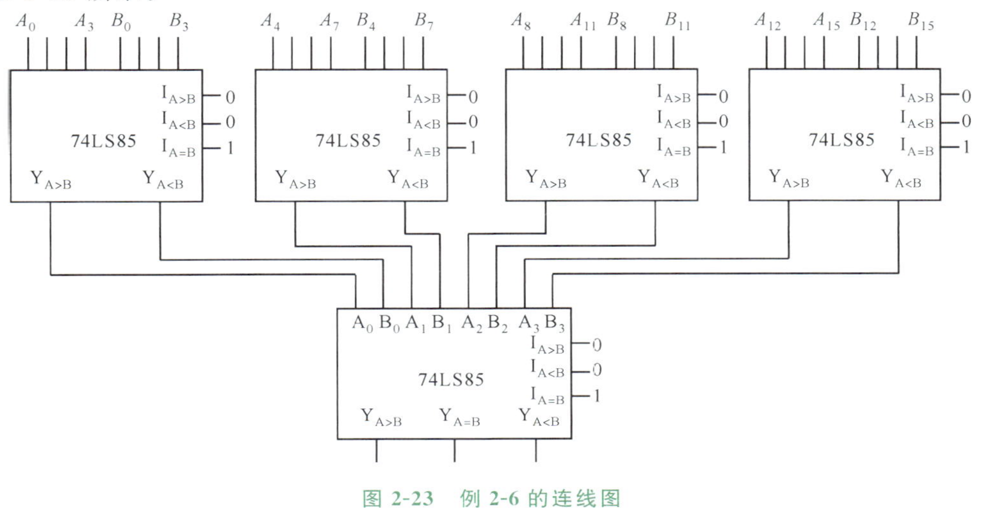

图 2-23　例 2-6 的连线图

巩固练习

2-1　已知逻辑电路如图 2-24 所示，求其各输出端的电平值。

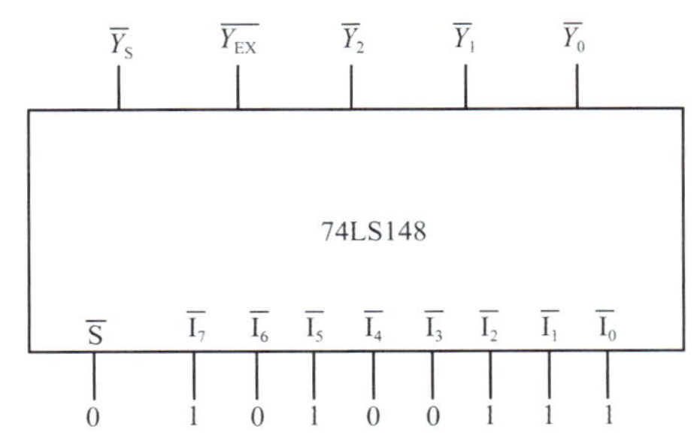

图 2-24　题 2-1 图

2-2　已知逻辑电路如图 2-25 所示，求其各输出端的电平值。

2-3　设计一个 6 位数码显示电路，整数和小数部分各 3 位数字，且要求有灭零控制。并画出完整的电路图。

2-4　已知逻辑电路如图 2-26 所示，写出电路输出端 Y 的逻辑函数表达式。

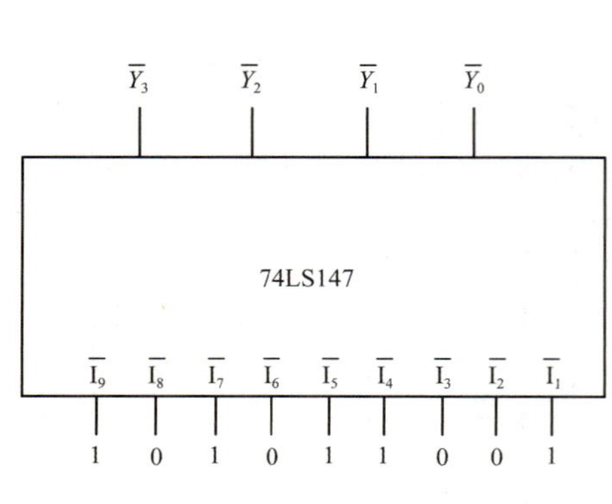

图 2-25 题 2-2 图

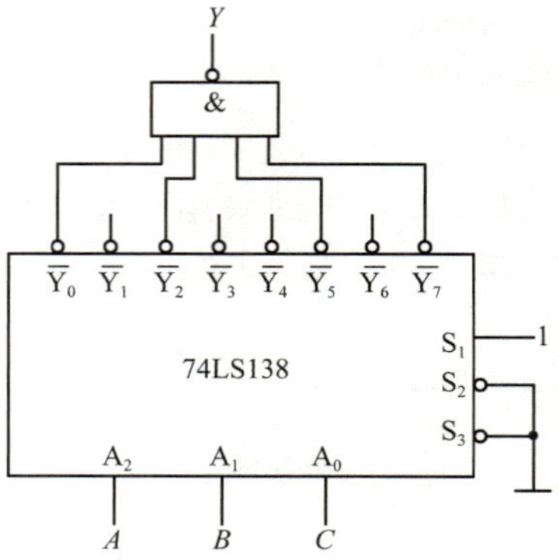

图 2-26 题 2-4 图

2-5 用 3 线-8 线译码器 74LS138 和门电路分别实现下列函数。

(1)$Y=BC+\overline{A}\,\overline{B}C$

(2)$Y=\overline{A}B+A\overline{B}C$

(3)$Y=\overline{A}\,\overline{B}\,\overline{C}+\overline{B}\,\overline{C}+ABC$

(4)$Y=\overline{A}\,\overline{B}C+AB\overline{C}+C$

2-6 用一片译码器和若干门电路分别实现下列函数。

(1)$F_1=A\overline{B}+AC+\overline{B}C$

(2)$F_2=\overline{A}C+A\overline{C}+BC$

2-7 如图 2-27 所示为室温指示装置原理。图中 A、B、C 为 3 个不同温度热敏开关，室温 t 上升时，3 个开关依次接通下触点。当 $t\geqslant 20$ ℃时，A 接通；当 $t\geqslant 25$ ℃时，B 接通；当 $t\geqslant 30$ ℃时，C 接通。否则均分别接通上触点。图中 R、Y、G 分别为红、黄、绿指示灯，当指示灯两端的端电压大于或等于 4 V 时，灯被点亮。该装置要求：当 $t<20$ ℃时，3 灯全灭；当 20 ℃$\leqslant t<25$ ℃时，G 亮，Y、R 灭；当 25 ℃$\leqslant t<30$ ℃时，Y 亮，G、R 灭；当 $t\geqslant 30$ ℃时，R 亮，Y、G 灭。用一片 74LS138 实现图中方框部分的逻辑电路。

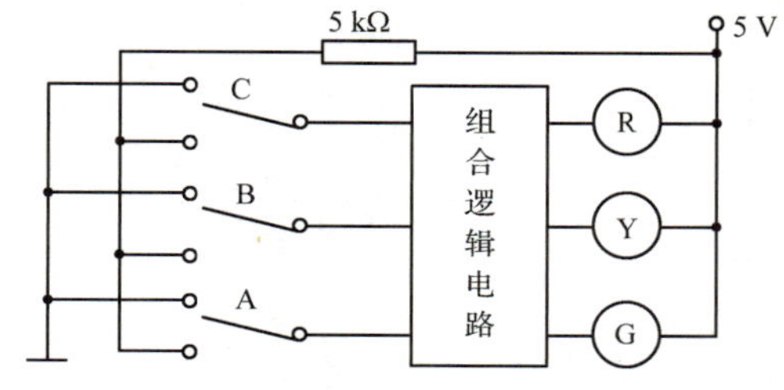

图 2-27 题 2-7 图

2-8 用 3 线-8 线译码器 74LS138 和门电路设计一个一位二进制数减法器。要求不仅要考虑两个本位数相减，还要考虑减去来自低位的借位数及本位向高位的借位数。

2-9 用 4 位二进制加法器 74LS283 将余 3 码转换为 8421 码。

2-10 用 4 位二进制加法器 74LS283 实现两个 7 位二进制数相加。

2-11　电路如图 2-28 所示，分析图中哪个发光二极管发光。

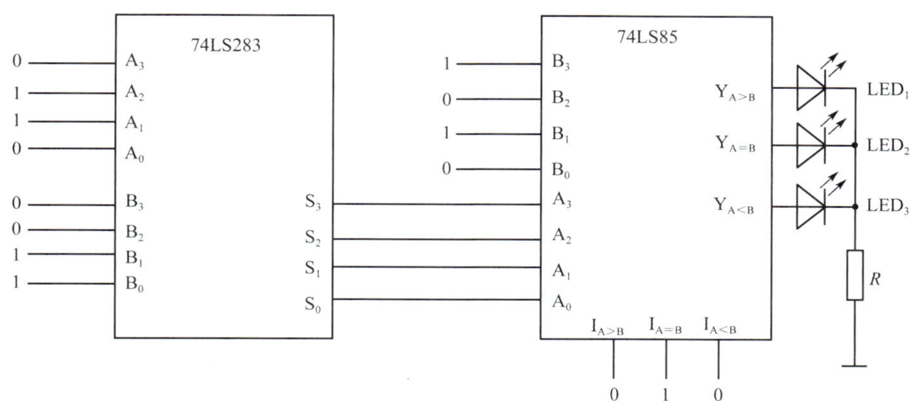

图 2-28　题 2-11 图

2-12　用 74LS85 设计一个报警电路，其功能是当输入的 BCD 码大于设定的 BCD 码时，蜂鸣器响。

2-13　分析如图 2-29 所示电路实现的是哪一种码制变换。

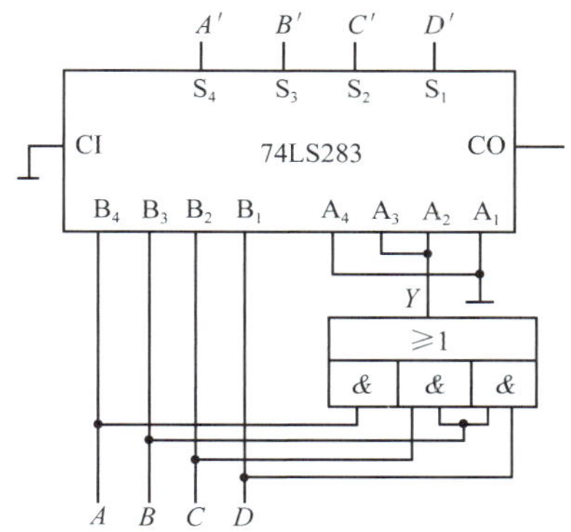

图 2-29　题 2-13 图

2-14　参照 BCD 7 段显示译码器 74LS48 的引脚排列和功能表，回答下列问题：

(1)欲组成显示电路，则数码显示器选用共阴极型的，还是共阳极型的？

(2)要使 7 段全亮，应如何处理？

(3)要使 7 段全暗，应如何处理？

(4)该 BCD 7 段显示译码器正常显示时，$\overline{LT}$、$\overline{BI}/\overline{RBO}$、$\overline{RBI}$ 端应如何处理？

拓展小课堂2

项目3

设备故障数量监测报警电路的制作

项目导引

在数字系统(特别是计算机数字系统)中,经常需要在同一条线路上传输多路数据。用来实现这种逻辑功能的数字电路就是数据选择器和数据分配器。二者的作用相当于单刀多掷开关。数据选择器是多输入,单输出;数据分配器是单输入,多输出。

知识目标

- 了解数据选择器和数据分配器的作用。
- 掌握常见集成数据选择器的使用方法。

技能目标

- 会用数据选择器设计实用电路。
- 会设计和调试设备故障数量监测报警电路。

素质目标

卫星在发射的过程中,一个小小元件的质量不过关,就可能造成无法估量的损失。在搭建电子电路时,在测量元器件性能、电路连线设计上应注重细节,一丝不苟,做到精益求精。

项目要求

(1)利用数据选择器和集成逻辑门电路设计一个设备故障数量监测报警电路。

(2)具体要求如下:

①能监测的设备数量为3台。在电路设计中不用考虑设备的工作电压、工作电流和输出功率,监测电路接入设备工作电路时外接电阻和滤波电容。

②3台设备都正常工作,绿色指示灯亮;1台设备出现故障,黄色指示灯亮;2台以上设备出现故障,红色指示灯亮。

③选择元器件,对电路进行组装调试。

项目分析与参考电路

1. 项目分析

如图3-1所示是设备故障数量监测报警电路设计框图。整个电路由信号输入电路、监测电路、灯光报警电路和电源组成。

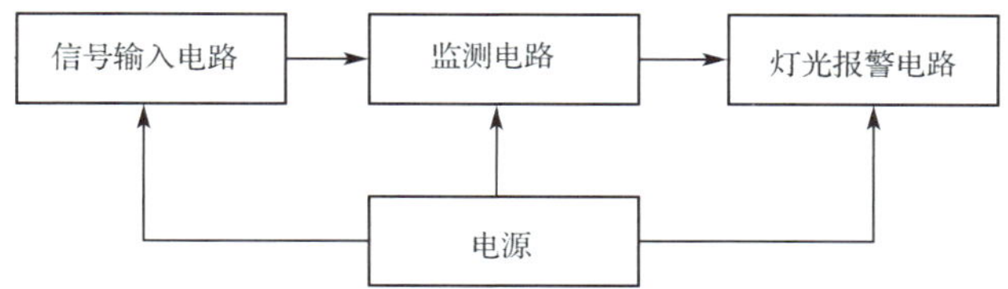

图3-1　设备故障数量监测报警电路设计框图

2. 参考电路

设备故障数量监测报警电路如图3-2所示。

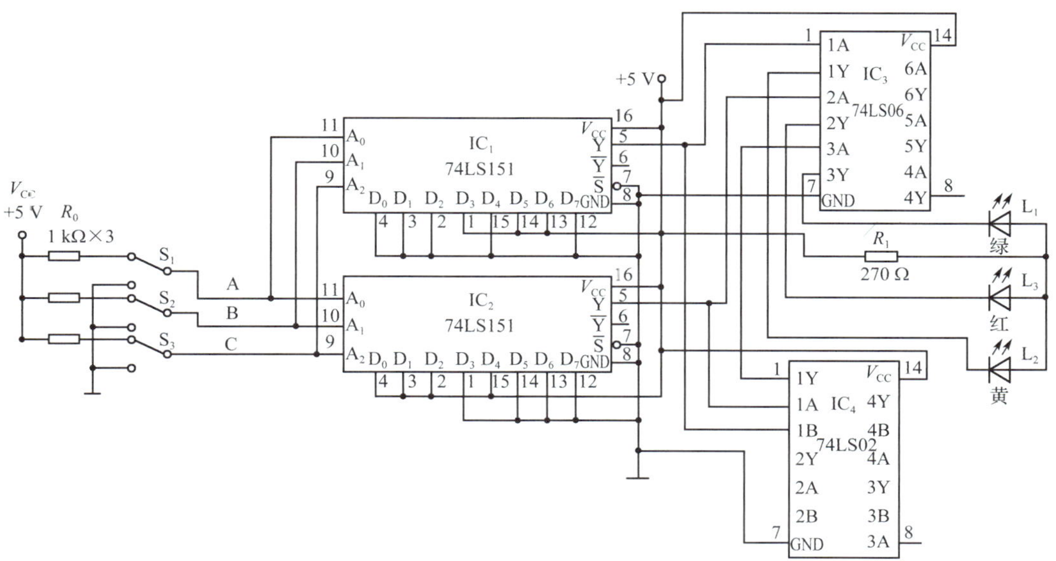

图3-2　设备故障数量监测报警电路

电路的组成如下：

(1)在实际应用中，从设备处通过电阻接到此电路的输入端(阻值的大小要与设备实际情况相结合，最后到输入端的电压为5 V)，设备正常运转时，输入此电路的信号为高电平，有故障时为低电平。信号输入电路是对实际电路的模拟，包括 R_0 和按键 S_1、S_2、S_3。其中 R_0 为限流电阻，防止输入信号异常和开关动作时的冲击。

(2)监测电路由 IC_1、IC_2 两片八选一数据选择器74LS151组成。

(3)灯光报警电路由 IC_3(74LS06)、IC_4(74LS02)和 L_1(绿)、L_2(黄)、L_3(红)3只发光二极管以及270 Ω限流电阻组成。这里选用的74LS06和74LS02都是OC门电路，它们的输出可以直接驱动发光二极管。

(4)电源为+5 V直流电源。

电路的工作过程如下：

(1)当A、B、C三台设备都正常运转时，输入监测电路的信号为111，则 IC_1、IC_2 的输出都为0，经74LS06反相后，其1Y、2Y输出都为1，因此黄色、红色发光二极管都不亮；同时，IC_1、IC_2 的输出信号都进入74LS02，经或非运算输出为1，再到74LS06反相，其3Y输出为0，绿灯亮。

(2)当A、B、C三台设备中任意一台设备出现故障时，因为 IC_1 的 D_3、D_5、D_6 接+5 V电源，即接高电平1，所以 IC_1 的输出为1，进入74LS06反相后，其1Y输出为0，黄色发光二极管亮。

(3)当A、B、C三台设备中任意两台设备出现故障或三台设备同时出现故障时，因为 IC_2 的 D_0、D_1、D_2、D_4 接+5 V电源，即接高电平1，所以 IC_2 的输出为1，进入74LS06反相后，其2Y输出为0，红色发光二极管亮。

项目实施

工作任务名称	设备故障数量监测报警电路						
仪器设备 1.直流稳压电源；2.万用表；3.面包板(或者印制电路板和电烙铁)；4.集成电路测试装置(配16脚和14脚的集成电路插座)。							
元器件选择							
序号	名称	型号/规格	个数	序号	名称	型号/规格	个数
1	八选一数据选择器 IC_1、IC_2	74LS151	2	5	电阻 R_0	1 kΩ	3
2	六非门 IC_3	74LS06	1	6	电阻 R_1	270 Ω	1
3	或非门 IC_4	74LS02	1	7	轻触按键 S_1、S_2 和 S_3	6 mm×6 mm×10 mm	3
4	发光二极管 L_1、L_2、L_3	3 mm(红、黄、绿)	3				

电路连接与调试

1. 检测。用万用表检测发光二极管、电阻和按键，用集成电路检测装置测试 IC_1、IC_2、IC_3、IC_4 的逻辑功能，确保元器件是好的。

2. 安装。按图 3-2 所示连接电路。

3. 测试电路。不按按键看绿色发光二极管是否亮（正常应亮）；任意按一个按键看黄色发光二极管是否亮（正常亮）；三个按键都按下或任意按两个按键看红色发光二极管是否亮（正常应亮）。

4. 调试。只要符合要求，一般安装完毕即能工作。但如果出现接触不良或电路元器件性能及参数误差较大，电路就不能正常工作，则需根据实际情况进行以下操作：

(1) 检查电路连接是否有误。对照电路原理图，根据信号流程由输入到输出逐级检查。

(2) 全面检查电路连接是否有不牢固的地方和焊接是否有虚焊点。

(3) 重新检测所使用的集成电路功能是否正常，以防止在电路安装过程中对集成电路造成损坏。

出现问题与解决方法

结果分析

项目拓展

用数据选择器设计监测 3 台设备发生故障的报警电路，要求如下：1 台设备出现故障，黄色灯亮；2 台设备出现故障，红色灯亮；3 台设备出现故障，红色、黄色灯都亮。

项目考核

序 号	考核内容	分 值	得 分
1	元器件选择	15%	
2	电路连接	40%	
3	电路调试	25%	
4	结果分析	10%	
5	项目拓展	10%	
考核结果			

相关知识

3.1 认识数据选择器

数据选择器又称为多路选择器或多路开关。它是从多路输入数据中选择一路数据输出。其功能相当于如图 3-3 所示的受控单刀多掷开关。

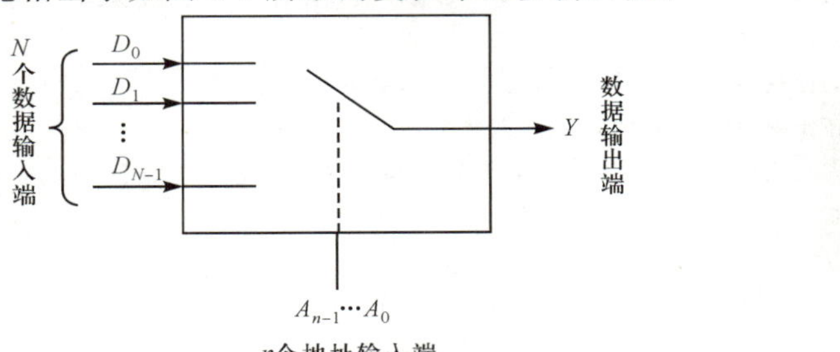

图 3-3　数据选择器

微课 9

数据选择器

从图 3-3 中可以看出，$D_0 \sim D_{N-1}$ 为 N 个数据输入端，Y 为数据输出端。某一时刻，在输入端 N 个数据输入信号中，只允许有一个输入信号被选择作为输出信号。$A_{n-1} \sim A_0$ 为 n 个数据选择输入端，也称为地址输入端。输入信号的选择是通过数据选择端（地址端）的二进制代码来控制的。显然，输入数据信号的端子数 N 与地址端的端子数 n 之间的关系应满足

$$N = 2^n$$

常用的数据选择器有四选一、八选一、十六选一数据选择器。

3.1.1　双四选一数据选择器 74LS153

如图 3-4 所示为双四选一数据选择器 74LS153 的逻辑图，如图 3-5 所示为 74LS153 的逻辑符号和引脚排列。

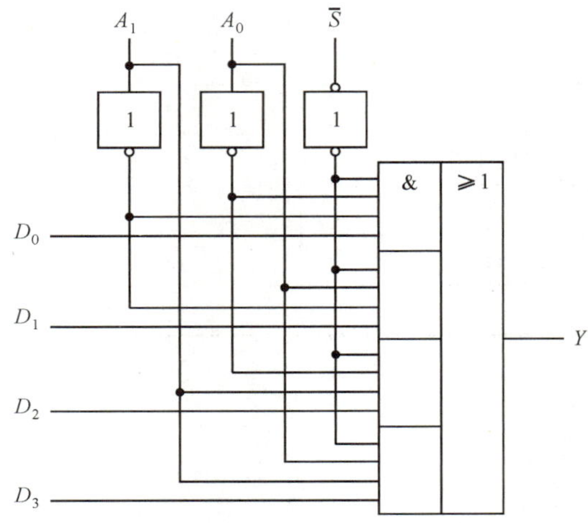

图 3-4　74LS153 的逻辑图

由图 3-4 可知，$D_0 \sim D_3$ 为数据输入端。A_1、A_0 为数据选择端（地址端），此端送入的是二进制地址码，通过选择不同的地址码可以控制 4 个输入数据 D_0、D_1、D_2、D_3 中哪一

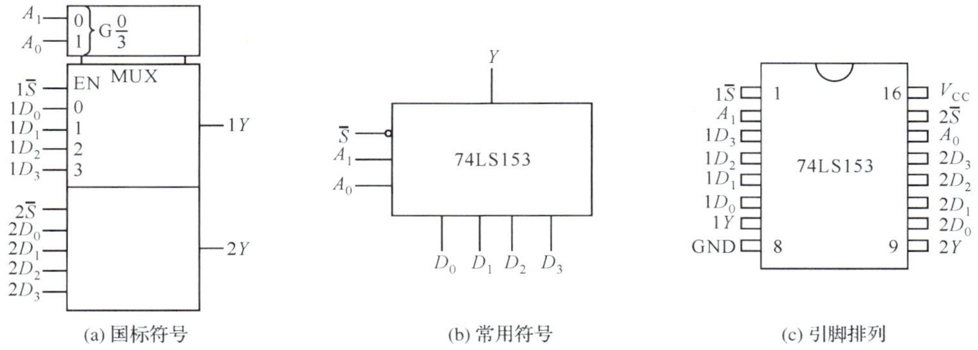

(a) 国标符号　　(b) 常用符号　　(c) 引脚排列

图 3-5　74LS153 的逻辑符号和引脚排列

个送到输出端。$\overline{S}$ 为选通输入端，低电平有效。当 $\overline{S}=1$ 时，输出端 $Y=0$，不允许输入数据通过，数据选择器不工作；当 $\overline{S}=0$ 时，允许数据选通，数据选择器工作。

74LS153 的功能表见表 3-1。

表 3-1　74LS153 的功能表

输　入							输　出
$\overline{S}$	A_1	A_0	D_3	D_2	D_1	D_0	Y
1	×	×	×	×	×	×	0
0	0	0	×	×	×	d_0	d_0
0	0	1	×	×	d_1	×	d_1
0	1	0	×	d_2	×	×	d_2
0	1	1	d_3	×	×	×	d_3

根据 74LS153 的功能表，对其功能具体说明如下：

(1) $1D_0 \sim 1D_3$、$2D_0 \sim 2D_3$ 分别为两组数据输入端，$d_0 \sim d_3$ 为输入的数据(1 或 0)。

(2) $1\overline{S}$、$2\overline{S}$ 分别为两个数据选择器的选通输入端，低电平有效。

(3) A_1、A_0 为地址输入端。此端送入的是二进制代码。两个数据选择器共用一组地址输入端。

(4) 1Y、2Y 分别为两个数据选择器的输出端。

3.1.2　八选一数据选择器 74LS151

如图 3-6 所示为八选一数据选择器 74LS151 的逻辑符号和引脚排列。

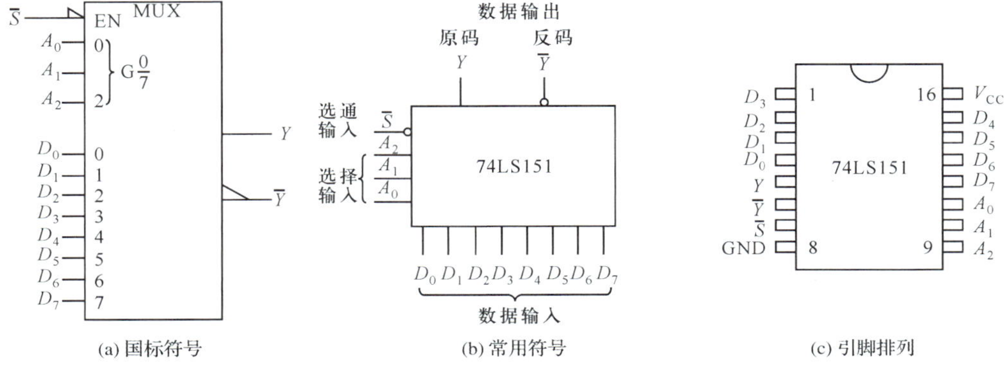

(a) 国标符号　　(b) 常用符号　　(c) 引脚排列

图 3-6　74LS151 的逻辑符号和引脚排列

74LS151 的功能表见表 3-2。

表 3-2　　74LS151 功能表

输入				输出	
$\overline{S}$	A_2	A_1	A_0	Y	$\overline{Y}$
1	×	×	×	0	1
0	0	0	0	D_0	$\overline{D}_0$
0	0	0	1	D_1	$\overline{D}_1$
0	0	1	0	D_2	$\overline{D}_2$
0	0	1	1	D_3	$\overline{D}_3$
0	1	0	0	D_4	$\overline{D}_4$
0	1	0	1	D_5	$\overline{D}_5$
0	1	1	0	D_6	$\overline{D}_6$
0	1	1	1	D_7	$\overline{D}_7$

根据 74LS151 的功能表，对其功能具体说明如下：

(1)$D_0 \sim D_7$ 为 8 个数据输入端。

(2)$\overline{S}$ 为选通输入端，低电平有效。

当 $\overline{S}=1$ 时，$Y=0$，$\overline{Y}=1$，数据选择器不工作；当 $\overline{S}=0$ 时，数据选择器工作。

此时，输出端 Y 的逻辑函数表达式为

$$\begin{aligned} Y &= \overline{A}_2\,\overline{A}_1\,\overline{A}_0 D_0 + \overline{A}_2\,\overline{A}_1\,A_0 D_1 + \overline{A}_2\,A_1\,\overline{A}_0 D_2 + \overline{A}_2\,A_1\,A_0 D_3 + A_2\,\overline{A}_1\,\overline{A}_0 D_4 + \\ &\quad A_2\,\overline{A}_1\,A_0 D_5 + A_2\,A_1\,\overline{A}_0 D_6 + A_2\,A_1\,A_0 D_7 \\ &= \sum_{i=0}^{7} D_i m_i \end{aligned}$$

其中，m_i 是 $A_0 \sim A_2$ 的最小项。

可知，数据选择器可以认为是二进制译码器和 D_i 的组合，因此合理地选择 D_i 的值，就可以用译码器实现数据选择器的功能。

(3)$A_0 \sim A_2$ 为三个地址输入端。

(4)Y、$\overline{Y}$为两个互补输出端。

3.1.3 数据选择器的应用

1. 数据选择器的扩展

数据选择器的扩展方法以例 3-1 来说明。

例 3-1

用两片 74LS151 实现十六选一数据选择器。

解　设十六选一数据选择器的数据输入端为 $D_0 \sim D_{15}$，地址输入端为 $A_3 \sim A_0$，输出端为 Y、$\overline{Y}$。

①数据输入端的确定：将 $D_0 \sim D_7$ 接到 74LS151(1)的数据输入端 $D_{0(1)} \sim D_{7(1)}$ 上，$D_8 \sim D_{15}$ 接到 74LS151(2)的 $D_{0(2)} \sim D_{7(2)}$ 上。

②地址输入端的确定：因为 74LS151 仅有三个地址输入端，而十六选一数据选择器需要四个地址输入端，需再选一端，作为四个地址输入端。可选择 74LS151(1) 的控制输入端 $\overline{S}_{(1)}$ 作为第四个地址输入端 A_3，并把 74LS151(1) 与 74LS151(2) 相同的地址输入端连在一起作为低 3 位的地址输入端，即 $A_2=A_{2(1)}=A_{2(2)}$，$A_1=A_{1(1)}=A_{1(2)}$，$A_0=A_{0(1)}=A_{0(2)}$。同时使 $\overline{S}_{(1)}$ 经一非门再与 $\overline{S}_{(2)}$ 连接，使两个选择器轮流工作。

③输出端的确定：将 74LS151(1) 与 74LS151(2) 相同的输出端用或门连在一起，作为十六选一数据选择器的输出端，即 $Y=Y_{(1)}+Y_{(2)}$，$\overline{Y}=\overline{Y}_{(1)}+\overline{Y}_{(2)}$。其连线图如图 3-7 所示。

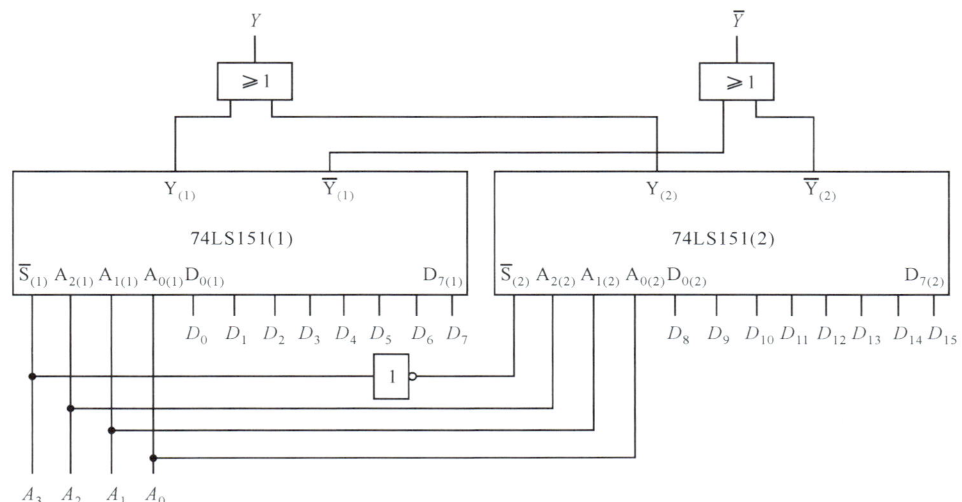

图 3-7　例 3-1 的连线图

当 $A_3=0$ 时，74LS151(1) 工作，根据地址输入端 A_3 A_2 A_1 A_0 不同的地址码，选择 $D_0\sim D_7$ 中对应的输入数据输出。此时，74LS151(2) 不工作。

当 $A_3=1$ 时，74LS151(2) 工作，根据地址输入端 A_3 A_2 A_1 A_0 不同的地址码，选择 $D_8\sim D_{15}$ 中对应的输入数据输出。此时，74LS151(1) 不工作。

2. 用数据选择器实现组合逻辑函数

当数据选择器处于工作状态即 $\overline{S}=0$，而且输入的全部数据为 1（$D_i=1$）时，其输出函数 Y 的表达式便是输入地址变量的全体最小项之和，即

$$Y=\overline{A}_2\overline{A}_1\overline{A}_0+\overline{A}_2\overline{A}_1A_0+\overline{A}_2A_1\overline{A}_0+\overline{A}_2A_1A_0+A_2\overline{A}_1\overline{A}_0+A_2\overline{A}_1A_0+A_2A_1\overline{A}_0+A_2A_1A_0$$

而任何一个逻辑函数都可以写成最小项之和的形式，所以用数据选择器可以方便地实现逻辑函数。

例 3-2

用八选一数据选择器实现逻辑函数 $Y=AB\overline{C}+A\overline{B}C+BC$。

解 将逻辑函数转换成标准与或表达式

$$\begin{aligned}Y&=AB\overline{C}+A\overline{B}C+BC\\&=AB\overline{C}+A\overline{B}C+\overline{A}BC+ABC\qquad(*)\end{aligned}$$

令 $A=A_2,B=A_1,C=A_0$,则式(*)可写成

$$Y=A_2A_1\overline{A}_0+A_2\overline{A}_1A_0+\overline{A}_2A_1A_0+A_2A_1A_0$$

将转换后的逻辑函数表达式与八选一数据选择器的输出函数表达式比较,求出 $D_0\sim D_7$ 的值。

若式(*)中的最小项包含在八选一数据选择器的输出函数表达式中,则对应 D_i 取 1,否则取 0。

八选一数据选择器的输出函数表达式为

$$\begin{aligned}Y'=&\overline{A}_2\overline{A}_1\overline{A}_0D_0+\overline{A}_2\overline{A}_1A_0D_1+\overline{A}_2A_1\overline{A}_0D_2+\overline{A}_2A_1A_0D_3+A_2\overline{A}_1\overline{A}_0D_4+A_2\overline{A}_1A_0D_5+\\&A_2A_1\overline{A}_0D_6+A_2A_1A_0D_7\end{aligned}$$

比较 Y 与 Y' 可得

$$D_0=D_1=D_2=D_4=0$$
$$D_3=D_5=D_6=D_7=1$$

根据结论画连线图,如图 3-8 所示,连线图中的输出端 Y 便是所求的逻辑函数。

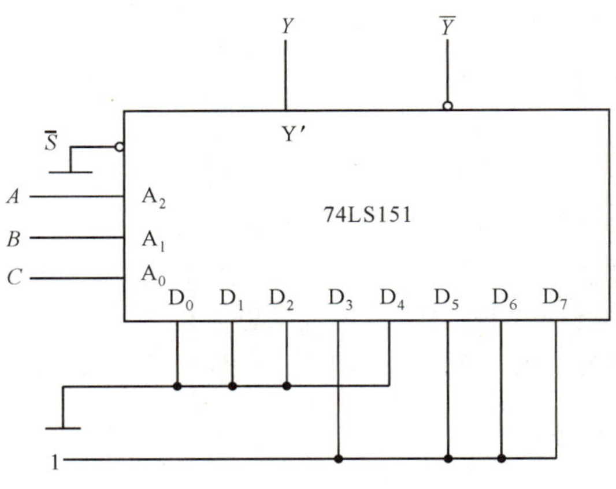

图 3-8 例 3-2 的连线图

交通信号灯故障报警器

用八选一数据选择器实现逻辑函数 $Y=\overline{A}\,\overline{B}\,\overline{C}+\overline{A}BC+AB\overline{C}+BC\overline{D}+\overline{C}D$。

解　当逻辑函数 Y 的变量数（A、B、C、D）多于数据选择器的地址变量的数（A_2、A_1、A_0）时，应采用分离变量的方法，将多余的变量加到数据选择器的数据输入端上。

分离变量，变换逻辑函数表达式为标准的与或表达式。

因为所求逻辑函数的输入变量为 4 个，而八选一数据选择器的地址变量为 3 个，所以需要将多余的 1 个输入变量分离出去，并把留下的 3 个变量变换成最小项的形式。

将函数表达式 Y 中的输入变量 D 分离出去，把留下的变量 A、B、C 变换成最小项的形式，并合并相同的最小项。

$$\begin{aligned}Y&=\overline{A}\,\overline{B}\,\overline{C}+\overline{A}BC+AB\overline{C}+BC\overline{D}+\overline{C}D \qquad (*)\\&=\overline{A}\,\overline{B}\,\overline{C}+\overline{A}BC+AB\overline{C}+BC(\overline{D})+\overline{C}(D)\\&=\overline{A}\,\overline{B}\,\overline{C}+\overline{A}BC+AB\overline{C}+\overline{A}BC(\overline{D})+ABC(\overline{D})+\overline{A}\,\overline{B}\,\overline{C}(D)+\overline{A}B\overline{C}(D)+A\overline{B}\,\overline{C}(D)\\&\quad+AB\overline{C}(D)\\&=\overline{A}\,\overline{B}\,\overline{C}+\overline{A}BC+AB\overline{C}+ABC(\overline{D})+\overline{A}B\overline{C}(D)+A\overline{B}\,\overline{C}(D)\end{aligned}$$

令 $A=A_2$，$B=A_1$，$C=A_0$，式（$*$）可写成

$$Y=\overline{A}_2\,\overline{A}_1\,\overline{A}_0+\overline{A}_2A_1A_0+A_2A_1\overline{A}_0+A_2A_1A_0\overline{D}+\overline{A}_2A_1\overline{A}_0D+A_2\overline{A}_1\,\overline{A}_0D$$

将转换后的逻辑函数表达式与八选一数据选择器的输出函数表达式比较，求出 $D_0\sim D_7$ 的值。

八选一数据选择器的输出表达式 Y' 为

$$\begin{aligned}Y'=&\overline{A}_2\,\overline{A}_1\,\overline{A}_0D_0+\overline{A}_2\,\overline{A}_1A_0D_1+\overline{A}_2A_1\overline{A}_0D_2+\overline{A}_2A_1A_0D_3+A_2\overline{A}_1\,\overline{A}_0D_4+\\&A_2\overline{A}_1A_0D_5+A_2A_1\overline{A}_0D_6+A_2A_1A_0D_7\end{aligned}$$

比较 Y 与 Y' 可得

$$D_0=D_3=D_6=1$$
$$D_1=D_5=0$$
$$D_2=D_4=D$$
$$D_7=\overline{D}$$

根据结论画连线图，如图 3-9 所示，连线图中的输出端 Y 便是所求的逻辑函数。

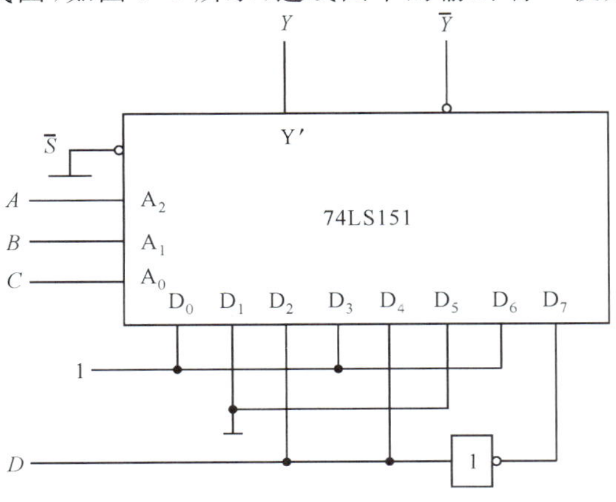

图 3-9　例 3-3 的连线图

3.2 数据分配器

数据分配器是数据选择器的逆过程，它是根据输入地址信号的要求将一路输入数据分配到指定输出通道上去的电路，如图 3-10 所示。

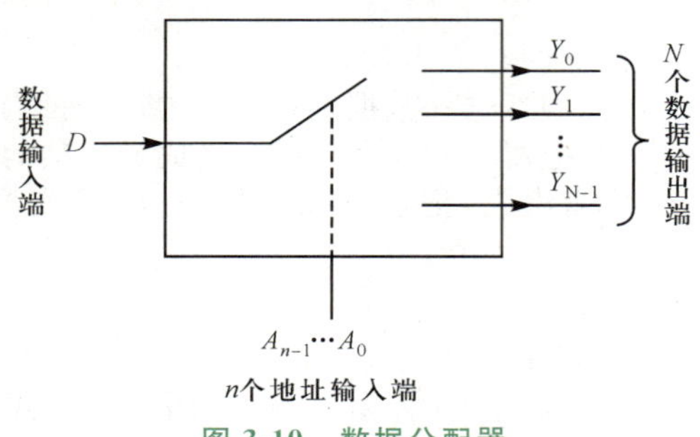

图 3-10 数据分配器

微课 11

译码器的特点和功能

从图 3-10 中可以看出，它有 1 个数据输入端 D，n 个地址输入端 $A_{n-1}\sim A_0$，N 个数据输出端 $Y_0\sim Y_{N-1}$。某一时刻，输入的数据信号 D，在数据选择端（地址端）的二进制代码的控制下，被分配到指定输出通道上去，作为输出信号。显然，输出端的端子数 N 与数据选择端的端子数 n 之间的关系应满足：

$$N=2^n$$

常用的数据分配器有 1 线-4 线数据分配器、1 线-8 线数据分配器和 1 线-16 线数据分配器。

如果将译码器的输入控制端作为分配器的数据输入端，译码器的数据输入端作为分配器的数据输出端，地址输入端不变，则译码器就可作为数据分配器使用。例如，用 3 线-8 线译码器 74LS138 可构成 1 线-8 线数据分配器。如图 3-11 所示，图中 $A_2\sim A_0$ 作为地址输入端，$\overline{Y}_0\sim\overline{Y}_7$ 作为数据输出端，从输入控制端 S_1、$\overline{S}_2$、$\overline{S}_3$ 中任选一端作为数据输入端 D。当选择 $\overline{S}_2$ 或 $\overline{S}_3$ 作为数据输入端 D 时，输出原码，即 $Y_i=D$；当选择 S_1 作为数据输入端 D 时，输出反码，即 $Y_i=\overline{D}$。

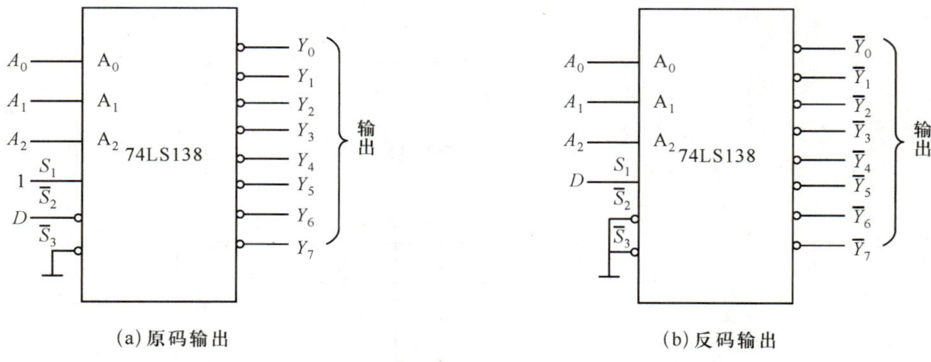

图 3-11 1 线-8 线数据分配器

巩固练习

3-1　分别用数据选择器 74LS153 和 74LS151 实现逻辑函数 $Y = AB + \overline{A}C + BC$。

3-2　用八选一数据选择器 74LS151 实现下列逻辑函数。

(1) $Y = AB + AC + BC$

(2) $Y = A\overline{B}\,\overline{C} + A\overline{B}C + AB$

(3) $Y = A \oplus B \oplus C$

(4) $Y = ABCD + A\overline{B}C\overline{D} + \overline{A}BCD + \overline{A}\,\overline{B}\,\overline{C}$

(5) $Y(A,B,C,D) = \sum m(0,2,5,7,9,10,12,15)$

(6) $Y(A,B,C,D) = \sum m(0,1,2,5,8,10,11,12,13)$

(7) $Y(A,B,C,D) = \sum m(1,3,5,7,10,14,15)$

(8) $Y(A,B,C,D) = \sum m(3,5,7,8,10,11)$

3-3　将双四选一数据选择器 74LS153 扩展为八选一数据选择器。

3-4　写出如图 3-12 所示各电路输出端 Y 的逻辑函数表达式。

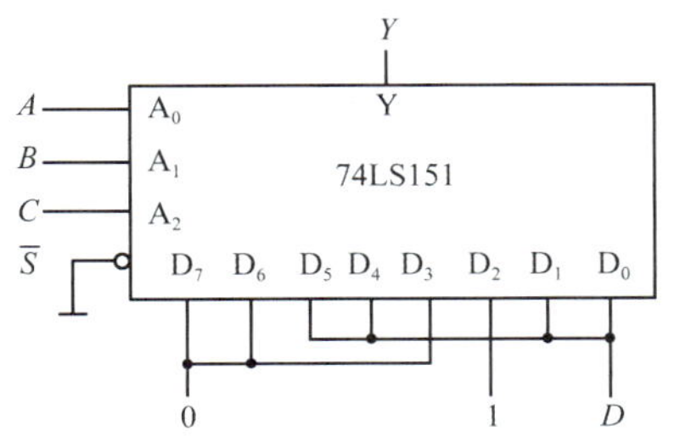

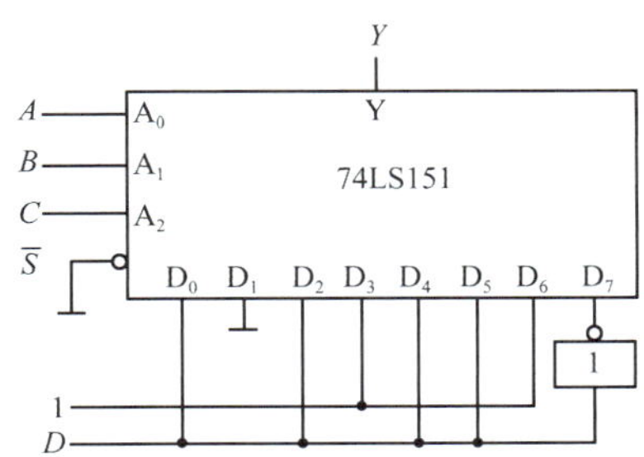

图 3-12　题 3-4 图

3-5　用八选一数据选择器 74LS151 设计一个用三个开关控制一盏灯的逻辑电路。要求改变任何一个开关的状态，都能控制电灯由亮变灭或者由灭变亮。

3-6　用四选一数据选择器设计一个三人表决电路。当表决某提案时，两人以上同意，提案通过；否则不通过。

3-7　用一片 74LS153 配合非门设计一个一位全加器。

3-8　分别写出如图 3-13 所示各电路输出端 Y 的逻辑函数表达式。

3-9　用双四选一数据选择器 74LS153 实现下列逻辑函数。

(1) $Y = \overline{A}\,\overline{B} + AB$

(2) $Y = A\overline{B}C + AB\overline{C} + BC$

(3) $Y(A,B,C) = \sum m(1,2,5,6)$

(4) $Y(A,B,C) = \sum m(0,2,4,5,6,7)$

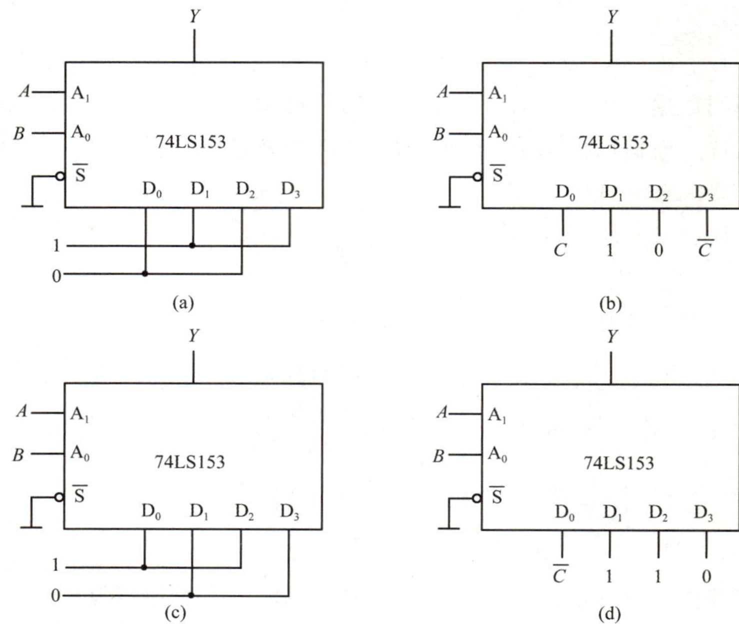

图 3-13　题 3-8 图

拓展小课堂3

项目 4
改进型抢答器的设计与制作

项目导引

触发器是构成时序逻辑电路的基本单元，它具有记忆功能。它在某个时刻的输出不仅取决于该时刻的输入，而且还和它本身的状态有关。触发器有两个稳定的输出状态，在一定的外加信号作用下，触发器可以从一种状态转变到另一种状态。

本项目主要用触发器设计和制作具有记忆功能的四人抢答器电路，要顺利完成此项目电路，需要熟悉几种常用触发器的基本组成、逻辑功能、触发方式等内容。

知识目标

- 掌握 RS、JK、D、T 及 T′触发器的逻辑功能及转换。
- 掌握集成触发器的使用。

技能目标

- 会用集成触发器设计抢答器电路。
- 通过对四人抢答器电路的制作，能正确使用集成触发器设计电路。

素质目标

了解霍尔计数器及其应用，开阔视野，创新思维，提高实践能力。

项目要求

(1)利用集成D触发器设计一个四人抢答器电路。

(2)具体要求如下：

①在抢答器电路中，选手每人一个抢答按钮。任何一人先将自己的按钮按下，则与之对应的发光二极管(指示灯)被点亮，表示此人抢答成功，同时扬声器发声；此时其他选手再按下按钮，电路没有变化。

②主持人有控制开关，可以手动清零复位。

③选择元器件，对电路进行组装调试。

项目分析与参考电路

1. 项目分析

能够实现设计要求的方案很多。如图4-1所示，抢先按下按钮的选手编号通过抢答控制电路显示，并有音响提示，此时电路状态保持不变，禁止其他选手抢答。

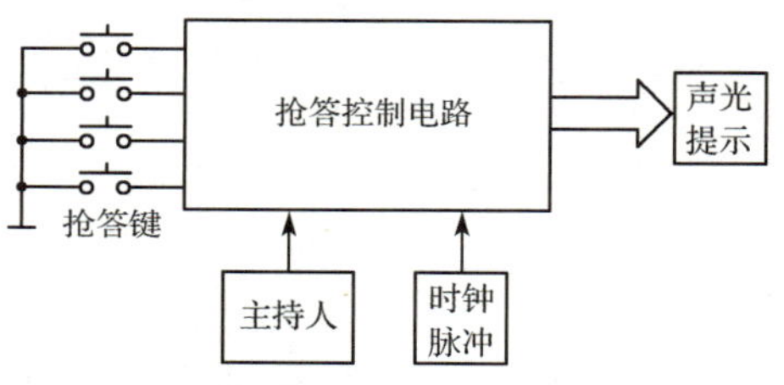

图4-1 四人抢答器电路设计框图

2. 参考电路

用集成D触发器设计的四人抢答器电路如图4-2所示，其中S_1、S_2、S_3、S_4为抢答操作按钮，S_5为主持人复位按钮。

(1)当无人抢答时

$S_1 \sim S_4$均未按下，$D_1 \sim D_4$均为低电平，在由74LS00的E、F门构成的振荡器产生的时钟脉冲CP作用下，74LS175的输出端$Q_1 \sim Q_4$均为低电平，发光二极管LED不亮，74LS20的A门输出为低电平，封锁B门，扬声器不发声。

(2)当有人抢答时

①例如，S_1先被按下，D_1输入端变为高电平，在时钟脉冲CP的作用下，Q_1变为高电平，对应的发光二极管发光。

②同时$\overline{Q}_1=0$，使A门输出为1,B门打开，E、F门产生的脉冲使扬声器发声。

③A门输出经74LS00的C门反相后变为0，将E、F门产生的时钟脉冲封锁，此时74LS175的输出不再变化，其他抢答者再按下按钮也不起作用，从而实现了抢答。

(3)清零复位

若要清除，则由主持人按S_5按钮(清零)完成，并为下一次抢答作准备。

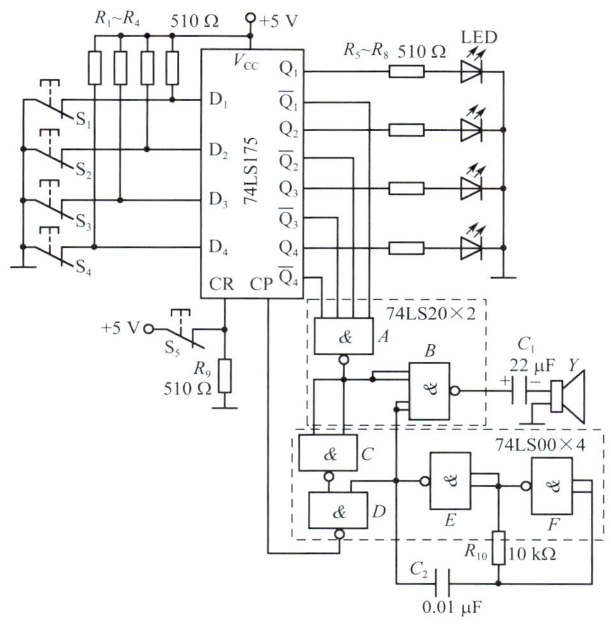

图 4-2　四人抢答器电路

项目实施

工作任务名称	改进型抢答器的设计与制作

仪器设备

1. +5 V 直流电源；2. 万用表；3. 直流电压表；4. 双踪示波器。

元器件选择

序　号	名　称	型号/规格	个　数	序　号	名　称	型号/规格	个　数
1	四 D 触发器	74LS175	1	7	电阻 R_{10}	10 kΩ	1
2	二 4 输入与非门	74LS20	1	8	电阻 R_1～R_9	510 Ω	9
3	四 2 输入与非门	74LS00	1	9	电解电容 C_1	22 μF	1
4	发光二极管 LED		4	10	电容 C_2	0.01 μF	1
5	扬声器 Y	0.25 W/8 Ω	1	11	实验板		1
6	常闭按钮 S_1～S_5	5					

电路连接与调试

1. 检测。用万用表检测元器件，确保元器件是好的。
2. 安装。按图 4-2 所示连接电路。
3. 测试电路。通电后，分别按下 S_1、S_2、S_3、S_4 各键，观察对应指示灯是否点亮，同时扬声器是否发声。当其中某一指示灯亮时，再按下其他键，观察其他指示灯的变化。
4. 调试。只要符合要求，一般安装完毕即能工作。但如果出现接触不良或电路元器件性能及参数误差较大，电路就不能正常工作，则需根据实际情况进行以下操作：
(1)检查电路连接是否有误。对照电路原理图，根据信号流程由输入到输出逐级检查。
(2)全面检查电路连接是否有不牢固的地方和焊接是否有虚焊点。
(3)重新检测所使用的门电路是否功能正常，以防止在电路安装过程中对门电路造成损坏。

出现问题与解决方法			
结果分析			
项目拓展 用集成触发器设计八人抢答器电路，画出电路图。			
项目考核			
序　号	考核内容	分　值	得　分
1	元器件选择	15%	
2	电路连接	40%	
3	电路调试	25%	
4	结果分析	10%	
5	项目拓展	10%	
考核结果			

相关知识

触发器、计数器和寄存器是时序逻辑电路中常用逻辑部件。触发器是构成计数器和寄存器的基本单元电路，在简单控制电路中可直接应用，如扩展脉冲延时等。

4.1　认识触发器

从结构上来看，触发器由逻辑门电路组成，有一个或几个输入端，两个输出端。其中两个输出端是互补输出，通常标记为 Q 和 $\overline{Q}$。即当 Q 端为低电平($Q=0$)时，$\overline{Q}$ 端为高电平($\overline{Q}=1$)；而当 Q 端为高电平($Q=1$)时，$\overline{Q}$ 端为低电平($\overline{Q}=0$)。触发器的输出有两种状态，一般将 $Q=0$，$\overline{Q}=1$ 状态称为触发器 0 态；将 $Q=1$，$\overline{Q}=0$ 状态称为触发器 1 态。触发器的这两种状态都为相对稳定状态，只有在一定的外加信号触发作用下，才可从一种稳定状态转变到另一种稳定状态。

触发器的种类很多，可按以下几种方式进行分类：

(1)根据是否有时钟脉冲输入端，可将触发器分为基本触发器和钟控触发器。

(2)根据逻辑功能的不同，可将触发器分为 RS 触发器、D 触发器、JK 触发器、T 触发器，T′触发器。

(3)根据电路结构的不同，可将触发器分为基本触发器、同步触发器、维持阻塞触发器、主从触发器、边沿触发器。

(4)根据触发方式的不同，可将触发器分为电平触发器、主从触发器、边沿触发器。

触发器的逻辑功能可用功能表（特性表）、特性方程、状态图（状态转换图）和时序图（时序波形图）来描述。

4.1.1　基本 RS 触发器

1. 基本结构

基本 RS 触发器是基本的触发器，如图 4-3 所示为由与非门组成的基本 RS 触发器的逻辑图和逻辑符号。由图可知，基本 RS 触发器由两个与非门交叉耦合而成，Q 和 $\overline{Q}$ 为两个互补输出端，$\overline{R}_D$ 和 $\overline{S}_D$ 为两个输入端。其中 $\overline{R}_D$ 称为置 0 端（复位端），$\overline{S}_D$ 称为置 1 端（置位端）。

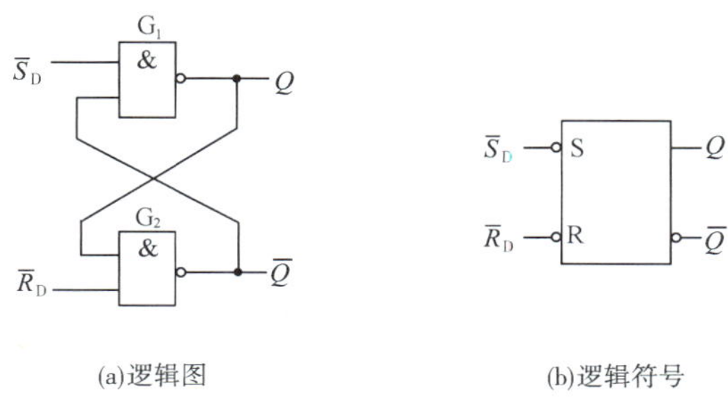

图 4-3　基本 RS 触发器的逻辑图和逻辑符号

2. 逻辑功能

由图 4-3(a)所示基本 RS 触发器逻辑图分析：

（1）$\overline{R}_D=1$、$\overline{S}_D=1$

若 $\overline{R}_D$ 和 $\overline{S}_D$ 均为 1，则两个与非门的状态只能取决于对应的交叉耦合输出端的状态。若 $Q=1$，$\overline{Q}=0$，则与非门 G_1（因 $\overline{Q}=0$）继续为 1，而与非门 G_2（因 $Q=1$）为 0。可看出，在这种情况下触发器的状态是不变化的。同样，若 $Q=0$，$\overline{Q}=1$，则触发器的状态也会保持不变的。

（2）$\overline{R}_D=0$，$\overline{S}_D=1$

$\overline{R}_D=0$ 使 G_2 输出 $\overline{Q}=1$，$\overline{S}_D=1$ 与 $\overline{Q}=1$ 使 G_1 输出 $Q=0$，这时触发器被置为 0 态。

（3）$\overline{R}_D=1$，$\overline{S}_D=0$

$\overline{S}_D=0$ 使 G_1 输出 $Q=1$，$\overline{R}_D=1$ 与 $Q=1$ 使 G_2 输出 $\overline{Q}=0$，这时触发器被置为 1 态。

可见，在 $\overline{R}_D$ 端加有效输入信号（低电平 0），触发器为 0 态；在 $\overline{S}_D$ 端加有效输入信号（低电平 0），触发器为 1 态。所以 $\overline{R}_D$ 端被称为置 0 端，$\overline{S}_D$ 端被称为置 1 端。

（4）$\overline{R}_D=0$，$\overline{S}_D=0$

若 $\overline{R}_D$ 端和 $\overline{S}_D$ 端同时为 0，则此时两个与非门都是低电平输入而使 Q 端和 $\overline{Q}$ 端同时为 1，这对于触发器来说是一种不正常状态。首先它不符合触发器两输出端互补的规定，更重要的是，此后如果 $\overline{R}_D$ 和 $\overline{S}_D$ 又同时为 1，则新状态会由于两个门延迟时间的不同、当时所受外界干扰不同等因素而无法判定，即会出现不定状态，这是不允许的，应尽量避免。

根据以上分析，可列出基本 RS 触发器的功能表，见表 4-1。

表 4-1　　基本 RS 触发器的功能表

$\overline{R}_D$	$\overline{S}_D$	Q	$\overline{Q}$
1	1	保持	
0	1	0	1
1	0	1	0
0	0	禁止(可能状态不定)	

因为基本 RS 触发器有一个输出不定状态，且又没有时钟控制输入端，所以单独使用的情况并不多，一般只作为其他触发器的一个组成部分。

3. 特性方程

触发器的特性方程，是指触发器输出状态的次态 Q^{n+1} 与现态 Q^n 及输入之间的逻辑关系表达式。触发器现态 Q^n 既是触发器现在的输出状态，又同时与输入$\overline{R}_D$、$\overline{S}_D$ 共同决定着触发器下一个输出状态即次态 Q^{n+1}。所以，特性方程实际上是以触发器的输入及现态作变量，输出次态为函数的逻辑方程。基本 RS 触发器的特性方程如下：

$$\begin{cases} Q^{n+1}=S_D+\overline{R}_D Q^n \\ \overline{R}_D+\overline{S}_D=1 \quad \text{（约束条件）} \end{cases}$$

约束条件规定了$\overline{R}_D$、$\overline{S}_D$ 不能同时为 0。

4. 时序图

已知 $\overline{S}_D$、$\overline{R}_D$ 的时序图和触发器的起始状态，可画出基本 RS 触发器的时序图，如图 4-4 所示。

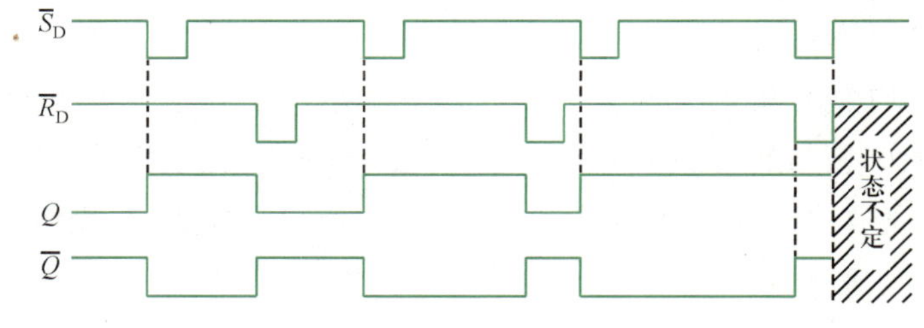

图 4-4　基本 RS 触发器的时序图

4.1.2　同步触发器

在数字系统中，常常需要触发器在同一个时钟脉冲作用下协同动作，为此这些触发器必须有时钟脉冲控制端，这样的触发器称为同步触发器，它的状态改变与时钟脉冲同步。在讨论此类触发器时，常将某个时钟脉冲作用前触发器的状态称为现态，用 Q^n 表示；而时钟脉冲作用后的状态称为次态，用 Q^{n+1} 表示。实用的钟控触发器其结构均较复杂，本节仅利用简单的同步式结构来讨论几种常用的钟控触发器的逻辑功能。

1. 同步 RS 触发器

(1)基本结构

在由与非门组成的基本 RS 触发器基础上，增加两个控制门 G_3 和 G_4，并加入时钟脉冲 CP，便组成了同步 RS 触发器。如图 4-5 所示为同步 RS 触发器的逻辑图和逻辑符号。

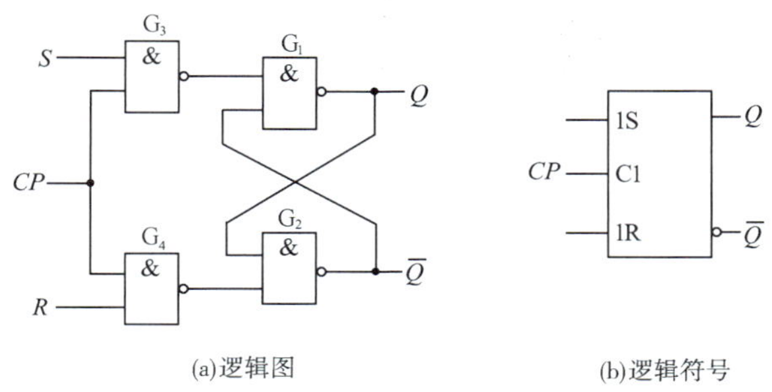

(a)逻辑图 (b)逻辑符号

图 4-5 同步 RS 触发器的逻辑图和逻辑符号

(2)逻辑功能

由图可以看出，G_3、G_4 两个与非门被时钟脉冲 CP 所控制，即 CP 脉冲控制着触发信号 R、S 能否加到基本 RS 触发器上。

当 $CP=0$(低电平)时，G_3、G_4 闭锁，基本 RS 触发器处于保持状态。

当 $CP=1$(高电平)时，G_3、G_4 开门，触发信号 R、S 经两个门反相加到基本 RS 触发器上。

根据逻辑图，可得出同步 RS 触发器的功能表，见表 4-2。

表 4-2 同步 RS 触发器的功能表

R	S	Q^{n+1}
0	0	Q^n 保持
0	1	1
1	0	0
1	1	禁止(可能状态不定)

将表 4-2 与表 4-1 进行对照可看出，因同为 RS 触发器，故基本功能没发生变化，但由于 G_3、G_4 的反相作用，输入触发信号 R、S 由原来的低电平触发变成了高电平触发。

(3)特性方程

由逻辑图可得到同步 RS 触发器的特性方程如下：

$$\begin{cases} Q^{n+1}=S+\overline{R}Q^n \\ RS=0\text{(约束条件)} \end{cases} \quad (CP=1\text{ 期间有效})$$

(4)时序图

已知 CP、S 和 R 的时序图，可画出同步 RS 触发器的时序图，如图 4-6 所示。

由时序图可知，CP 时钟脉冲决定 Q 的变化时刻，触发输入(R、S)决定 Q 的变化状态。因为此种同步式钟控触发器在 $CP=1$ 时都可触发(高电平触发)，所以 Q 在 $CP=1$ 期间均可能发生变化，至于如何变化就取决于当时的 R、S 值了。

同步 RS 触发器，当 $R=S=1$ 时存在着不定状态，这在实际使用中非常不方便，故将它进行适当的变化可得到另外两种常用的触发器。

2. 同步 D 触发器

在同步 RS 触发器前加一个非门，使 $D=S=\overline{R}$，便构成了同步 D 触发器。如图 4-7

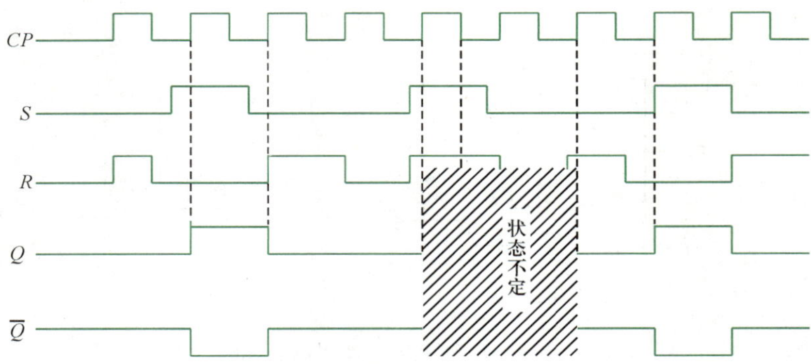

图 4-6 同步 RS 触发器的时序图

所示为同步 D 触发器的逻辑图和逻辑符号。因为 $S \neq R$,所以 RS 触发器的不定状态自然也就不存在了。D 触发器只有一个数据输入端 D,其特性方程为

$$Q^{n+1}=D \quad (CP=1 \text{ 期间有效})$$

在 $CP=0$ 期间,触发器保持原状态不变。

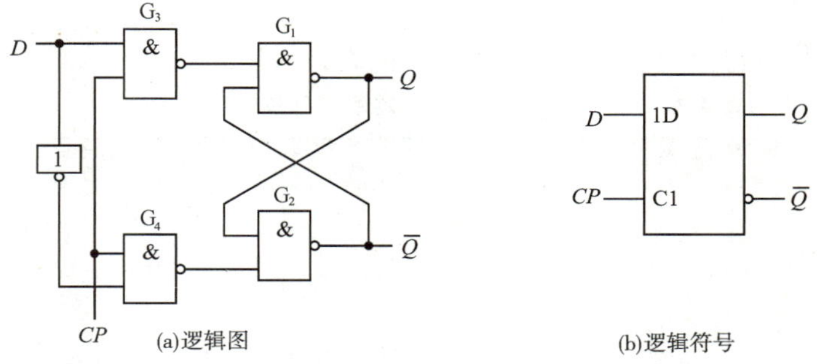

图 4-7 同步 D 触发器的逻辑图和逻辑符号

同步 D 触发器的功能表见表 4-3。

表 4-3 同步 D 触发器的功能表

D	Q^{n+1}
0	0
1	1

从功能表和特性方程可以看出,D 触发器不存在不定状态,它的次态总是与输入端 D 保持一致,即次态 Q^{n+1} 仅取决于控制输入端 D,而与现态 Q^n 无关。D 触发器广泛用于数据存储,所以也称为数据触发器。

3. 同步 JK 触发器

将同步 RS 触发器输出交叉引回到输入,利用 Q 端与 $\overline{Q}$ 端互补这一条件,也可满足 $S \neq R$,消去不定状态。

如图 4-8 所示为同步 JK 触发器的逻辑图和逻辑符号。同步 JK 触发器有两个输入控制端 J 和 K,它们与同步 RS 触发器的关系为

$$S=J\,\overline{Q^n}$$

$$R=KQ^n$$

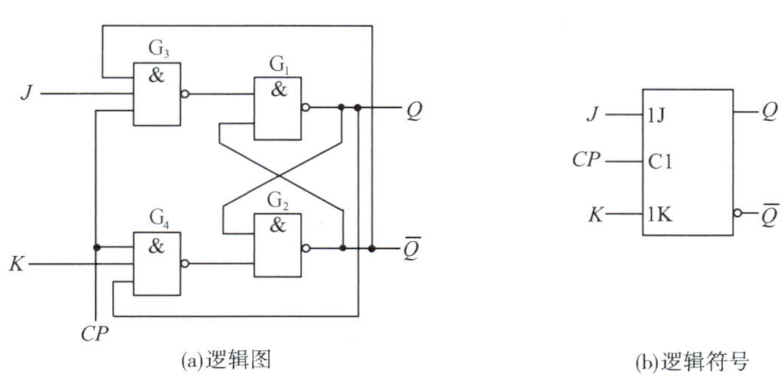

(a)逻辑图　　　　(b)逻辑符号

图 4-8　同步 JK 触发器的逻辑图和逻辑符号

在 $CP=0$ 期间，同步 JK 触发器处于保持状态；在 $CP=1$ 期间，司步 JK 触发器特性方程为

$$Q^{n+1}=J\overline{Q^n}+\overline{K}Q^n \quad (CP=1\text{ 期间有效})$$

同步 JK 触发器的功能表见表 4-4。从功能表可以看出，JK 触发器有四个工作状态：

第一行 $J=K=0$ 为保持状态；

第二行 $J=0, K=1$ 为置 0 态；

第三行 $J=1, K=0$ 为置 1 态；

第四行 $J=K=1, Q^{n+1}=\overline{Q^n}$，次态为现态的反(翻转)。

表 4-4　　　同步 JK 触发器的功能表

J	K	Q^{n+1}
0	0	Q^n
0	1	0
1	0	1
1	1	$\overline{Q}^n$

由以上分析可以看出，D 触发器和 JK 触发器均消除了状态不定问题，JK 触发器由于有两个输入控制端，故在电路设计时较 D 触发器更加灵活。

4. T 触发器和 T′触发器

T 触发器可看成是 JK 触发器在 $J=K$ 条件下的特例，它只有一个控制输入端 T 端。T 触发器的特性方程为

$$Q^{n+1}=T\overline{Q^n}+\overline{T}Q^n \quad (CP=1\text{ 期间有效})$$

可知，$T=0$ 时，$Q^{n+1}=Q^n$ 为保持状态；$T=1$ 时，$Q^{n+1}=\overline{Q^n}$，状态翻转。

如果将 T 触发器的 T 端接高电平，即令 $T=J=K=1$，则成为 T′触发器。它的逻辑功能为次态是现态的反。则此时的特性方程为

$$Q^{n+1}=\overline{Q_n} \quad (CP=1\text{ 期间有效}；CP=0\text{ 期间状态保持不变})$$

本节所讨论的各触发器，均是以结构简单的同步式触发器为例的，而现实所用的各种触发器形式都较之复杂，但逻辑功能则是完全相同的。

5. 基本触发器的空翻和振荡现象

上述的几种触发器，能够实现记忆功能，满足时序系统的需要。但因电路简单，在实用中存在空翻或振荡问题，而使触发器的功能遭到破坏。

(1)空翻现象

前面介绍的触发器，在讲述逻辑功能和画时序图时，均没考虑在时钟脉冲期间，控制端的输入信号发生变化。如果输入信号发生变化，会产生什么现象呢？以同步 RS 触发器为例，设起始态 $Q=0$。

正常情况，在 $CP=1$ 期间，$R=0$，$S=1$，则 $C=1$，$D=0$，使触发器产生置位动作，$Q=1$，$\overline{Q}=0$。

当 S 和 R 均发生变化，即 $R=1$，$S=0$，如图 4-9 所示，对应时刻 t 使 D 从 0 变成 1，C 从 1 变成 0，触发器又回到 $Q=0$，$\overline{Q}=1$ 的状态，这种现象就称为空翻现象。

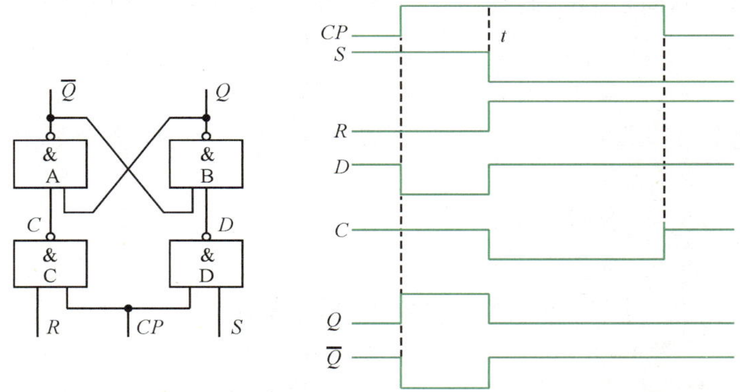

图 4-9　触发器的空翻现象

因此，为了保证触发器可靠地工作，防止出现空翻现象，必须限制输入控制端信号，使其在 CP 期间不发生变化。

(2)振荡现象

对于反馈型触发器(T、JK 触发器就属此类)，即使输入控制信号不发生变化，由于 CP 脉冲过宽，也会产生多次翻转现象，即振荡。

以 T 触发器为例，其逻辑图如图 4-10 所示。

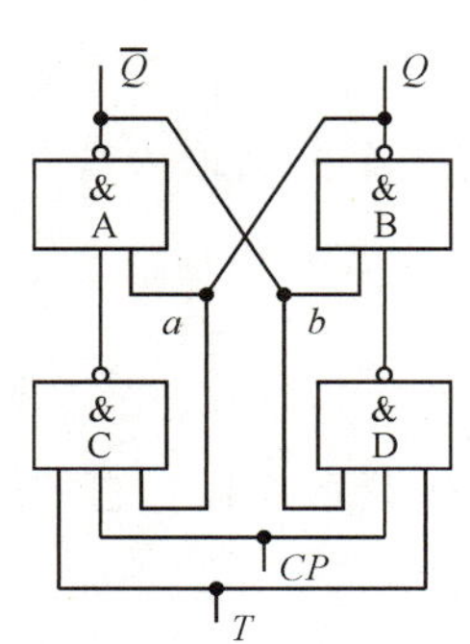

图 4-10　T 触发器的逻辑图

该触发器原来状态为 $Q=0$，$\overline{Q}=1$。当 $CP=1$ 时，由反馈线 a、b 决定了 C 门输出为 1，D 门输出为 0，则使触发器翻转一次，$Q=1$，$\overline{Q}=0$。如果此时 CP 脉冲仍存在，翻转后的 $Q=1$，$\overline{Q}=0$ 状态，将经过反馈线 a、b 回送至输入端，使 C 门输出为 0，D 门输出为 1，将使触发器再翻转一次。只要 CP 脉冲继续存在，触发器就会不停地翻转，产生振荡。这样就造成了工作混乱。

为了不产生振荡，似乎只要把计数脉冲宽度取窄就可以了，但实际上是很难办到的。因为任何逻辑门均存在一定的传输时间。假设每一个逻辑门的传输时间均为 t_{pd}，分析 T 触发器的工作过程。

设 $Q=0$，$\overline{Q}=1$，当 $CP=1$ 时，经过 t_{pd} 时间使 D 门输出为 0，再经一个 t_{pd} 后，$\overline{Q}=0$，新状态经反馈线又反馈到 C、D 门的输入端。如果 CP 脉冲仍存在，将产生振荡；如果 CP 脉冲消失，新状态反馈回来对触发器无影响，克服了振荡。因此，要求新状态反馈回来以前，CP 脉冲必须消失，即要求 CP 脉冲宽度应小于 $3t_{pd}$。是不是 CP 脉冲宽度越小越好呢？也不是，因为 CP 脉冲宽度一定要保证触发器可靠地翻转，故要求其脉冲宽度大于 $2t_{pd}$，也就是要求 CP 脉冲宽度满足 $2t_{pd}<T_w<3t_{pd}$ 的要求。即只有一个 t_{pd} 的容限，这要求是十分苛刻的，况且 TTL 门的传输时间 t_{pd} 均不一致。因此，要满足上述条件十分困难，可以说是很难办到的。所以，基本触发器并无实用价值，介绍上述基本触发器的目的是使读者掌握各种形式触发器的逻辑功能，能熟练地画出或写出表征这些逻辑功能的功能表、特性方程、时序图。因为实用的触发器电路，其逻辑功能与上述一样，故其功能表和特性方程均与上述一致。

4.1.3 时钟触发器

为了设计生产出实用的触发器，必须在电路的结构上解决空翻与振荡问题。解决的思路是将 CP 脉冲电平触发改为边沿触发，即仅在 CP 脉冲的上升沿或下降沿时刻使触发器按其功能翻转，其余时刻均处于保持状态。常采用的电路结构有主从触发器、维持阻塞触发器和边沿触发器。

由于维持阻塞触发器和边沿触发器的逻辑图及内部工作情况较复杂，对应用者而言，只需要掌握其外部应用特性即可，所以将其内部工作情况省略了。

1. 主从 RS 触发器

同步 RS 触发器在 $CP=1$ 期间，S、R 的状态多次改变时，触发器的状态会发生翻转。在实际应用中，往往要求每个时钟信号周期内触发器只能翻转一次。主从触发器可实现这一要求。

主从 RS 触发器的逻辑图和逻辑符号如图 4-11 所示。主从 RS 触发器由两个同步 RS 触发器组成。其中，由 $G_1\sim G_4$ 组成的称为主触发器，由 $G_5\sim G_8$ 组成的称为从触发器。主触发器和从触发器的时钟信号相位相反。

在 $CP=1$ 期间，G_1 和 G_2 被打开，而 G_5 和 G_6 被封锁，所以主触发器的状态将由 S、R 的状态决定，而从触发器保持原来的状态不变。

当 CP 由高电平翻转到低电平时，G_1 和 G_2 被封锁，此后，无论 S、R 的状态是否再发生变化，在 $CP=0$ 期间，主触发器的状态不再改变。同时，G_5 和 G_6 被打开，从触发器的状态由主触发器的状态决定。因为 $CP=0$ 期间主触发器的状态不变，所以从触发器的状态也不会再改变。因此，在 CP 的一个周期(从 0 变为 1，再从 1 变为 0)中，主从 RS 触发器的输出只可能改变一次。

例如，假定触发器的初始状态为 $Q=0$，且 $S=1$，$R=0$。那么，当 CP 从 0 变为 1 之后，主触发器将被置成 $Q'=1$，$\overline{Q'}=0$，此时从触发器的时钟 $CP'=0$。故触发器保持原状态不变。当 CP 从 1 变为 0 以后，主触发器保持为 1，这时从触发器的时钟 $CP'=1$，且输入为 $S'=Q'=1$，$R'=\overline{Q'}=0$，故从触发器被置 1，即 $Q=1$，$\overline{Q}=0$。

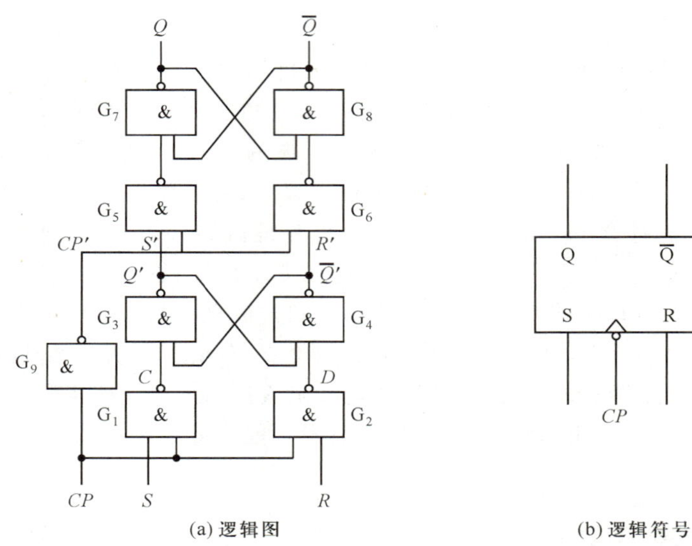

图 4-11　主从 RS 触发器的逻辑图和逻辑符号

将主从 RS 触发器的逻辑关系列成功能表，见表 4-5。表中的第一行说明：当 CP 状态不变时，无论 $CP=1$ 还是 $CP=0$，触发器的状态始终不变。

表 4-5　　主从 RS 触发器的功能表

CP	S	R	Q^{n+1}	功　能
×	×	×	Q^n	保持
↓	0	0	Q^n	保持
↓	0	1	0	置 0
↓	1	0	1	置 1
↓	1	1	*	不定

注："×"表示任意状态；"↓"表示 CP 的下降沿；"*"表示 CP 下降沿到达后输出状态不定。

因为这种触发器输出状态的变化发生在 CP 的下降沿（CP 从 1 变为 0 的时刻），所以称为下降沿动作的主从触发器。

在逻辑符号中，CP 端加有符号"＞"，表示边沿触发；不加"＞"，表示电平触发。CP 输入端加了"＞"且又加了"○"，表示下降沿触发；加了"＞"而不加"○"，表示上升沿触发。

由以上分析可知，主从 RS 触发器的特点如下：

（1）分两步动作：第一步，当 $CP=1$ 时，主触发器的状态由输入信号 S 和 R 的状态决定，从触发器保持不变；第二步，当 CP 的下降沿到达时，从触发器的状态由主触发器的状态决定，主触发器保持不变。所以，主从 RS 触发器是 CP 下降沿触发。

（2）由于触发器本身是一个时钟 RS 触发器，因而在 $CP=1$ 的全部时间里，输入信号的变化都会直接影响主触发器的状态。但在此期间内，由于从触发器始终被封锁，其输出不会改变，因此也就克服了空翻现象。

2. 主从 JK 触发器

主从 JK 触发器的逻辑图如图 4-12 所示。它是由主触发器、从触发器和非门组成，$Q_{主}$、$\overline{Q}_{主}$ 为内部输出端，Q、$\overline{Q}$ 是触发器的输出端。

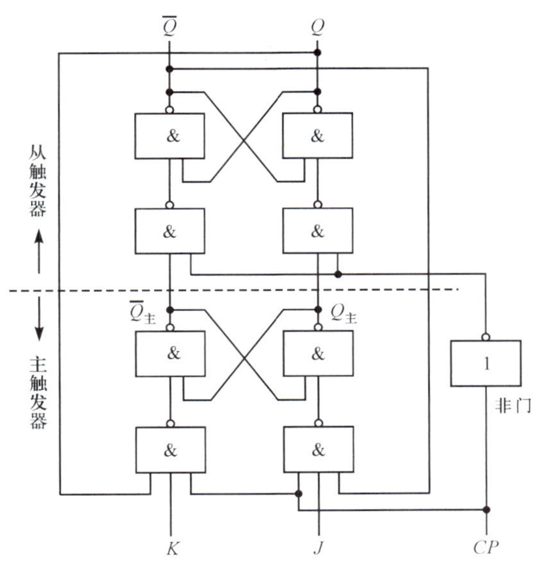

图 4-12　主从 JK 触发器的逻辑图

其工作过程分两个阶段：

(1)CP 高电平期间主触发器接收输入控制信号。主触发器根据 J、K 输入端的情况和 JK 触发器的功能，主触发器的状态 $Q_主$ 改变一次(这是主从触发器的一次性翻转特性，说明从略)。而从触发器被封锁，保持原状态不变。

(2)在 CP 由 1→0(下降沿)时，主触发器被封锁，保持 CP 高电平所接收的状态不变，而从触发器解除封锁，接收主触发器的状态，即 $Q=Q_主$。

如已知 CP、J、K 的时序图，其主从 JK 触发器的时序图如图 4-13 所示。

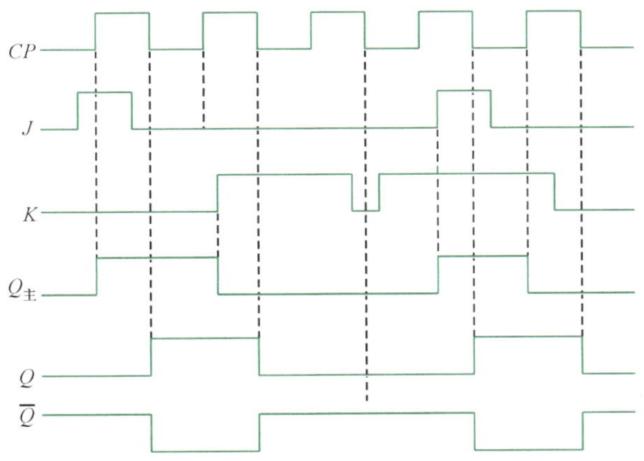

图 4-13　主从 JK 触发器的时序图

注意波形关系，由图 4-13 可见：CP 高电平期间，主触发器接收输入控制信号并改变状态；在 CP 的下降沿，从触发器接收主触发器的状态。这点需要和边沿触发方式的触发器区分。

类似主从 RS 触发器，主从 JK 触发器同样也克服了空翻现象。

3. 维持阻塞触发器

维持阻塞触发器是利用电路内部的维持阻塞线产生的维持阻塞作用来克服空翻现象的。

维持是指在 CP 有效期间，输入发生变化的情况下，使应该开启的门维持畅通无阻，使其完成预定的操作。

阻塞是指在 CP 有效期间，输入发生变化的情况下，使不应开启的门处于关闭状态，阻止产生不应该的操作。

维持阻塞触发器一般是在 CP 脉冲的上升沿接收输入控制信号并改变其状态，其他时间均处于保持状态。以维持阻塞 D 触发器为例，其逻辑符号如图 4-14(a)所示。

例如，已知 CP 和输入控制信号，设起始状态 $Q=0$，则其时序图如图 4-14(b)所示。

需指出的是在第五个 CP 脉冲上升沿时，由于 $\overline{R}_D=1,\overline{S}_D=0$，处于置 1 态，故 Q 端状态由 $\overline{R}_D$、$\overline{S}_D$ 确定，而与 D 端无关。

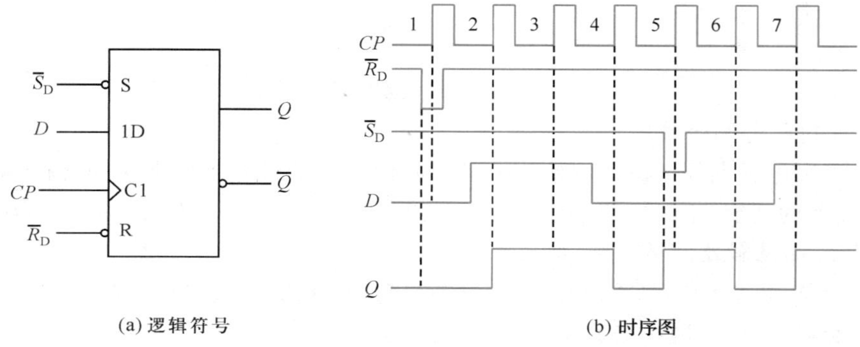

(a) 逻辑符号　　(b) 时序图

图 4-14　维持阻塞 D 触发器的逻辑符号和时序图

4. 边沿触发器

边沿触发器是利用电路内部门电路的速度差来克服空翻现象的。一般边沿触发器多采用 CP 脉冲的下降沿触发，也有少数采用上升沿触发方式。

边沿触发的 JK 触发器的逻辑符号如图 4-15(a)所示。例如，已知 CP 和输入控制信号，设触发器起始状态 $Q=0$，则时序图如图 4-15(b)所示。

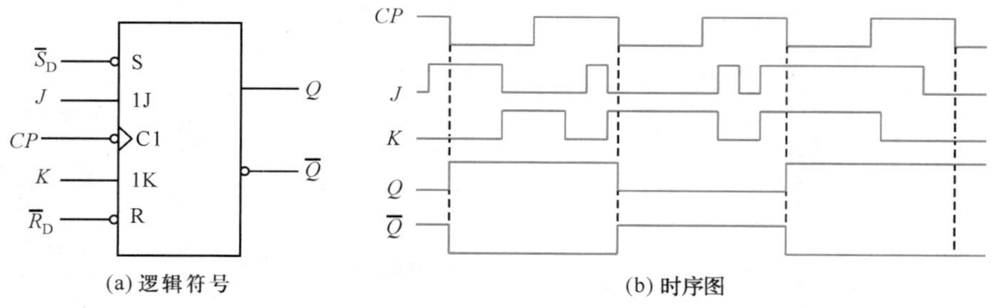

(a) 逻辑符号　　(b) 时序图

图 4-15　边沿 JK 触发器的逻辑符号和时序图

5. 触发器的直接置位和直接复位

为了给用户提供方便，可以设置触发器的状态，绝大多数实际的触发器均设置有两输入端。

(1)直接置位输入端

直接置位输入端又称直接置位端，也可称为直接置 1 端，用 $\overline{S}_D$ 表示。

(2)直接复位输入端

直接复位输入端又称直接复位端，也可称为直接置 0 端，用 $\overline{R}_D$ 表示。

直接置位端与直接复位端的作用优先于输入控制端，即 $\overline{R}_D$ 或 $\overline{S}_D$ 起作用时，触发器的状态由 $\overline{R}_D$ 和 $\overline{S}_D$ 决定。只有当 $\overline{R}_D$ 和 $\overline{S}_D$ 不起作用(均为 1)时，触发器的状态才由 CP 和输入控制端确定。

当 $\overline{R}_D$、$\overline{S}_D$ 起作用时，波形关系如图 4-14(b)所示。

考虑 $\overline{R}_D$、$\overline{S}_D$ 作用时，其触发器的特性方程如下：

D 触发器　　$Q^{n+1}=D\overline{R}_D+S_D$

JK 触发器　　$Q^{n+1}=(J\overline{Q^n}+\overline{K}Q^n)\overline{R}_D+S_D$

$\overline{R}_D\overline{S}_D=01$ 时，$Q^{n+1}=0$，置 0；

$\overline{R}_D\overline{S}_D=10$ 时，$Q^{n+1}=1$，置 1；

$\overline{R}_D\overline{S}_D=11$ 时，$Q^{n+1}=D$ 和 $Q^{n+1}=J\overline{Q^n}+\overline{K}Q^n$。

为了给用户提供方便，有些集成触发器的输入控制端不止一个，通常是三个，输入控制信号等于各个输入信号相与。

4.1.4　不同类型的时钟触发器间的转换

在数字电路中，有各种类型的触发器，而实际上常用的产品多为 JK 触发器和 D 触发器。在实际工作中，技术人员不一定有合适的触发器，要完成同一逻辑功能，可以用已有的触发器转换代用。学会了转换方法，可以充分发挥已有元器件的作用，灵活地运用现有的元器件组成各种功能的逻辑电路。另外，通过转换可以更好地理解和掌握各种类型触发器的功能和特点，有利于各种时序电路的设计。

1. 转换的要求

即在原有触发器的输入端加上一定的转换逻辑电路，构成具有新的逻辑功能的触发器。转换的要求就是设法求出转换逻辑电路。

2. 转换的方法

因为触发器的逻辑功能有多种表示方法，所以触发器的转换方法也有多种。

(1)公式法

可以通过直接观察，将原触发器和新触发器的特性方程联系起来，找出原输入信号和新输入信号间的函数关系，运用逻辑代数公式和定理进行推算。

(2)图形法

利用功能表、驱动表和卡诺图求转换逻辑。这种方法比较清晰，并且自然地把输入信号的约束条件考虑在内，不易出错，但有些烦琐。

3. 不同类型时钟触发器之间的转换

各种类型的触发器之间都可以相互转换，这里只给出其中几种转换。

(1)JK 触发器转换成 D、T、T′触发器

JK 触发器的特性方程为

$$Q^{n+1}=J\overline{Q^n}+\overline{K}Q^n$$

①JK 触发器→D 触发器

D 触发器的特性方程为

$$Q^{n+1}=D \qquad (*)$$

式(*)可变换为

$$Q^{n+1}=D(\overline{Q^n}+Q^n)=D\overline{Q^n}+DQ^n$$

比较式(*)和 JK 触发器的特性方程可得

$$J=D,\ K=\overline{D} \qquad (**)$$

式(**)即所要求的转换逻辑,由此可得 JK 触发器转换成 D 触发器的电路,如图 4-16 所示。

②JK 触发器→T、T′触发器

T 触发器的特性方程为

$$Q^{n+1}=T\overline{Q^n}+\overline{T}Q^n$$

直接与 JK 触发器的特性方程比较,即可求出 JK 触发器的驱动信号

$$J=T,K=T$$

由此可得逻辑转换图,如图 4-17 所示。

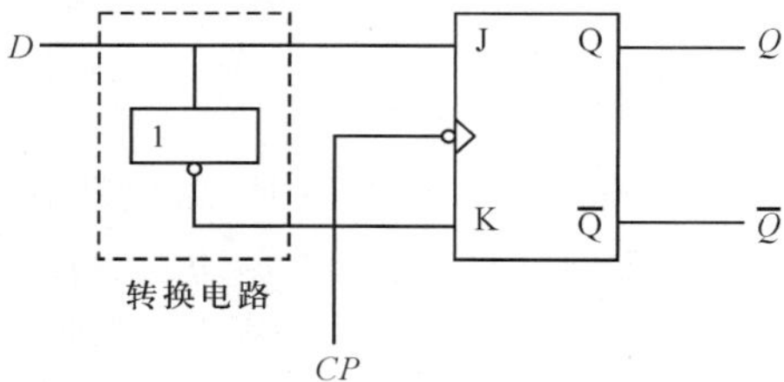

图 4-16 JK 触发器→D 触发器逻辑转换图

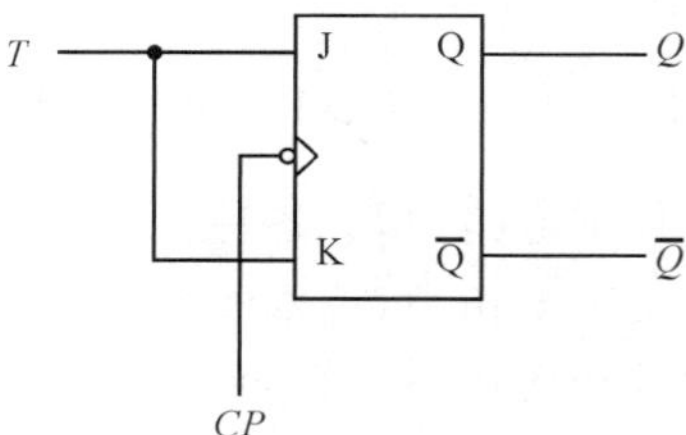

图 4-17 JK 触发器→T 触发器逻辑转换图

令 $T=1$,便可得到 T′触发器的驱动信号为

$$J=1,K=1$$

由此可得逻辑转换图,如图 4-18 所示。

(2)D 触发器转换成 JK、T、T′触发器

D 触发器的特性方程为

$$Q^{n+1}=D$$

①D 触发器→JK 触发器

JK 触发器的特性方程为

$$Q^{n+1}=J\overline{Q^n}+\overline{K}Q^n$$

比较 D 触发器和 JK 触发器特性方程可得

$$D=J\overline{Q^n}+\overline{K}Q^n=\overline{\overline{J\overline{Q^n}+\overline{K}Q^n}}=\overline{\overline{J\overline{Q^n}}\cdot\overline{\overline{K}Q^n}}$$

由此可得逻辑转换图,如图 4-19 所示。

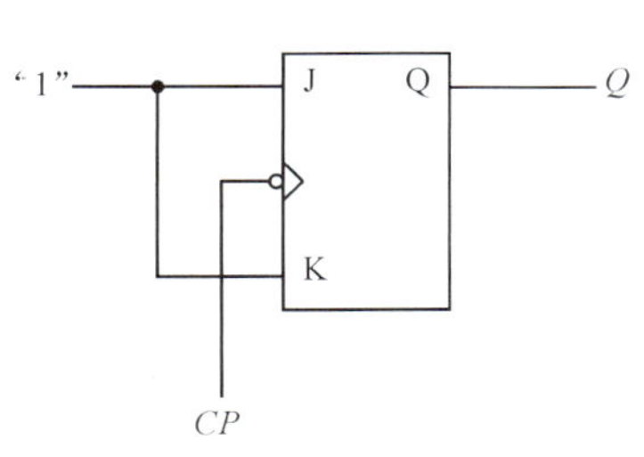

图 4-18　JK 触发器→T′触发器逻辑转换图

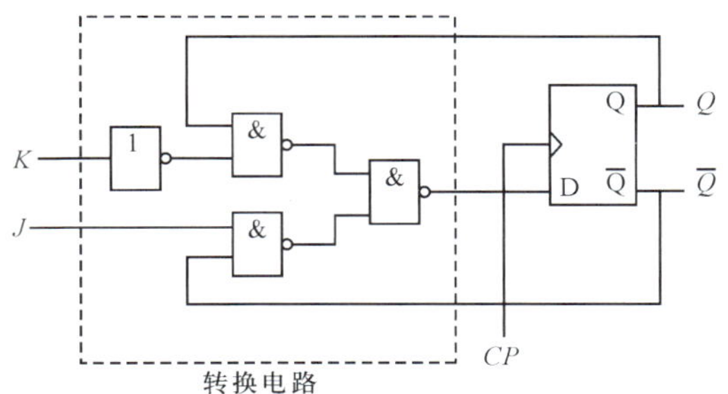

图 4-19　D 触发器→JK 触发器逻辑转换图

②D 触发器→T、T′触发器

利用上述方法也可求出 D 触发器→T、T′触发器的转换逻辑为

$$D = T\overline{Q^n} + \overline{T}Q^n = T \oplus Q^n$$

$$D = \overline{Q^n}$$

由上面两式可得逻辑转换图，如图 4-20、图 4-21 所示。

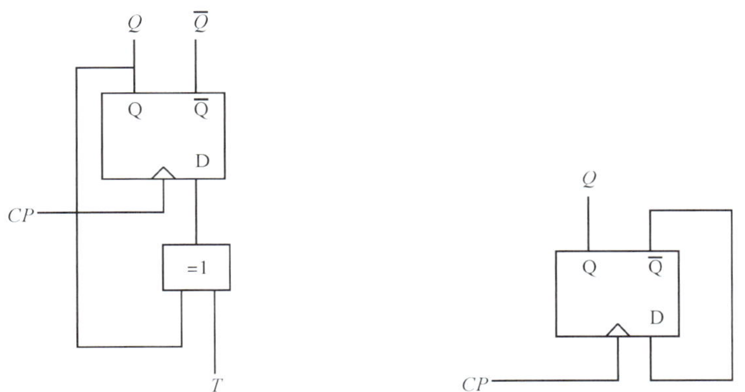

图 4-20　D 触发器→T 触发器逻辑转换图　　图 4-21　D 触发器→T′触发器逻辑转换图

4.2　认识集成触发器

触发器作为时序逻辑电路的基本单元电路，在数字电路中起着非常重要的作用，随着数字集成电路的飞速发展，集成触发器芯片也出现了许多新的电路系列及品种，在此讨论几种实用的集成触发器芯片。

4.2.1　集成触发器使用的特殊问题

使用集成触发器除了要考虑数字集成电路使用的共有问题外，还要注意集成触发器使月的特殊问题。

1. 异步置位端 $\overline{S}_D$、复位端 $\overline{R}_D$

集成触发器一般均可进行直接置位、复位操作，它们是独立于时钟脉冲的异步操作，因为它们的电路结构与前述基本 RS 触发器相似，所以存在着不定状态，在使用中应尽量避免。

2. 最高时钟频率 f_{max}

规定 f_{max} 为 *CP* 时钟脉冲的最高工作频率，而在实际使用时，为保证触发器可靠工作，所用 *CP* 脉冲频率 f 一定要小于 f_{max}。

3. 建立时间 t_{set} 和保持时间 t_{hold}

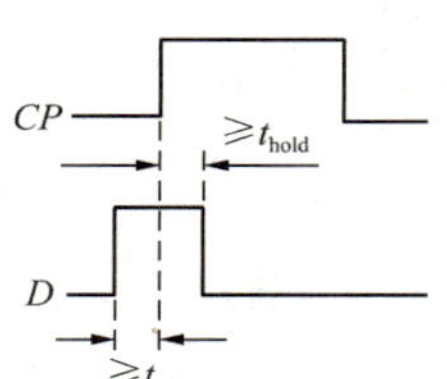

图 4-22　*CP* 与 *D* 的时序关系

触发器的状态转换是由 *CP* 脉冲与触发输入共同作用完成的，为使触发器实现可靠的状态转换，*CP* 脉冲与触发输入必须有很好的时间配合。以 D 触发器为例，其 *CP* 脉冲与触发输入 *D* 的时序关系如图 4-22 所示。

（1）建立时间 t_{set}

触发输入 *D* 的建立必须比 *CP* 脉冲上升沿提前一段时间，这段时间的最小值为建立时间 t_{set}。

（2）保持时间 t_{hold}

触发输入 *D* 的消失必须比 *CP* 脉冲上升沿滞后一段时间，这段时间的最小值为保持时间 t_{hold}。

4.2.2 集成 D 触发器

1. 双上升沿 D 触发器 74

74 是双上升沿 D 触发器，原为 TTL 维持阻塞结构，现已发展为从标准 TTL 到低电压 BiCMOS 涵盖近二十个系列的产品。该芯片内两个 D 触发器具有各自独立的时钟脉冲触发端（*CP*）及置位端（$\overline{S}_D$）和复位端（$\overline{R}_D$）。如图 4-23 所示为双上升沿 D 触发器 74 的逻辑符号和引脚排列，表 4-6 是其功能表。

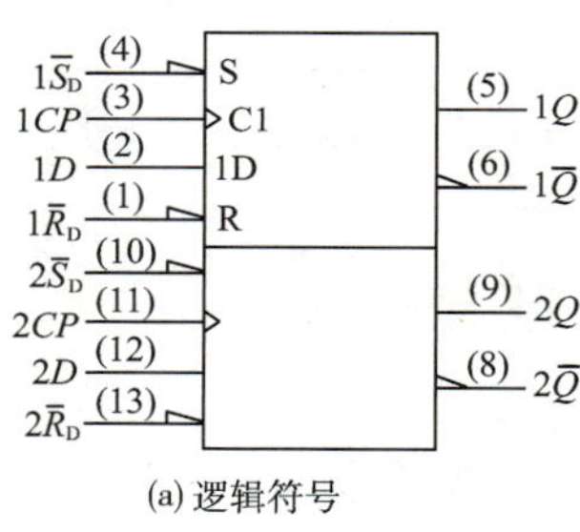

(a) 逻辑符号

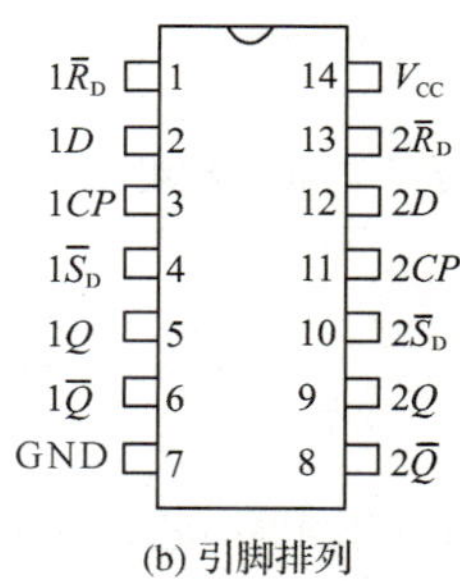

(b) 引脚排列

图 4-23　双上升沿 D 触发器 74 的逻辑符号和引脚排列

表 4-6　双上升沿 D 触发器 74 的功能表

输入				输出	
$\overline{S}_D$	$\overline{R}_D$	*CP*	*D*	*Q*	$\overline{Q}$
0	1	×	×	1	0
1	0	×	×	0	1
0	0	×	×	*	*
1	1	↑	1	1	0
1	1	↑	0	0	1
1	1	0	×	*Q*	$\overline{Q}^n$

表 4-6 中，前两行是异步置位（置 1）和复位（清零）工作状态，它们无须在 *CP* 脉冲的

同步下异步工作。其中，$\overline{S}_D$、$\overline{R}_D$ 均为低电平有效。第三行为异步输入禁止状态。第四、五行为触发器同步数据输入状态，在置位端和复位端均为高电平的前提下，触发器在 CP 脉冲上升沿的触发下将输入数据 D 读入。最后一行无 CP 上升沿触发，为保持状态。

2. 双上升沿 D 触发器 4013

4013 是 4000CMOS 系列双上升沿 D 触发器，为主从结构。其逻辑符号和引脚排列如图 4-24 所示，表 4-7 是其功能表。该芯片与前面讨论的 74 芯片相比，同为双上升沿 D 触发器，也具有异步置位端（S_D）、复位端（R_D）（高电平有效），但 4013 芯片从属于 4000CMOS 系列，决定了其在电气特性、引脚排列上均与 74 芯片不同，在使用时要特别注意。

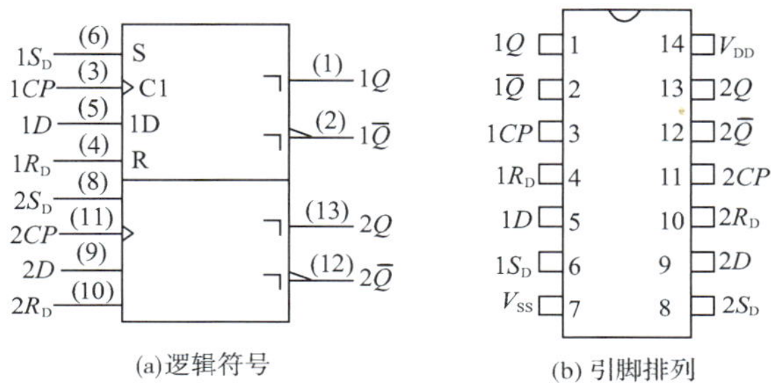

图 4-24　双上升沿 D 触发器 4013 的逻辑符号和引脚排列

表 4-7　双上升沿 D 触发器 4013 的功能表

输入				输出	
CP	D	R_D	S_D	Q	$\overline{Q}$
↑	0	0	0	0	1
↑	1	0	0	1	0
↓	×	0	0	Q^n	$\overline{Q^n}$
×	×	1	0	0	1
×	×	0	1	1	0
×	×	1	1	*	*

4.2.3　集成 JK 触发器

1. 双下降沿 JK 触发器 113

该芯片内包含两个边沿 JK 触发器，每个触发器均有异步置位端（$\overline{S}_D$）及独立的 CP 时钟脉冲触发端，其中置位端为低电平有效，CP 为下降沿触发。其逻辑符号和引脚排列如图 4-25 所示，其功能表见表 4-8。

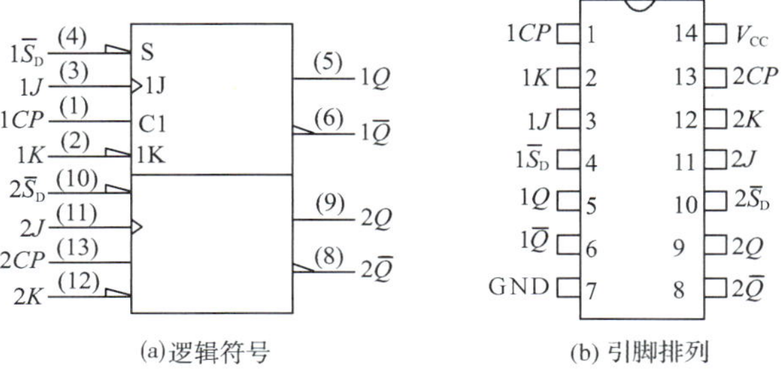

图 4-25　双下降沿 JK 触发器 113 的逻辑符号和引脚排列

表 4-8　双下降沿 JK 触发器 113 的功能表

输入				输出	
$\overline{S}_D$	CP	J	K	Q	$\overline{Q}$
0	×	×	×	1	0
1	↓	0	0	Q^n	$\overline{Q^n}$
1	↓	1	0	1	0
1	↓	0	1	0	1
1	↓	1	1	$\overline{Q^n}$	Q^n
1	1	×	×	Q^n	$\overline{Q^n}$

表 4-8 中，第一行为异步置位状态，$\overline{S}_D$ 为低电平有效，它无须在 CP 脉冲的同步下异步工作。第二行到第五行为同步触发状态，在置位端高电平的前提下，CP 下降沿触发，完成 JK 触发器功能，最后一行是保持状态。

2. 上升沿 JK 触发器 4095

4095 是 4000CMOS 系列上升沿 JK 触发器。其逻辑符号和引脚排列如图 4-26 所示，表 4-9 是其功能表。

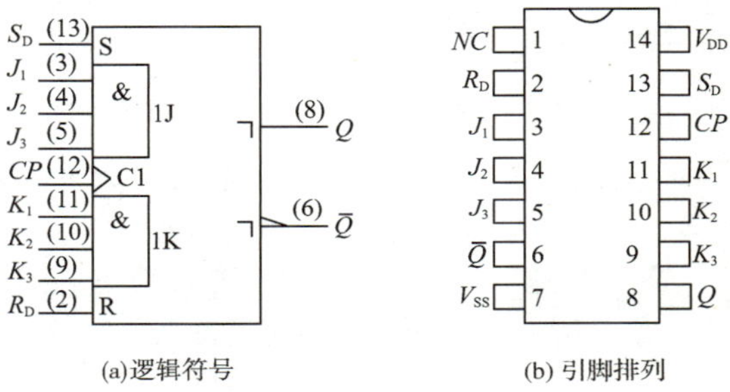

图 4-26　上升沿 JK 触发器 4095 的逻辑符号和引脚排列

表 4-9　上升沿 JK 触发器 4095 的功能表

输入					输出	
S_D	R_D	J	K	CP	Q	$\overline{Q}$
1	0	×	×	×	1	0
0	1	×	×	×	0	1
1	1	×	×	×	*	*
0	0	0	1	↑	0	1
0	0	1	0	↑	1	0
0	0	1	1	↑	$\overline{Q^n}$	Q^n
0	0	0	0	↑	Q^n	$\overline{Q^n}$

该芯片 J、K 输入端是带有与门的三输入 JK 触发器，输入端具有如下关系：

$$J=J_1\cdot J_2\cdot J_3,K=K_1\cdot K_2\cdot K_3$$

表 4-9 中，前三行为异步置位、复位状态（高电平有效），其中第三行为禁用不定状态。后四行为同步工作状态，CP 脉冲上升沿有效。

4.2.4 其他集成触发器

集成触发器的种类较多，见表 4-10。

表 4-10　　触发器的种类

类别		型号
JK 触发器	双 JK 触发器	73　76　78　103　106　108　109　111　112　113　114　4027
	单 JK 触发器	70　71　72　101　102　110　4095　4096
	四 JK 触发器	276　376
D 触发器	双 D 触发器	74　4013
	四 D 触发器	171　175　379　14175　40175
	六 D 触发器	174　378　14174　40174
	八 D 触发器	273　374　377　534　564　574　575　576　825　826　874　876　878　879
	九 D 触发器	823　824
	十 D 触发器	821　822

表 4-11 中给出了一些常见集成触发器的引脚排列，以供参考。

表 4-11　　常见集成触发器的引脚排列

类别	引脚排列 TTL 系列)	类别	引脚排列(CMOS 系列)
单 JK 触发器	74LS102 14: V_{CC}　13: $\overline{S_D}$　12: $\overline{CP}$　11: K_3　10: K_2　9: K_1　8: Q 1: NC　2: $\overline{R_D}$　3: J_1　4: J_2　5: J_3　6: $\overline{Q}$　7: GND $J=J_1J_2J_3$　$K=K_1K_2K_3$	单 JK 触发器	74LS102 14: V_{DD}　13: S_D　12: CP　11: K_1　10: K_2　9: $\overline{K_3}$　8: Q 1: NC　2: R_D　3: J_1　4: J_2　5: $\overline{J_3}$　6: $\overline{Q}$　7: V_{SS} $J=J_1J_2J_3$　$K=K_1K_2K_3$
双 JK 触发器	74LS112 16: V_{CC}　15: $\overline{1R_D}$　14: $\overline{2R_D}$　13: 2CP　12: 2K　11: 2J　10: $\overline{2S_D}$　9: 2Q 1: CP　2: 1K　3: 1J　4: $\overline{1S_D}$　5: 1Q　6: $\overline{1Q}$　7: $\overline{2Q}$　8: GND	双 JK 触发器	CC4027 16: V_{DD}　15: 2Q　14: $\overline{2Q}$　13: 2CP　12: $2R_D$　11: 2K　10: 2J　9: $2S_D$ 1: 1Q　2: $\overline{1Q}$　3: 1CP　4: $1R_D$　5: 1K　6: 1J　7: $1S_D$　8: V_{SS}
四 D 触发器	74LS375 16: V_{CC}　15: 4D　14: $\overline{4Q}$　13: 4Q　12: 2G　11: 3Q　10: $\overline{3Q}$　9: 3D 1: 1D　2: $\overline{1Q}$　3: 1Q　4: 1G　5: 2Q　6: $\overline{2Q}$　7: 2D　8: GND	四 D 触发器	CC4042 16: V_{DD}　15: $\overline{4Q}$　14: 4D　13: 3D　12: $\overline{3Q}$　11: 3Q　10: 2Q　9: $\overline{2Q}$ 1: 4Q　2: 1Q　3: $\overline{1Q}$　4: 1D　5: CP　6: POL　7: 2D　8: V_{SS}
四 D 触发器	74LS175 16: V_{CC}　15: 4Q　14: $\overline{4Q}$　13: 4D　12: 3D　11: $\overline{3Q}$　10: 3Q　9: CP 1: $\overline{R_D}$　2: 1Q　3: $\overline{1Q}$　4: 1D　5: 2D　6: $\overline{2Q}$　7: 2Q　8: GND	四 D 触发器	CC40175 16: V_{DD}　15: 4Q　14: $\overline{4Q}$　13: 4D　12: 3D　11: $\overline{3Q}$　10: 3Q　9: CP 1: $\overline{R_D}$　2: 1Q　3: $\overline{1Q}$　4: 1D　5: 2D　6: $\overline{2Q}$　7: 2Q　8: V_{SS}

续表

类　别	引脚排列(TTL 系列)	类　别	引脚排列(CMOS 系列)
六 D 触发器	16 15 14 13 12 11 10 9 V_{CC} 6Q 6D 5Q 5D 4Q 4D CP 74LS174 $\overline{R_D}$ 1Q 1D 2D 2Q 3D 3Q GND 1 2 3 4 5 6 7 8	六 D 触发器	16 15 14 13 12 11 10 9 V_{DD} 6Q 6D 5Q 5D 4Q 4D CP CC40174 $\overline{R_D}$ 1Q 1D 2D 2Q 3D 3Q V_{SS} 1 2 3 4 5 6 7 8

4.3　时序逻辑电路的分析与设计

前面研究了组合逻辑电路(简称组合电路),这类电路的功能特点是任意时刻的输出仅由该时刻的输入状态决定,而与此前输入状态无关。在电路结构上是开环的,输出对输入没有反馈关系。

这里研究另一类数字电路,电路的输出不仅与输入有关,而且还取决于该时刻电路的现态(原状态)Q^n。在任意给定时刻,其输出状态由该时刻的输入和电路的原状态共同决定,这类电路称为时序逻辑电路(简称时序电路)。在电路组成上,输出与输入之间至少有一条反馈线,使电路能把输入信号作用时的状态(现态)Q^n 存储起来,或者作为产生新状态(次态)Q^{n+1}的条件,这就使得电路具有了记忆功能。

时序电路由组合电路和存储器构成,其中存储器即触发器,是构成时序电路必不可少的记忆单元。

时序电路可分为同步时序电路和异步时序电路两大类。同步时序电路有一个统一的时钟脉冲,分别送到各触发器的 CP 端,因此各触发器状态的变化都发生在时钟脉冲触发沿(上升沿或下降沿)时刻,所以同步时序电路是与时钟脉冲同步工作的。异步时序电路没有统一的时钟脉冲,各触发器 CP 端的时钟脉冲,有的来自输入信号,有的来自时序电路的其他地方,这说明各触发器的时钟脉冲不会同时变化,因此各触发器的状态也就不可能同时发生变化。

4.3.1　时序逻辑电路的分析

所谓时序逻辑电路的分析,就是根据已知给定的时序电路逻辑图,分析确定出该电路的逻辑功能。其一般步骤如下:

(1)写相关方程式。根据已知的逻辑图,写出每个触发器的时钟方程(同步时序电路可不写)、驱动方程。所谓驱动方程即各触发器输入信号的表达式。

(2)求电路的状态方程(有输出端还需求出输出方程)。状态方程是将驱动方程分别代入触发器特性方程所得到的各触发器的次态 Q^{n+1} 表达式。

(3)列状态表。状态表是指在 CP 脉冲触发下,时序电路输出状态的转换过程表。状态表是电路对应时钟脉冲,由状态方程算出各次态 Q^{n+1} 与各现态 Q^n 之间的关系表。

(4)画出状态图及时序图。状态图是指以图形的方式来描述时序电路各状态的转换关系，状态图能更直观地表示电路的工作过程。

(5)确定时序电路的逻辑功能，进行必要的说明。

例 4-1

已知某一异步时序电路如图 4-27 所示，分析其逻辑功能。

异步时序逻辑电路的分析

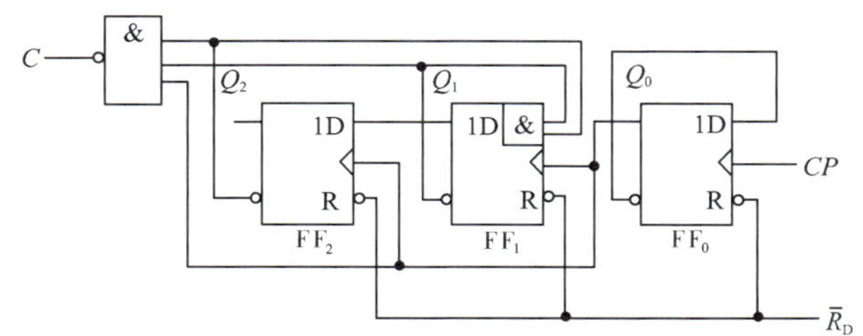

图 4-27　例 4-1 图

解　①根据电路写方程式。

时钟方程　$CP_0=CP, CP_1=CP_2=Q_0$

驱动方程
$$\begin{cases} D_0=\overline{Q_0^n} \\ D_1=\overline{Q_1^n}\cdot\overline{Q_2^n} \\ D_2=Q_1^n \end{cases}$$

②求状态方程和输出方程。

状态方程
$$\begin{cases} Q_0^{n+1}=D_0=\overline{Q_0^n}(CP_0=CP\uparrow) \\ Q_1^{n+1}=D_1=\overline{Q_1^n}\cdot\overline{Q_2^n}(CP_1=Q_0\uparrow) \\ Q_2^{n+1}=D_2=Q_1^n(CP_2=Q_0\uparrow) \end{cases}$$

输出方程　$C=\overline{\overline{Q_2^n}\cdot\overline{Q_1^n}\cdot Q_0^n}$

③列状态表。状态表见表 4-12，进而可画出状态图和时序图，分别如图 4-28 和图 4-29 所示。

表 4-12　例 4-1 的状态表

计数脉冲 CP	Q_2^n	Q_1^n	Q_0^n	Q_2^{n+1}	Q_1^{n+1}	Q_0^{n+1}	输出 C
1	0	0	0	0	1	1	1
2	0	1	1	0	1	0	1
3	0	1	0	1	0	1	1
4	1	0	1	1	0	0	1
5	1	0	0	0	0	1	1
6	0	0	1	0	0	0	0
无效	1	1	0	1	0	1	1
状态	1	1	1	1	1	0	1

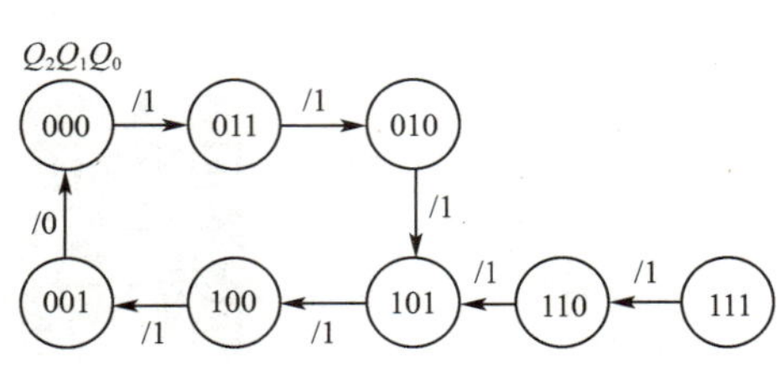

图 4-28 例 4-1 的状态图

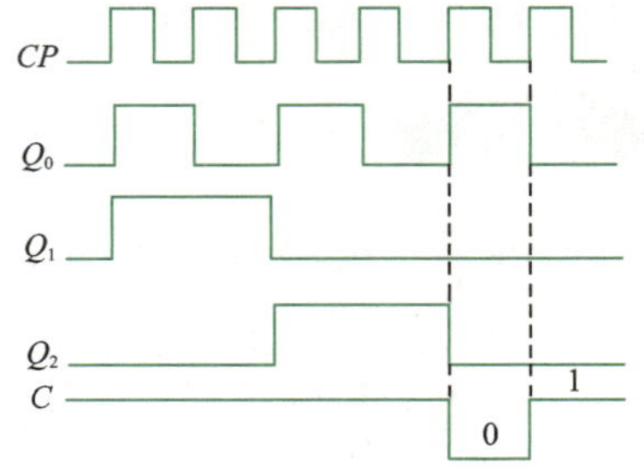

图 4-29 例 4-1 的时序图

④确定电路的功能。从状态图中可以看出，有效循环中有六个状态，需六个 CP 脉冲触发，所以该电路为异步六进制计数器，且能自启动(见项目 5 中计数器相关介绍)。另外从时序图可知，Q_1、Q_2 只能在 Q_0 的上升沿时刻翻转。当第六个 CP 上升沿到来时，输出信号 C 也将产生一个上升沿(0→1)，表示此时才来一个进位信号(逢六进一)。

例 4–2

已知某一同步时序电路如图 4-30 所示，分析其逻辑功能。

同步时序逻辑电路的分析

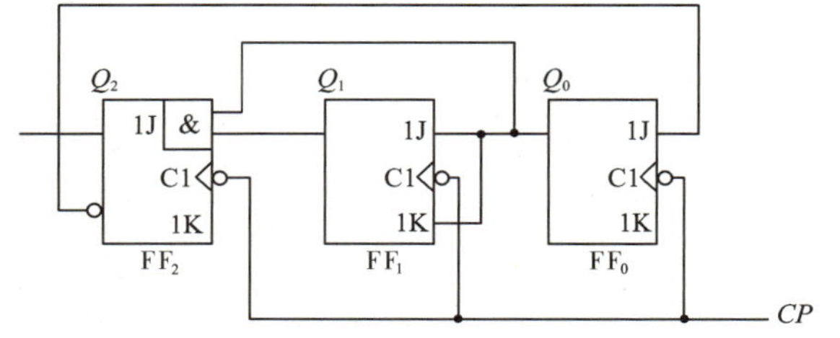

图 4-30 例 4-2 图

解 ①根据电路写方程式。

时钟方程 $CP_0=CP_1=CP_2=CP$(同步电路，也可不写此方程)

驱动方程
$$\begin{cases} J_0=\overline{Q_2^n},K_0=1 \\ J_1=K_1=Q_0^n \\ J_2=Q_0^nQ_1^n,K_2=1 \end{cases}$$

②求状态方程。

$$\begin{cases} Q_0^{n+1}=J_0\overline{Q^n}_0+\overline{K}_0Q_0^n=\overline{Q^n}_0\cdot\overline{Q^n}_2 \\ Q_1^{n+1}=J_1\overline{Q^n}_1+\overline{K}_1Q_1^n=Q_0^n\oplus Q_1^n \\ Q_2^{n+1}=J_2\overline{Q^n}_2+\overline{K}_2Q_2^n=Q_0^nQ_1^n\overline{Q^n}_2 \end{cases}$$

③列状态表。状态表见表 4-13，进而可画出状态图，如图 4-31 所示。

表 4-13　　例 4-2 的状态表

计数脉冲 CP	Q_2^n	Q_1^n	Q_0^n	Q_2^{n+1}	Q_1^{n+1}	Q_0^{n+1}
1	0	0	0	0	0	1
2	0	0	1	0	1	0
3	0	1	0	0	1	1
4	0	1	1	1	0	0
5	1	0	0	0	0	0
无效	1	0	1	0	1	0
	1	1	0	0	1	0
状态	1	1	1	0	0	0

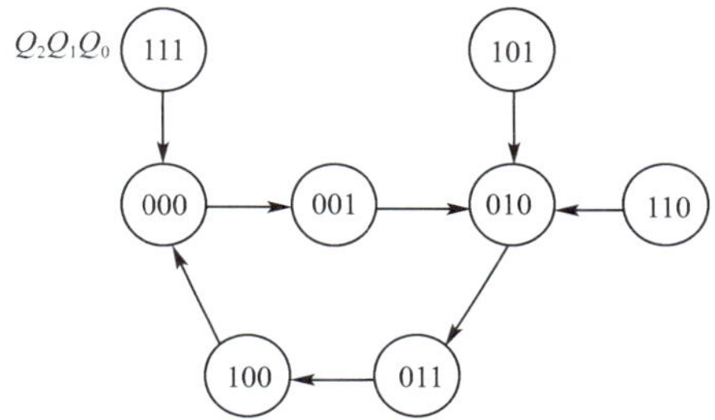

图 4-31　例 4-2 的状态图

④确定电路的功能。由状态图即可看出(不需要再画出时序图)，此电路为一个同步五进制加法计数器，且能自启动。

一般说来，时序电路的分析应按以上四步进行，但对于比较简单的电路，可略去有关步骤，直接求出状态表、状态图或时序图，即可以确定时序电路的功能。尤其对寄存器电路，只要画出了时序图，就可以确定其逻辑功能(而不需画出状态图)。

4.3.2　时序逻辑电路的设计

设计是分析的逆过程，其任务是设计出满足要求的逻辑电路。时序逻辑电路比组合逻辑电路复杂，它由组合电路和存储电路两部分组成，其设计主要任务在于存储电路部分的设计。异步时序逻辑电路较复杂，这里仅讨论同步时序逻辑电路的设计过程。

1. 同步时序电路的设计步骤

(1)根据设计要求建立原始状态图或原始状态表。

(2)简化原始状态表。在构成原始状态图或状态表时，往往根据设计要求，为了充分描述电路的功能，可能在列出的状态之间有一定的联系而可以合并，在这种情况下就应消去多余的状态，从而得到最简化的状态表。

(3)状态分配(状态编码)。状态分配是指简化后的状态表中各个状态用二进制代码来表示，因此状态分配又称为状态编码。二进制编码的位数等于存储电路中触发器的数目 n，它与电路的状态数 N 之间应满足 $2^{n-1} \leqslant N \leqslant 2^n$。另外，由于状态编码不唯一，选择不同的状态编码设计的电路，其复杂程度是不同的，只有合适的状态编码才能得到简单的电路。

(4)选择触发器。选定了状态编码后，还应选择合适的触发器类型，才能得到对应的最佳电路。

(5)求出系列方程。在选定触发器后，画出状态卡诺图，求出各级触发器的驱动方程、状态方程(特征方程)和输出方程。

(6)检查计数器能否自启动。在各类计数器中，常常是电路的状态没有被全部充分利用。那么被利用的状态称为有效状态，而没被利用的状态则称为无效状态。电路在工作时，若由于某种原因进入无效状态后，必须能自动转入有效状态的循环中去，否则将是不能自启动的计数器。在这种情况下，必须修改驱动方程，使之变成具有自启动能力的计数器。

(7)画出逻辑图。由方程组画出组合电路，由触发器的类型和数目画出存储电路，从而构成完整的同步时序逻辑电路。

2. 设计举例

例 4-3

设计一个同步六进制加法计数器。

解 ①建立编码后的状态图。如果逻辑任务简单明了，往往原始状态图及原始状态表可以省略，可直接画出经状态编码后的状态图和状态表。

由于 $2^{n-1} \leqslant 6 \leqslant 2^n$，所以取 $n=3$，即六进制计数器应由 3 级触发器组成。3 级触发器有 8 种状态，从中选出 6 种状态，方案很多。现按 000、001、010、011、100、101 这 6 种状态选取，如图 4-32 所示。

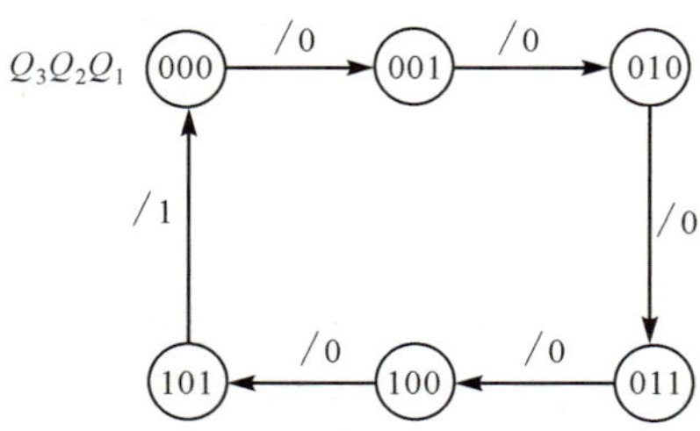

图 4-32 例 4-3 的状态图

②选择触发器，求出系列方程。选择 JK 触发器。按上述状态关系画出各级触发器卡诺图，如图 4-33 所示。由此得到各级触发器的状态(次态)方程及驱动方程(函数)。

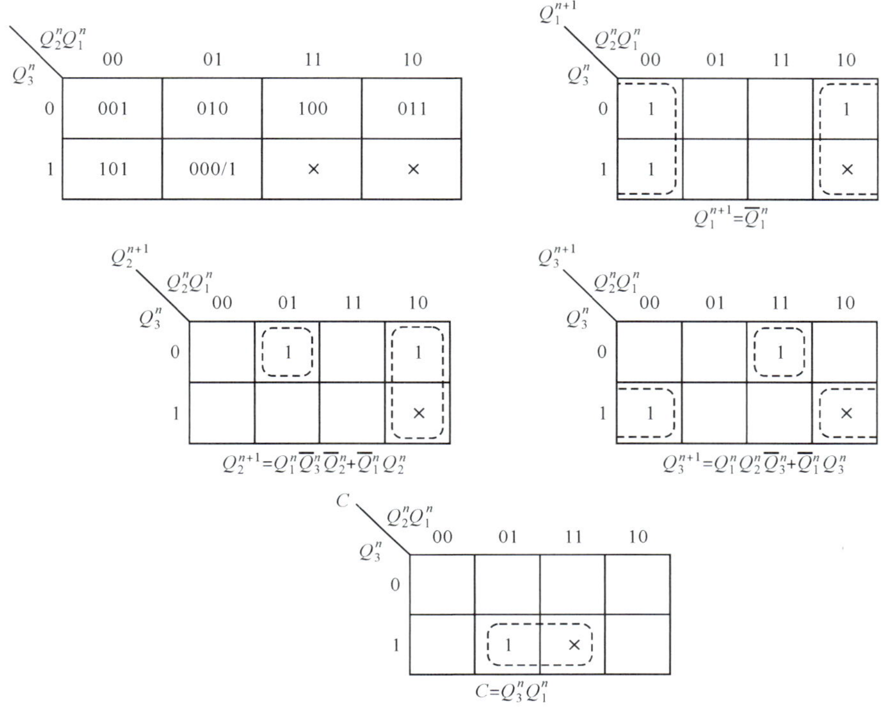

图 4-33　例 4-3 的卡诺图

状态方程

$$
\begin{cases}
Q_1^{n+1}=\overline{Q}_1^n=1\ \overline{Q}_1^n+\overline{1}Q_1^n \\
Q_2^{n+1}=Q_1^n\ \overline{Q}_3^n\ \overline{Q}_2^n+\overline{Q}_1^nQ_2^n \\
Q_3^{n+1}=Q_1^nQ_2^n\ \overline{Q}_3^n+\overline{Q}_1^nQ_3^n
\end{cases}
$$

输出方程

$$C=Q_3^nQ_1^n$$

驱动方程

$$
\begin{cases}
J_1=K_1=1 \\
J_2=Q_1^n\ \overline{Q}_3^n,\ K_2=Q_1^n \\
J_3=Q_1^n\ Q_2^n,\ K_3=Q_1^n
\end{cases}
$$

③检查自启动能力。把未使用的状态(110、111)代入上述次态方程，得到它们的状态变化为 110 $\xrightarrow{/0}$ 111 $\xrightarrow{/1}$ 000，均能进入 000 有效状态，故能自启动。

④画出逻辑图。如图 4-34 所示为同步六进制加法计数器的逻辑图。

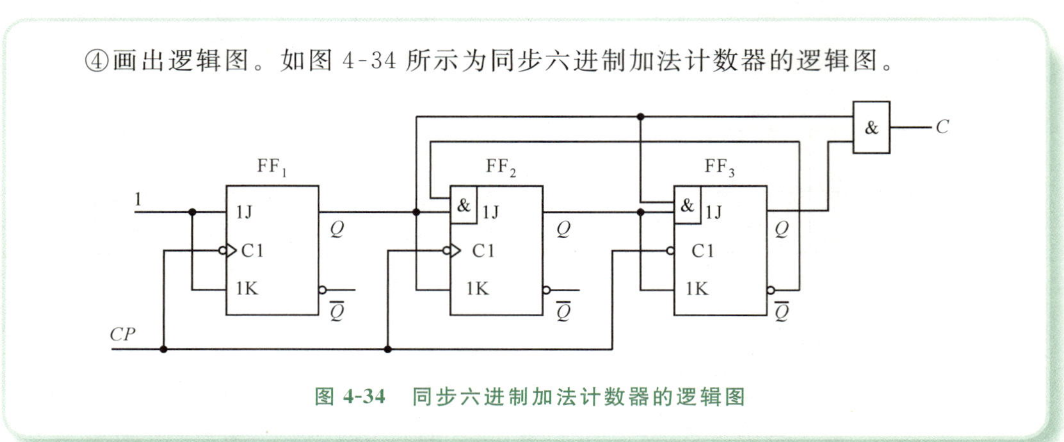

图 4-34 同步六进制加法计数器的逻辑图

巩固练习

4-1 已知主从 RS 触发器的输入信号波形分别如图 4-35(a)、图 4-35(b)所示，画出输出端 Q 的波形(设初态 $Q=0$)。

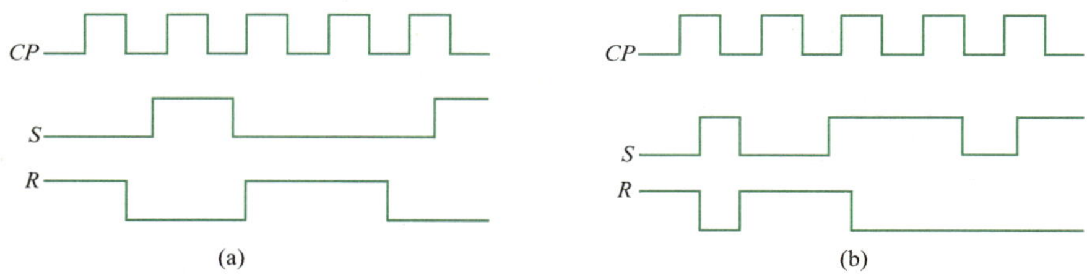

图 4-35 题 4-1 图

4-2 由 D 触发器和与非门组成的电路如图 4-36 所示，画出 Q 端的波形(设初态 $Q=0$)。

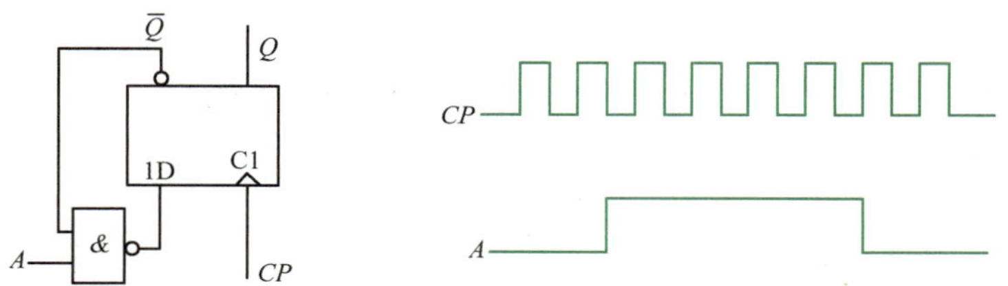

图 4-36 题 4-2 图

4-3 在如图 4-37 所示电路中，将两个方波信号加在输入端，根据下列几种情况分析 LED 工作情况，画出 Q 端波形：

(1) u_{I1} 与 u_{I2} 相位相同。

(2) u_{I1} 与 u_{I2} 相位不同。

(3)u_{I1} 与 u_{I2} 频率不同。

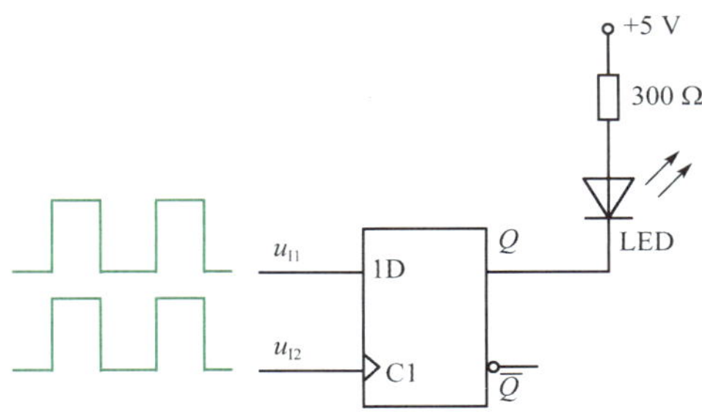

图 4-37　题 4-3 图

4-4　画出如图 4-38 所示电路的 Q_1、Q_2 端的波形(设初态 $Q_1 = Q_2 = 0$)。

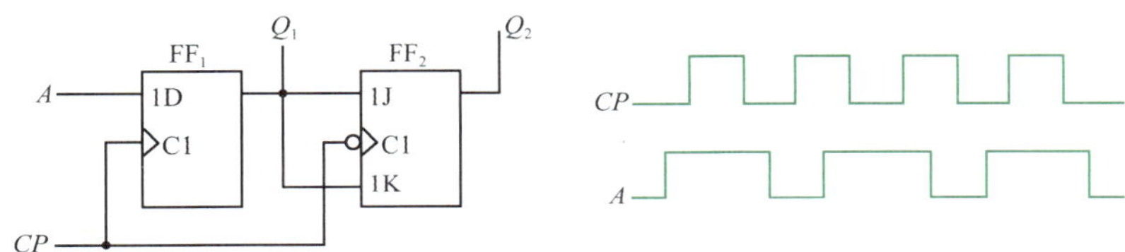

图 4-38　题 4-4 图

4-5　画出如图 4-39 所示各触发器 Q 端波形(设初态 $Q=0$)。

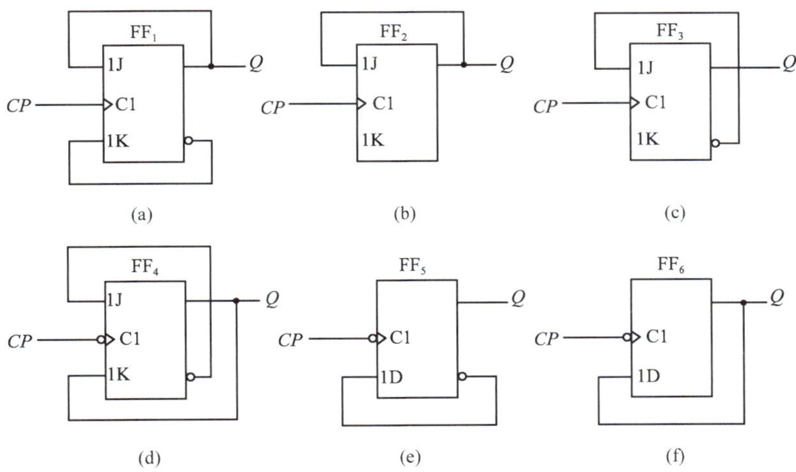

图 4-39　题 4-5 图

4-6　画出如图 4-40 所示电路中 Q、$\overline{Q}$、A、B 各端波形(设初态 $Q=0$)。

4-7　如图 4-41(a)所示电路中,各边沿触发器 CP 和 A、B、C 端的波形如图 4-41(b)所示,写出 Q^{n+1} 的逻辑表达式,画出 Q 端波形。

4-8　画出 JK 触发器转换成 D、T、T′、RS 触发器的逻辑电路图。

4-9　画出 RS 触发器转换成 JK、D、T、T′触发器的逻辑图。

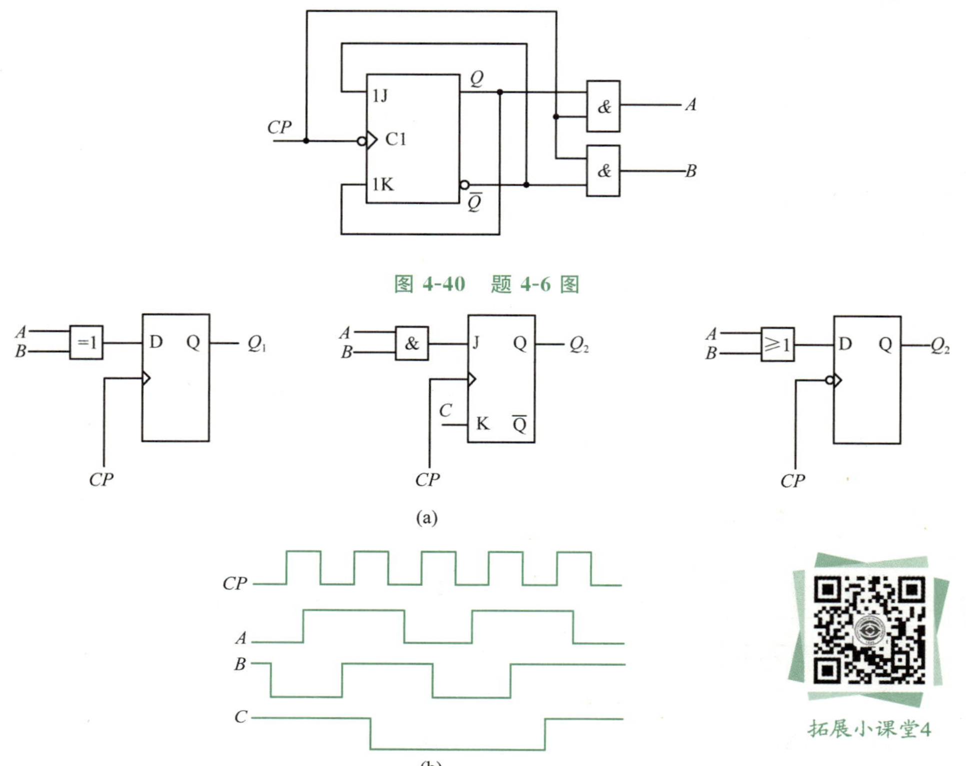

图 4-40 题 4-6 图

(a)

(b)

图 4-41 题 4-7 图

4-10 用一片 74LS74 芯片构成两个翻转触发器。画出原理图、时序图和线路图。

4-11 用 74HC36 芯片构成一基本 RS 触发器。画出原理图和线路图。

4-12 已知用一片 74LS113 搭接的线路图如图 4-42 所示，画出原理图并分析电路功能。

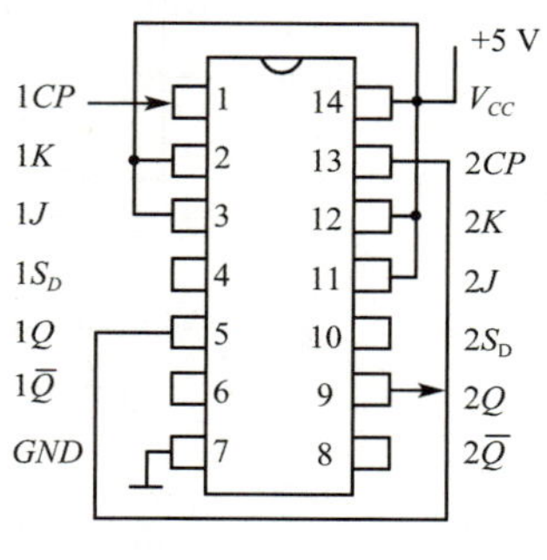

图 4-42 题 4-12 图

4-13 电路如图 4-43 所示，画出其状态图与时序图，并简要说明其逻辑功能。

4-14 分析如图 4-44 所示时序电路的逻辑功能。

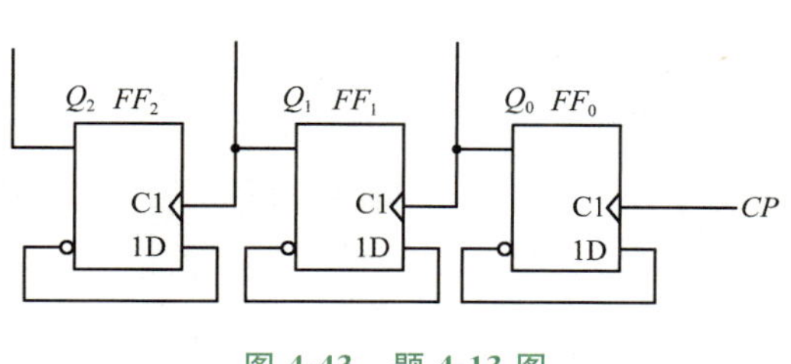

图 4-43 题 4-13 图

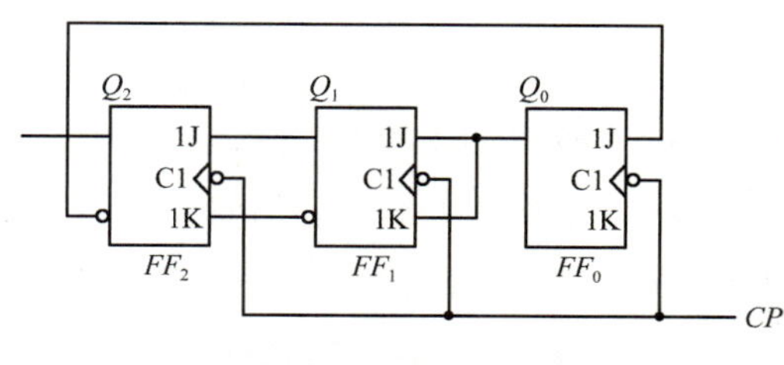

图 4-44 题 4-14 图

项目 5
交通信号灯控制电路的设计与制作

项目导引

时序逻辑电路是一种有记忆的电路。它的基本单元是触发器,基本功能电路有计数器和寄存器。

本项目主要用计数器设计和制作交通信号灯控制电路。要顺利完成此项目电路,需要熟悉集成计数器、寄存器的逻辑功能及应用等内容。

知识目标

- 掌握集成计数器 74LS160～74LS163、74LS290 的逻辑功能及使用。
- 掌握集成寄存器 74LS194、74LS164、74LS373 的逻辑功能及使用。

技能目标

- 学会用集成计数器设计任意进制计数器的方法。
- 通过对交通信号灯控制电路的制作,能正确使用集成计数器设计电路。

素质目标

观看触电事故实例,了解电气作业安全操作规程和安全用电知识,树立安全第一、质量第一的职业思想,培养严谨认真的工作态度。

项目要求

(1)利用集成计数器 74LS160 设计一个交通信号灯控制电路。

(2)具体要求如下:

在主道与支道的会合点形成一个十字交叉路口,为确保安全,在交叉路口的 4 个入口处设置红(R)、黄(Y)、绿(G)三色信号灯。

①主道与支道交替放行,主道每次放行 30 s,支道每次放行 20 s。

②每次绿灯变红灯前,黄灯先亮 5 s 作为过渡时间,此时原红灯不变。用显示译码器(递增计数)显示放行和等待时间。

③选择元器件,对电路进行组装调试。

项目分析与参考电路

1. 项目分析

十字交叉路口的交通信号灯平面布置如图 5-1(a)所示。根据项目要求,交通信号灯工作流程如图 5-1(b)所示。由图可知信号灯正常工作有 4 个状态,同时需要进行三十进制、二十进制和五进制三种进制的转换。

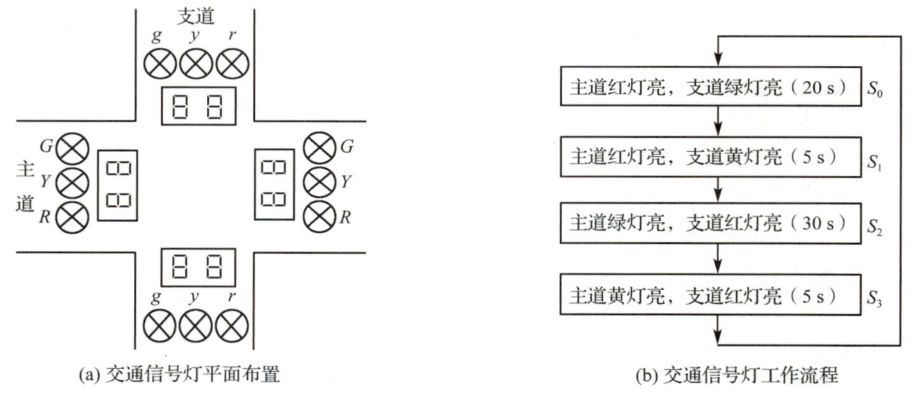

(a) 交通信号灯平面布置 (b) 交通信号灯工作流程

图 5-1 十字交叉路口的交通信号灯平面布置与工作流程

2. 参考电路

(1)交通信号灯控制器电路

交通信号灯的 4 种状态分别用 S_0、S_1、S_2、S_3 表示,表 5-1 为交通信号灯控制器的状态表。

表 5-1 交通信号灯控制器的状态表

交通信号灯控制状态 74LS160(Ⅰ)			主 道			支 道		
	Q_1(Ⅰ)	Q_0(Ⅰ)	R	Y	G	r	y	g
S_0	0	0	1	0	0	0	0	1
S_1	0	1	1	0	0	0	1	0
S_2	1	0	0	0	1	1	0	0
S_3	1	1	0	1	0	1	0	0

由表可得出：

$$R=\overline{Q_1},Y=Q_1Q_0,G=Q_1\overline{Q_0}$$

$$r=Q_1,y=\overline{Q_1}Q_0,g=\overline{Q_1}\,\overline{Q_0}$$

用一片 74LS160（Ⅰ）构成四进制计数器作为交通信号灯控制器，电路如图 5-2 所示。

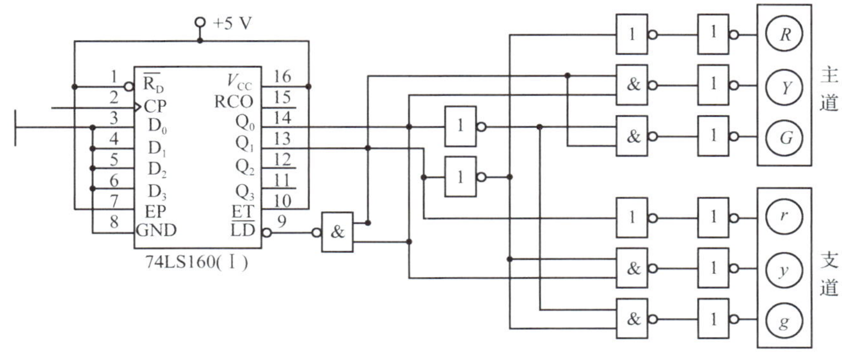

图 5-2　交通信号灯控制器电路

(2)用 74LS160 组成三十进制、二十进制和五进制计数器

如图 5-3 所示为交通信号灯控制电路。

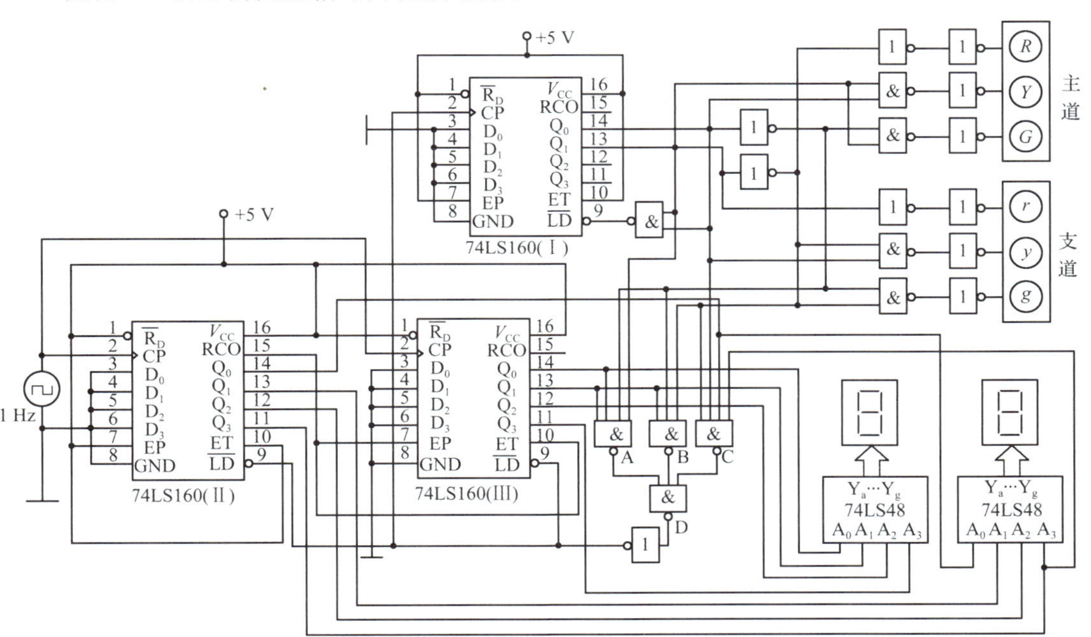

图 5-3　交通信号灯控制电路

用两片 74LS160 先组成一百进制计数器，即将 74LS160（Ⅱ）进位输出端 RCO 接 74LS160（Ⅲ）的 EP 与 ET 端；然后由与非门和非门把 74LS160（Ⅱ）和 74LS160（Ⅲ）输出及信号灯控制器信号反馈给 74LS160（Ⅱ）和 74LS160（Ⅲ）$\overline{LD}$ 端，从而构成三十进制、二十进制和五进制计数器。

与非门构成三十进制的输出：$A=S_2Q_1(3)Q_0(3)$；构成二十进制的输出：$B=S_0Q_1(3)$；构成五进制的输出：$C=S_1Q_3(2)Q_0(2)$。

(3)电路的工作过程

计数器在交通信号灯控制器 74LS160(Ⅰ)进入 S_0 状态时开始计数，20 s 后与非门 B 产生归零脉冲，通过 D 门和非门让计数器 74LS160(Ⅱ)和 74LS160(Ⅲ)归零，并向交通信号灯控制器发出状态转换信号，将归零脉冲引入 74LS160(Ⅰ)的 CP 端。交通信号灯控制器进入 S_1 状态并开始计数，5 s 后与非门 C 又产生归零脉冲，计数器 74LS160(Ⅱ)和 74LS160(Ⅲ)归零，并向交通信号灯控制器发出状态转换信号。交通信号灯控制器进入 S_2 状态并开始计数，30 s 后与非门 A 又产生归零脉冲，计数器 74LS160(Ⅱ)和 74LS160(Ⅲ)归零，并向交通信号灯控制器发出状态转换信号。交通信号灯控制器进入 S_3 状态并开始计数，5 s 后与非门 C 又产生归零脉冲，计数器 74LS160(Ⅱ)和 74LS160(Ⅲ)归零，交通信号灯控制器又进入 S_0 状态，如此循环。

项目实施

工作任务名称：交通信号灯控制电路的设计与制作

仪器设备

1. +5 V 直流电源；2. 万用表；3. 1 Hz 连续脉冲源；4. 双踪示波器；5. 直流电压表；6. 数字频率计。

元器件选择

序号	名称	型号/规格	个数	序号	名称	型号/规格	个数
1	十进制计数器	74LS160	3	6	显示译码器	74LS48	2
2	发光二极管 LED	红、黄、绿三色	6	7	数码显示器		2
3	二 4 输入与非门	74LS20	2	8	脉冲电源	1 Hz	1
4	四 2 输入与非门	74LS00	2	9	实验板		1
5	六反相器	74LS04	2				

电路连接与调试

1. 检测。用万用表检测元器件，确保元器件是好的。

2. 安装。按图 5-3 所示连接电路。

3. 测试电路。用秒表计时，主道绿灯亮，30 s 后变黄灯，5 s 后再变红灯，在这 35 s 期间支道红灯不变；支道绿灯亮，20 s 后变黄灯，5 s 后再变红灯，在这 25 s 期间主道红灯不变。

4. 调试。只要符合要求，一般安装完毕即能工作。但如果出现接触不良或电路元器件性能及参数误差较大，电路就不能正常工作，则需根据实际情况进行以下操作：

(1)检查电路连接是否有误。对照电路原理图，根据信号流程由输入到输出逐级检查。

(2)全面检查电路连接是否有不牢固的地方和焊接是否有虚焊点。

(3)重新检测所使用的门电路是否功能正常，以防止在电路安装过程中对门电路造成损坏。

出现问题与解决方法

结果分析

项目拓展

用集成计数器设计一个一百进制加/减计数器，画出电路图。

项目考核

序　号	考核内容	分　值	得　分
1	元器件选择	15%	
2	电路连接	40%	
3	电路调试	25%	
4	结果分析	10%	
5	项目拓展	10%	
考核结果			

相关知识

计数器在数字系统中的应用是十分广泛的。例如，在计算机程序控制中，对指令地址进行计数，以便顺序取出下一条指令；在数字仪器中，计数器不仅对脉冲个数进行计数，最后还以人们习惯的十进制的形式显示出结果。除此之外，还经常用作定时、分频和执行运算。总之，计数器几乎成为每一种数字设备不可缺少的部分，是现代数字系统中最基本的数字逻辑部件。

寄存器的应用也很广泛。例如，在计算机和数字仪表中常常需要把一些数码或运算结果暂时储存起来，然后根据需要取出进行处理或进行运算。寄存器作移位型计数器时，可作为顺序脉冲发生器使用而产生节拍脉冲。

5.1　认识计数器

5.1.1　计数器分类

计数器是能对输入时钟脉冲的个数进行累计功能的时序逻辑电路，主要由触发器组合构成。计数器通常是数字系统中广泛使用的主要器件，除了计数功能外，还可用于分频、定时、产生节拍脉冲以及进行数字运算等。

计数器的种类繁多，分类方法也较多。按计数长度可分为二进制、十进制及任意（N）进制计数器；按计数时钟脉冲的引入方式（各触发器是否同时动作）可分为同步和异步计数器；按计数值的增减方式可分为加法、减法及可逆计数器（加/减计数器）。

5.1.2　二进制计数器

二进制只有 0 和 1 两种数码，一个双稳态触发器的 0 和 1 两种稳态正好可以表示一位二进制数，n 位二进制计数器就需要 n 个触发器构成。n 位二进制计数器最多可累计的脉冲个数是(2^n-1)个。例如，3 位二进制计数器，$n=3$，最多可累计脉冲个数为$(111)_2$个，即十进制数 7(2^3-1)个。3 位二进制计数器的计数范围是 0～7(包括 0，共 8 个数)，所以，它实际上是 2^3 进制(八进制)计数器。由此类推，n 位二进制计数器的进制数为 2^n。

所谓二进制计数器是 2^n 进制计数器的总称，如图 5-4 所示。

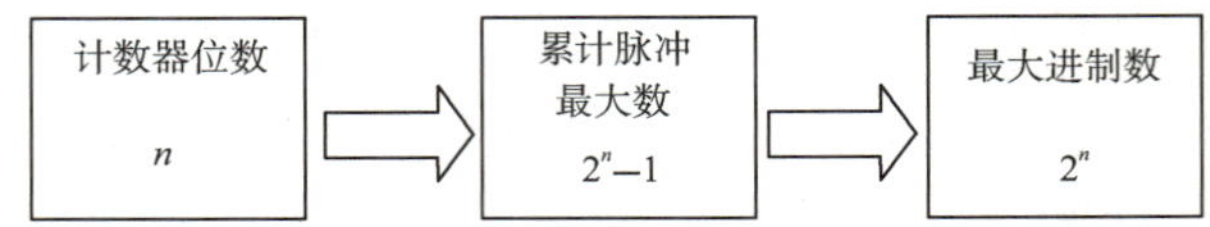

图 5-4　二进制计数器累计脉冲数及进制数

二进制计数器是各种进制计数器中最基本的一种，也是构成其他进制计数器的基础。

1. 二进制异步计数器

所谓异步计数器是指各触发器的计数脉冲 CP 端没有连在一起，即各触发器不受同一 CP 脉冲的控制，在不同的时刻翻转。

二进制异步计数器是计数器中最基本的形式，一般由 T′触发器（计数型）连成，计数脉冲加到最低位触发器的 CP 端。

计数器

(1)二进制异步加法计数器

①电路组成　如图 5-5 所示，由 3 个下降沿 JK 触发器构成，JK 触发器的输入端 J、K 均悬空或接高电平，即 T′触发器。计数脉冲 CP 加在最低位触发器 FF_0 的时钟端，低一位触发器的输出端 Q 依次触发高位触发器的时钟端。

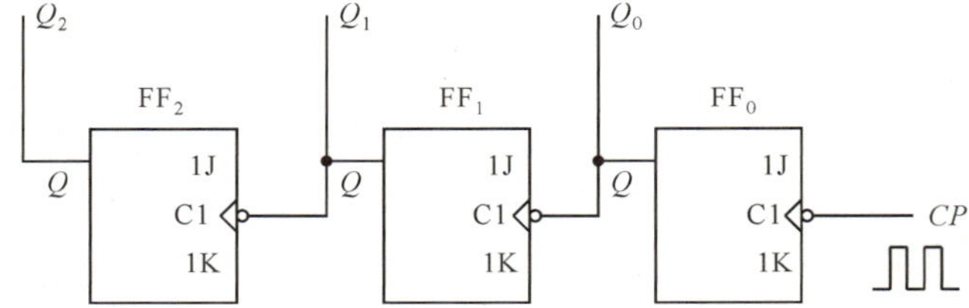

图 5-5　二进制异步加法计数器

②工作原理　电路工作时，每来一个计数脉冲，FF_0 的输出 Q_0 翻转一次，高位触发器在其相邻低位触发器 Q 端由 1 变为 0(输出下降沿)时翻转。

由此可得该计数器的状态转换特性表(状态表)，见表 5-2。由状态表可变换为如图 5-6 所示的状态转换图(状态图)。在状态图中，可直观地看出输出状态 $Q_2Q_1Q_0$ 在 CP 脉冲触发下，由初始 000 状态依次递增到 111 状态，再回到 000 状态。一个工作周期需要 8 个 CP 下降沿触发，所以是 3 位二进制(八进制)异步加法计数器。

表 5-2　二进制异步加法计数器的状态表

CP 脉冲序号	计数器状态		
	Q_2	Q_1	Q_0
0	0	0	0
1	0	0	1
2	0	1	0
3	0	1	1
4	1	0	0
5	1	0	1
6	1	1	0
7	1	1	1
8	0	0	0

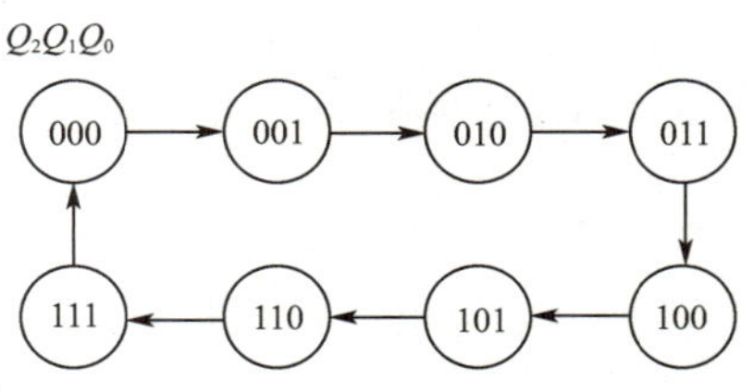

图 5-6　二进制异步加法计数器的状态图

为了清楚地描述 $Q_2Q_1Q_0$ 状态受 CP 脉冲触发的时序关系，还可以用时序图来表示计数器的工作过程，如图 5-7 所示，图中向下的箭头表示下降沿触发。另外，由时序图可以看出计数器的分频功能：Q_0 的频率是 CP 的 1/2；Q_1 的频率是 CP 的 $1/4(1/2^2)$；Q_2 的频率是 CP 的 $1/8(1/2^3)$。即高一位的频率是低一位的 1/2，称为二分频。由 n 个触发器构成的二进制计数器，最高位触发器能实现 2^n 分频，也实现了定时的作用(输出周期扩大了 2^n 倍)。

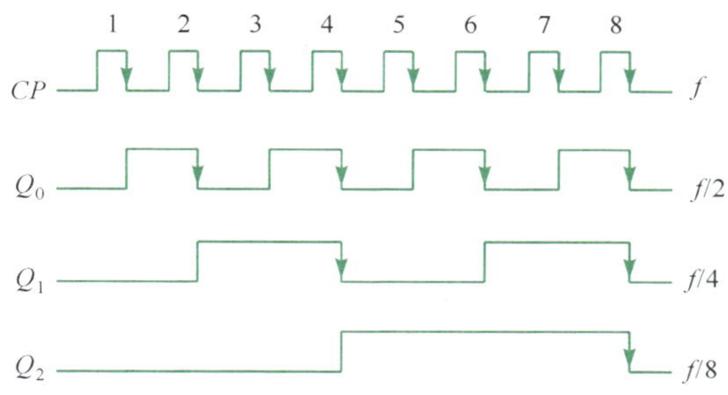

图 5-7　二进制异步加法计数器的时序图及其分频功能

(2)二进制异步减法计数器

如图 5-8 所示为由 JK 触发器构成的下降沿触发的 3 位二进制异步减法计数器。图中 JK 触发器连成 T′触发器，低一位触发器的输出 $\overline{Q}$ 依次接到高一位的时钟端。不难分析，当连续输入计数脉冲 CP 时，该计数器的状态表见表 5-3，状态图如图 5-9 所示，时序图如图 5-10 所示。

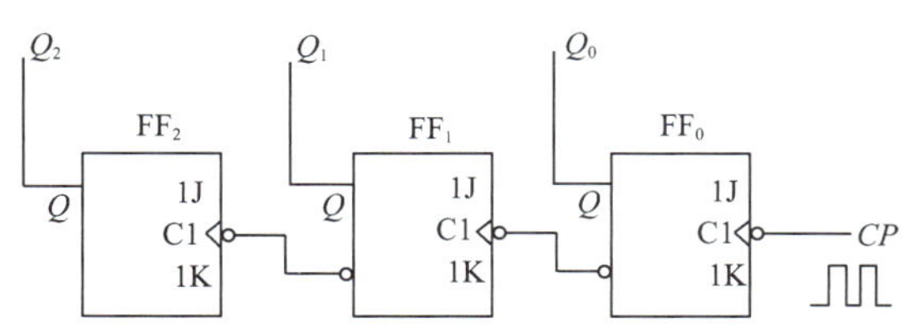

图 5-8　二进制异步减法计数器

表 5-3　二进制异步减法计数器的状态表

CP 脉冲序号	计数器状态		
	Q_2	Q_1	Q_0
0	0	0	0
1	1	1	1
2	1	1	0
3	1	0	1
4	1	0	0
5	0	1	1
6	0	1	0
7	0	0	1
8	0	0	0

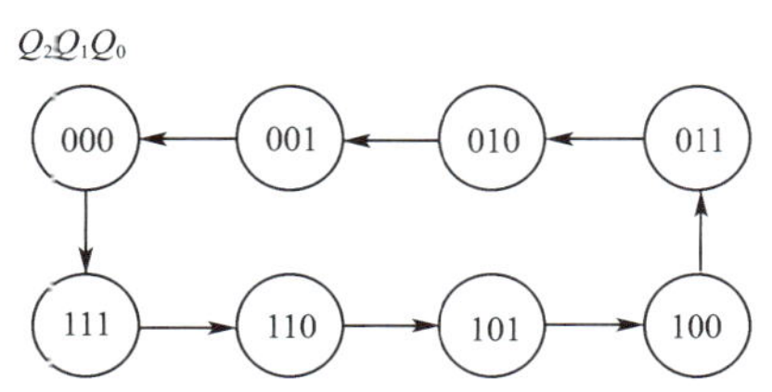

图 5-9　二进制异步减法计数器的状态图

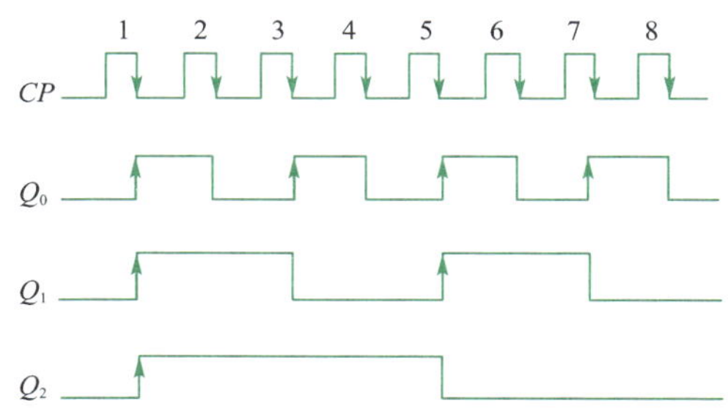

图 5-10　二进制异步减法计数器的时序图

由状态图可以看出，减法计数器的计数特点与加法计数器的计数特点相反：每输入一

个 CP 脉冲，$Q_2Q_1Q_0$ 的状态数减 1，当输入 8 个 CP 脉冲后，$Q_2Q_1Q_0$ 减小到 0，完成一个计数周期。

由时序图可以看出，除最低位触发器 FF_0 受 CP 脉冲的下降沿直接触发外，其他高位触发器均受低一位的 $\overline{Q}$ 下降沿（Q 的上升沿）触发。同样，减法计数器也具有分频功能。

异步计数器也可以用 D 触发器连成的 T′触发器实现。因为 D 触发器为上升沿触发，所以在分析时注意时序触发与上升沿相反，其他功能相同，不再赘述。

二进制异步计数器结构简单，电路工作可靠。缺点是速度较慢，这是因为计数脉冲 CP 只加在最低位 FF_0 触发器的时钟端，其他高位触发器要由相邻的低位触发器的输出来触发，因而各触发器的状态变化不是同时进行，而是异步的。为了克服速度慢的缺点，可采用同步计数器。

2. 二进制同步计数器

所谓同步计数器就是将计数脉冲 CP 同时加到各触发器的时钟端，使各触发器的输出状态在计数脉冲到来时同时改变。

二进制异步加法计数器

下面以 4 位二进制同步加法计数器为例说明。

(1)电路组成

如图 5-11 所示为由 4 个 JK 触发器接成的 4 位二进制（十六进制）同步加法计数器。在电路中，计数脉冲 CP 同时触发 4 个触发器，FF_3、FF_2 为多个 J、K 输入的集成 JK 触发器，其多个 J、K 信号可自动实现逻辑与功能。$\overline{R}_D$ 为异步清零端（低电平有效），当 $\overline{R}_D=0$ 时，$Q_3Q_2Q_1Q_0=0000$，使计数器的初始状态设置为 0 态。

(2)工作原理

由触发器的原理已知，决定触发器翻转的条件有两个：一个是触发输入，另一个是 CP 脉冲。前面讨论的异步计数器是靠控制 CP 脉冲来决定触发器翻转的，而同步电路中各触发器的 CP 脉冲是同时加入的，所以触发器的翻转只能靠触发输入来控制。由图 5-11 可以看出，各触发器输入端连线较复杂，不同于异步计数器结构。

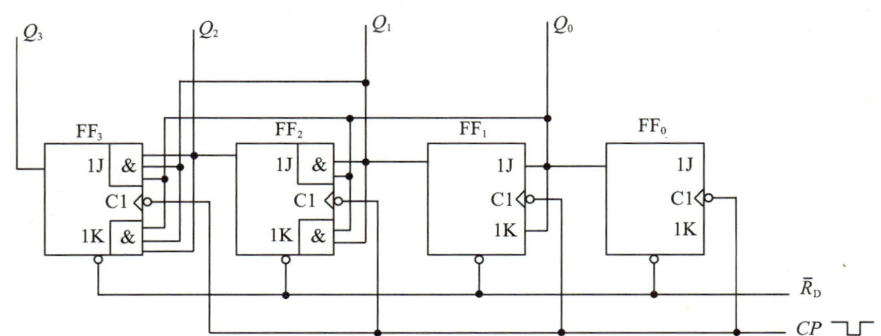

图 5-11 4 位二进制同步加法计数器

由分析可知道该电路为 4 位二进制同步加法计数器，其时序图如图 5-12 所示。值得注意的是，因为该计数器是同步计数器，所以其输出 $Q_3Q_2Q_1Q_0$ 状态在 CP 下降沿同时跳变，称为并行输出，大大提高了工作速度。

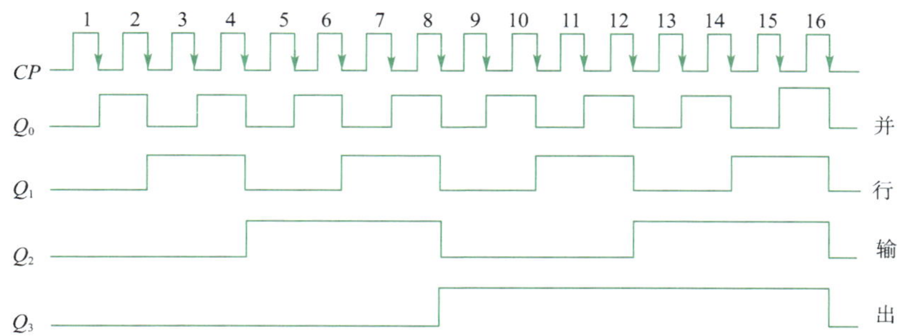

图5-12　4位二进制同步加法计数器的时序图

5.1.3　N进制计数器

前面讲到的二进制计数器有一个共同的特点，就是其所有的 2^n 个状态都正好作为计数周期状态而用到，称为有效状态。但是，二进制以外的计数器必然有一些状态不能用到，这些状态即无效状态。从广义上讲，二进制以外的计数器都称为任意（N）进制计数器。

1. 十进制计数器

十进制计数器作为 N 进制计数器的一种特例而显得尤为重要。因为人们习惯于十进制计数思维方式，所以在数字系统中常采用二-十进制计数器，它的原理是用4位二进制数代码表示一位十进制数，满足“逢十进一”的进位规律。这里介绍最常用的8421码十进制同步计数器。

如图5-13所示为一个由四个JK触发器构成的十进制同步加法计数器，图中与门输出 C 为十进制进位输出端。

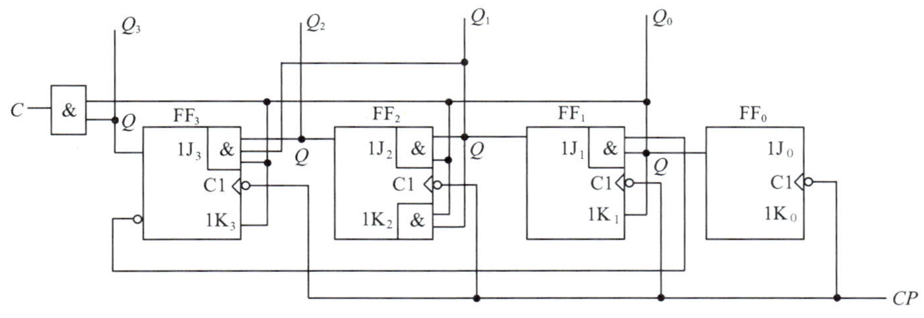

图5-13　十进制同步加法计数器

时钟方程　$CP_0=CP_1=CP_2=CP_3=CP$

驱动方程
$$\begin{cases} J_0=K_0=1 \\ J_1=Q_0^n\overline{Q^n}_3, K_1=Q_0^n \\ J_2=K_2=Q_0^nQ_1^n \\ J_3=Q_0^nQ_1^nQ_2^n, K_3=Q_0^n \end{cases}$$

输出方程　$C=Q_0Q_3$

状态方程 $\begin{cases} Q_0^{n+1}=J_0\,\overline{Q_0^n}+\overline{K}_0Q_0^n=\overline{Q_0^n} \\ Q_1^{n+1}=J_1\,\overline{Q_1^n}+\overline{K}_1Q_1^n=Q_0^n\,\overline{Q_1^n}\,\overline{Q_3^n}+\overline{Q_0^n}Q_1^n \\ Q_2^{n+1}=J_2\,\overline{Q_2^n}+\overline{K}_2Q_2^n=(Q_0^nQ_1^n)\oplus Q_2^n \\ Q_3^{n+1}=J_3\,\overline{Q_3^n}+\overline{K}_3Q_3^n=Q_0^nQ_1^nQ_2^n\,\overline{Q_3^n}+\overline{Q_0^n}Q_3^n \end{cases}$

状态表见表 5-4。由状态表可画出状态图，如图 5-14 所示。由状态图可知，在 CP 作用下，电路按 0000～1001 这 10 个有效状态完成一个计数周期，其余 6 个状态 1010～1111 均为无效状态而在有效循环之外。由于电源或外信号的干扰，电路可能落入无效状态，但是在 CP 脉冲作用下能自动进入有效循环中来，则称该电路具有自启动能力。

表 5-4 十进制同步加法计数器的状态表

CP 脉冲序号	现态				次态				输出
	Q_3^n	Q_2^n	Q_1^n	Q_0^n	Q_3^{n+1}	Q_2^{n+1}	Q_1^{n+1}	Q_0^{n+1}	C
1	0	0	0	0	0	0	0	1	0
2	0	0	0	1	0	0	1	0	0
3	0	0	1	0	0	0	1	1	0
4	0	0	1	1	0	1	0	0	0
5	0	1	0	0	0	1	0	1	0
6	0	1	0	1	0	1	1	0	0
7	0	1	1	0	0	1	1	1	0
8	0	1	1	1	1	0	0	0	0
9	1	0	0	0	1	0	0	1	0
10	1	0	0	1	0	0	0	0	1
11	1	0	1	0	1	0	1	1	0
12	1	0	1	1	0	1	0	0	1
13	1	1	0	0	1	1	0	1	0
14	1	1	0	1	0	1	0	0	1
15	1	1	1	0	1	1	1	1	0
16	1	1	1	1	0	0	0	0	1

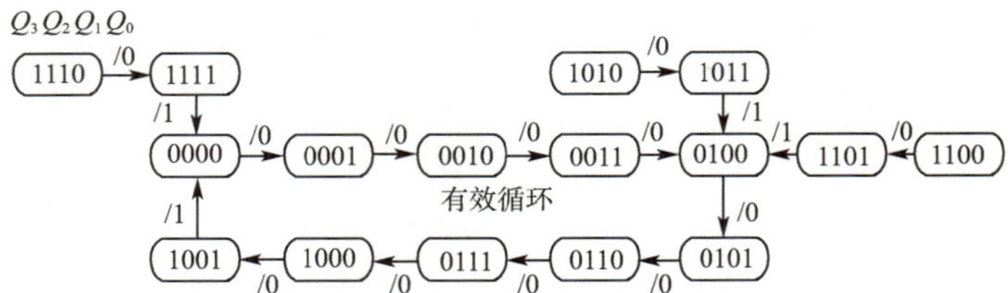

图 5-14 十进制同步加法计数器的状态图

时序图如图 5-15 所示。从时序图可见，十进制计数器只按照有效循环工作，时序图中并不体现无效状态。当电路状态转换到 1001（十进制数 9）时，进位信号 C 变成高电平 1，但此时并不表示有进位；只有当第十个 CP 脉冲下降沿到来时，C 才会产生一个下降沿，表示产生一个进位信号（逢十进一）去触发高位计数器（因为高位计数器也是下降沿触发的)，同时电路返回到初始 0000 状态。进位端 C 主要用作多位计数器的级联端。

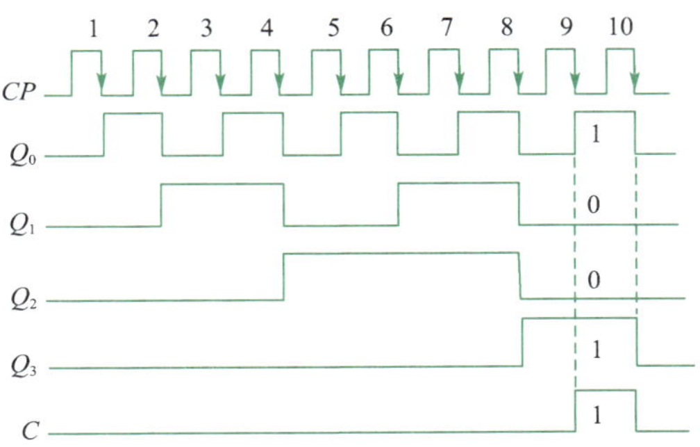

图 5-15　十进制同步加法计数器的时序图

2. 其他 N 进制计数器

除了十进制计数器之外，在日常生活和实际工作中，往往还需要其他不同进制的计数器。例如，时钟秒、分、小时之间的关系和工业生产线上产品包装个数的控制等。

其他 N 进制计数器的构成方式及工作原理与十进制计数器基本相同，同样存在无效状态，需要判断能否自启动问题等。

5.1.4　集成计数器

要实现任意进制计数器，必须选择使用一些集成二进制或十进制计数器的芯片。表 5-5 列出了常用中规模集成计数器。

表 5-5　常用中规模集成计数器

类型	名　称	型　号		说　明
集成异步计数器	二-五-十进制异步计数器	TTL	7490　74LS90 74290　74LS290	
			74176　74196　74LS196	可预置
	二-八-十六进制异步计数器	TTL	74177　74197　4LS197	可预置
			7493　74LS93 74293　74LS293	异步清零
	二-六-十二进制异步计数器	TTL	7492　74LS92	异步清零
	双 4 位二进制异步计数器	TTL	7469　74393　74LS393	异步清零
	双二-五-十进制异步计数器	TTL	74390　74LS390 74490　74LS490　7468	
	七级二进制脉冲异步计数器	CMOS	4024B	
	十二级二进制脉冲异步计数器	CMOS	4040B	
	十四级二进制脉冲异步计数器	CMOS	4020B　4060B	4060B 外接电阻电容(RC)或晶体等元件可作振荡器

续表

类型	名　称	型　号		说　明
集成同步计数器	二-十进制同步计数器	TTL	74160　74LS160	同步预置、异步清零
		CMOS	40160B	
	4 位二进制同步计数器	TTL	74161　74LS161	同步预置、异步清零
		CMOS	40163B	
	二-十进制同步计数器	TTL	74162　74LS162	同步预置、同步清零
		CMOS	40162B	
	4 位二进制同步计数器	TTL	74163　74LS163	同步预置、同步清零
		CMOS	40163B	
	二-十进制同步加/减计数器	TTL	74LS168	同步预置、无清零端
		TTL	74192　74LS192	异步预置、异步清零、双时钟
		CMOS	40192B	
		TTL	74190　74LS190	异步预置、无清零端、单时钟
		CMOS	4510B	
	4 位二进制同步加/减计数器	TTL	74LS169	同步预置、无清零端
		TTL	74193　74LS193	异步预置、异步清零、双时钟
		CMOS	40193B	
		TTL	74191　74LS191	异步预置、无清零端、单时钟
		CMOS	4516B	
	双二-十进制同步加法计数器	CMOS	4518B	异步清零
	双 4 位二进制同步加法计数器	CMOS	4520B	异步清零
	4 位二进制同步 1/N 计数器	CMOS	4526B	同步预置
	4 位二-十进制同步 1/N 计数器	CMOS	4522B	同步预置
	十进制同步计数/分配器	CMOS	4017B	异步清零，采用约翰逊编码
	八进制同步计数/分配器	CMOS	4022B	

1. 集成异步计数器

常见的集成异步计数器芯片型号有 74LS290、74LS293、74LS390、74LS393 等，它们的功能和应用方法基本相同，下面以二-五-十进制异步计数器(74LS290)为例进行介绍。

集成异步计数器芯片 74LS290 主要有 STDTTL(标准 TTL 电路)和 LSTTL(低功耗肖特基 TTL 电路)两种系列产品，这两者的逻辑符号、引脚排列与逻辑功能完全相同，区别在于集成工艺上的差异。

集成二-五-十进制计数器(74LS290 芯片介绍)

(1)二-五-十进制异步计数器 74LS290

74LS290 的逻辑符号和引脚排列如图 5-16 所示。图中，$S_{9(1)}$、$S_{9(2)}$ 称为直接置 9 端；$R_{0(1)}$、$R_{0(2)}$ 称为直接置 0 端；$\overline{CP}_0$、$\overline{CP}_1$ 端为计数脉冲输入端；$Q_3Q_2Q_1Q_0$ 为输出端；NC 表示空脚。

74LS290 是一种较为典型的中规模集成异步计数器，其内部分为二进制和五进制计数器两个独立的部分。其中，二进制计数器从$\overline{CP}_0$输入计数脉冲，从 Q_0 端输出；五进制计数器从$\overline{CP_1}$输入计数脉冲，从$Q_3Q_2Q_1$端输出。这两部分既可单独使用，也可连接起来使用构成十进制计数器，“二-五-十进制计数器”由此得名。

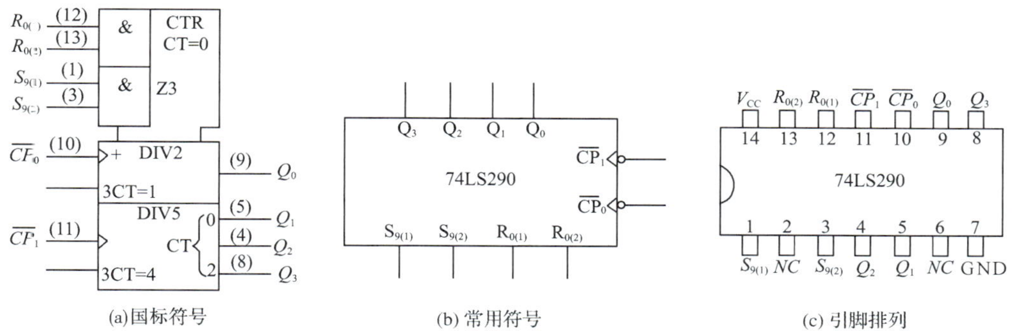

图5-16　74LS290的逻辑符号和引脚排列

表5-6为74LS290的功能表，由表可知其功能，简单介绍如下：

表5-6　74LS290的功能表

$S_{9(1)}$	$S_{9(2)}$	$R_{0(1)}$	$R_{0(2)}$	$\overline{CP_0}$	$\overline{CP_1}$	Q_3	Q_2	Q_1	Q_0
1	1	0	×	×	×	1	0	0	1
1	1	×	0	×	×	1	0	0	1
0	×	1	1	×	×	0	0	0	0
×	0	1	1	×	×	0	0	0	0
				$CP\downarrow$	0	二进制			
$S_{9(1)}\cdot S_{9(2)}=0$				0	$CP\downarrow$	五进制			
$R_{0(1)}\cdot R_{0(2)}=0$				CP	Q_0	8421码十进制			
				Q_3	$CP\downarrow$	5421码十进制			

直接置9：当$S_{9(1)}$、$S_{9(2)}$全为高电平，$R_{0(1)}$、$R_{0(2)}$中至少有一个低电平时，不论其他输入状态如何，计数器输出$Q_3Q_2Q_1Q_0=1001$，故又称异步置9功能。

直接置0：当$R_{0(1)}$、$R_{0(2)}$全为高电平，$S_{9(1)}$、$S_{9(2)}$中至少有一个为低电平时，不论其他输入状态如何，计数器输出$Q_3Q_2Q_1Q_0=0000$，故又称异步清零功能或复位功能。

计数：当$R_{0(1)}$、$R_{0(2)}$及$S_{9(1)}$、$S_{9(2)}$不全为1，输入计数脉冲CP时，开始计数。如图5-17所示是74LS290的基本计数方式。

①二、五进制计数　当由$\overline{CP_0}$输入计数脉冲CP时，Q_0为$\overline{CP_0}$的二分频输出，如图5-17(a)所示；当由$\overline{CP_1}$输入计数脉冲CP时，Q_3为$\overline{CP_1}$的五分频输出，如图5-17(b)所示。

②十进制计数　若将Q_0与$\overline{CP_1}$连接，计数脉冲CP由$\overline{CP_0}$输入，先进行二进制计数，再进行五进制计数，这样即组成标准的8421码十进制计数器，如图5-17(c)所示，这种计数方式最为常用；若将Q_3与$\overline{CP_0}$连接，计数脉冲CP由$\overline{CP_1}$输入，先进行五进制计数，再进行二进制计数，即组成5421码十进制计数器，如图5-17(d)所示。

(2)74LS290的应用

通过对74LS290外部引脚进行不同方式的连接——主要采用反馈归零法(复位法)，可以构成N进制计数器(分频器)。

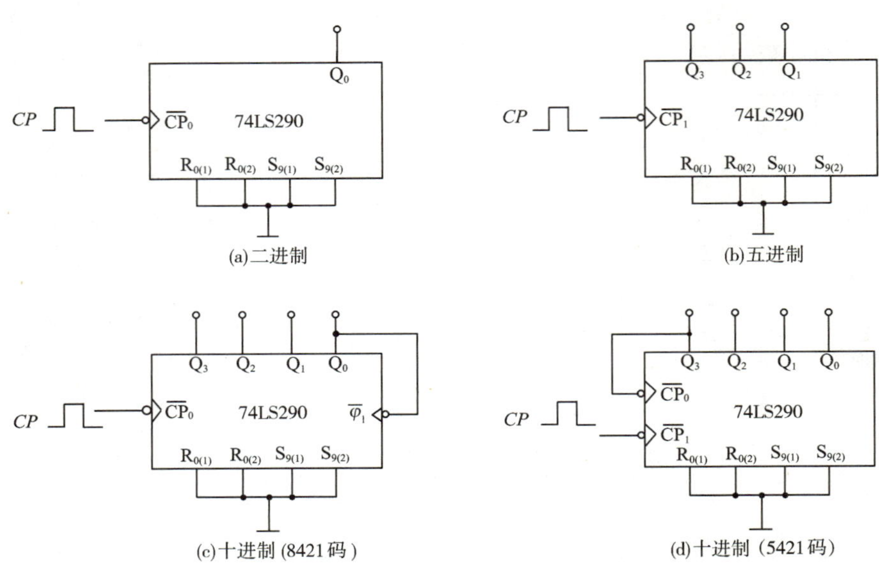

图 5-17　74LS290 的基本计数方式

①构成十进制以内的 N 进制计数器

例 5-1

用 74LS290 构成七进制加法计数器。

解　如图 5-18 所示是利用 74LS290 构成的七进制加法计数器。将 74LS290 连接成 8421 码十进制方式，在计数脉冲 CP 的作用下，当计数到 0111(7)状态时，$Q_2Q_1Q_0=111$，与门输出反馈使 $R_{0(1)} \cdot R_{0(2)}=1$，置 0 功能有效，计数器迅速复位到 0000 状态。显然，0111 是一个极短的过渡状态(10 ns 左右)，即刚到 0111 状态时就迅速清零，所以实际出现的计数状态为 0000～0110 这 7 种(而不含有 0111)，故为七进制计数器。

集成二-五-十进制计数器(74LS290 芯片应用)

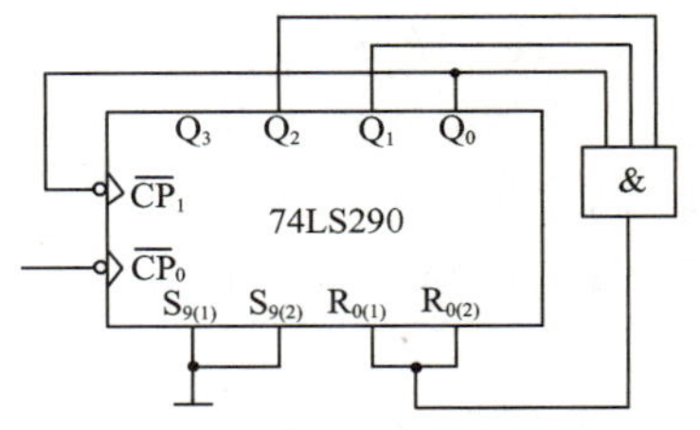

图 5-18　74LS290 构成七进制计数器的引脚排列

②构成十进制以上的 N 进制计数器

例 5-2

用 74LS290 构成六十八进制加法计数器。

解　如图 5-19 所示是利用两片 74LS290 构成的六十八进制加法计数器。因为超过了十进制，所以必须用两片 74LS290，其中个位（片Ⅰ）的 Q_3 端与十位（片Ⅱ）的 $\overline{CP}_0$ 相连，满足“逢十进一”规律，称为级联进位。用两片 74LS290 可以构成一百以内的任意进制计数器。

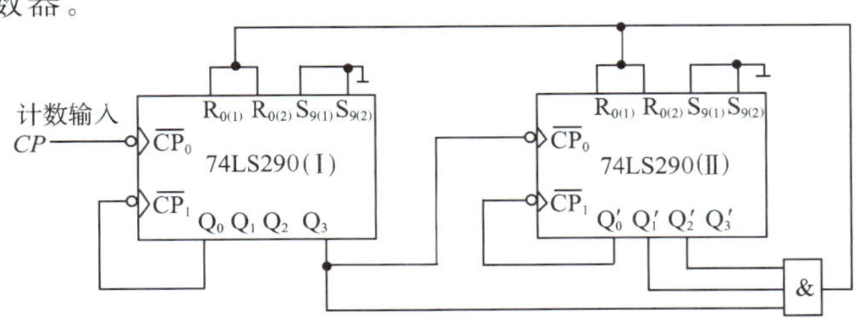

图 5-19　用 74LS290 实现六十八进制计数器

③可靠归零问题

采用反馈归零法，连接方法十分简单，但存在不能可靠归零（复位）的问题。例如，在图 5-19 中，当第六十八个 CP 脉冲输入后，计数器 $N=68$，即 74LS290（Ⅰ）中 $Q_3Q_2Q_1Q_0=1000$，74LS290（Ⅱ）中 $Q'_3Q'_2Q'_1Q'_0=0110$ 状态，当计数到 68 时，与门的输出 $Q_3Q'_2Q'_1=1$，同时引到两片 74LS290 的 $R_{0(1)}$、$R_{0(2)}$ 端，使两片 74LS290 同时回零。而这个状态一旦出现，又立即使计数器置 0 而脱离这个状态，所以计数器停留在 $N=68$ 这个状态的时间极短，那么置 0 信号的作用时间也极短。因为计数器中各触发器在性能上有差异，它们的复位速度有快有慢，而只要有一个动作速度快的首先回 0，计数器的置 0 信号立即消失。这就可能使速度慢的触发器来不及复位，造成整个计数器不能可靠归零，从而导致电路误动作的现象。

为了提高复位的可靠性，在图 5-20 中，利用一个基本 RS 触发器，把反馈复位脉冲锁存起来，保证复位脉冲有足够的作用时间，直到下一个计数脉冲高电平到来时复位信号才消失，并在下降沿到来时，重新开始计数。

2. 集成同步计数器

集成同步计数器种类繁多，同型号产品包括 TTL 和 CMOS 两大系列。这两种系列产品逻辑功能相同，逻辑符号、引脚排列、型号通用，区别在于二者内部结构与性能有所差别。一般说来，CMOS 系列性能优于 TTL 系列，发展势头迅猛，但这并不代表 TTL 产品已经被淘汰。相反，在一般情况下，选用 TTL 系列即可以满足实际需要。

常见的集成同步计数器型号有 160/161、162/163、190/191、192/193、4510 等。其中，160～163 为可预置数加法计数器；190～193 为可预置数加/减可逆计数器（其中 192/193 为双时钟）。

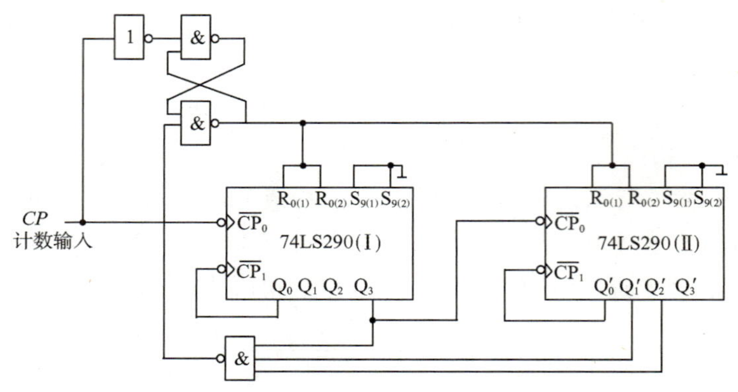

图 5-20　图 5-19 的改进电路

(1)同步 4 位十进制/二进制加法计数器 160～163

74LS160 芯片及其应用

①160～163 的功能　160～163 均在计数脉冲 CP 的上升沿作用下进行加法计数，其中 160/161 二者引脚相同，逻辑功能也相同，所不同的是 160 为十进制，而 161 为十六进制(162/163 与此类似)。下面以 160/161 为例进行介绍。

160/161 的逻辑符号和引脚排列如图 5-21 所示。图中，$\overline{R}_D$ 为异步清零端；$\overline{LD}$为同步置数端；EP、ET 为保持功能端；CP 为计数脉冲输入端；$D_0 \sim D_3$ 为数据端；$Q_0 \sim Q_3$ 为输出端；RCO 为进位输出端。160/161 的功能表见表 5-7。

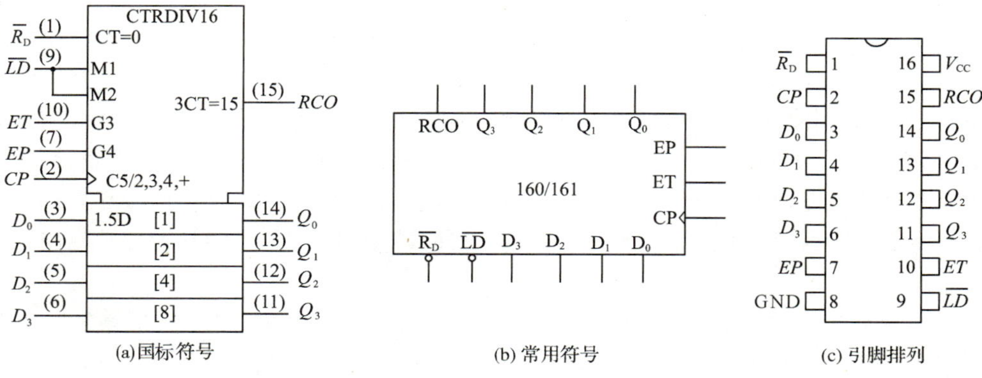

图 5-21　160/161 的逻辑符号和引脚排列

表 5-7　160/161 的功能表

输　入					输　出
CP	$\overline{LD}$	$\overline{R}_D$	EP	ET	Q
×	×	0	×	×	全 0
↑	0	1	×	×	预置数据
↑	1	1	1	1	计数
×	1	1	0	×	保持
×	1	1	×	0	保持

由表 5-7 可知，160/161 具有以下功能：

• 异步清零　当 $\overline{R}_D=0$ 时，使计数器清零。由于 $\overline{R}_D$ 端的清零功能不受 CP 控制，故称为异步清零。

• 同步预置　当 $\overline{LD}=0$，但还需要 $\overline{R}_D=1$（清零无效），且逢 $CP\uparrow$ 时，使 $Q_3Q_2Q_1Q_0=D_3D_2D_1D_0$，即将初始数据 $D_3D_2D_1D_0$ 送到相应的输出端，实现同步预置数据。

• 计数功能　当 $\overline{R}_D=\overline{LD}=EP=ET=1$（均为高电平，无效），且逢 $CP\uparrow$ 时，160/161 按十进制/十六进制计数。

• 保持功能　当 $\overline{R}_D=\overline{LD}=1$，同时 EP、ET 中有一个为 0 时，无论有无计数脉冲 CP 输入，计数器输出保持原状态不变。

如图 5-22 所示为 160 的时序图。从时序图中能直观地看到 $\overline{R}_D$、$\overline{LD}$、EP、ET 均为低电平有效，且控制级别均高于 CP 脉冲，其中 $\overline{R}_D$ 级别最高，其余依次是 $\overline{LD}$、ET、EP。当第一个 CP 脉冲上升沿到来时，进位信号 RCO 来一个下降沿，表示产生一个进位信号（逢十进一）。

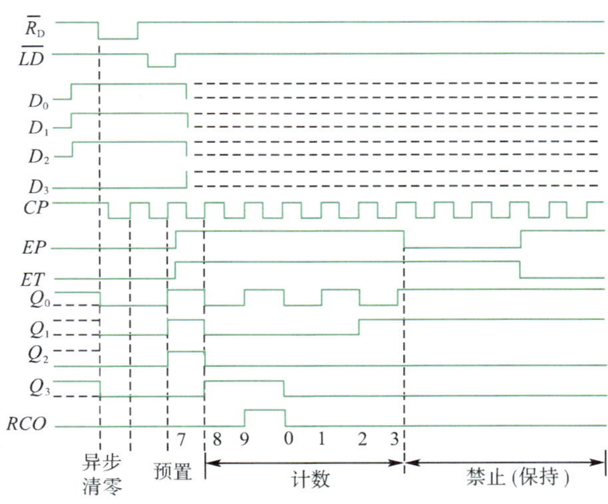

图 5-22　160 的时序图

上面主要介绍了 160/161 的逻辑功能。现将 160～163 进行综合比较，见表 5-8。由表 5-8 可知，162/163 与 160/161 的主要区别是同步清零。所谓同步清零是指当清零端 $\overline{R}_D$ 为低电平时，还需在 $CP\uparrow$ 作用下，才能完成清零功能。

表 5-8　160～163 功能比较

型 号	进　制	清　零	预置数
160	十进制	低电平异步	低电平同步
161	十六进制	低电平异步	低电平同步
162	十进制	低电平同步	低电平同步
163	十六进制	低电平同步	低电平同步

②160～163 的应用　用同步计数器采用不同的方法可以构成 N 进制计数器。

• 反馈清零法　反馈清零法是将 N 进制计数器的输出 $Q_3Q_2Q_1Q_0$ 中等于 1 的输出端，通过一个与非门反馈到清零端 $\overline{R}_D$，使输出回零。

例 5-3

采用反馈清零法使 160/161 构成六进制加法计数器。

解 采用反馈清零法实现的六进制加法计数器电路如图 5-23(a)所示。因为 $N=6$,其对应的二进制数为 0110($Q_3Q_2Q_1Q_0=0110$),所以将 Q_2、Q_1 通过与非门接至清零端 $\overline{R}_D$,当第六个 $CP\uparrow$ 到来时,Q_2、Q_1 均为 1,经与非门后使 $\overline{R}_D=0$,同时计数器清零,从而实现了六进制计数,计数过程如图 5-23(b)所示。注意,这里 0110 只是一个过渡状态,不是计数状态。

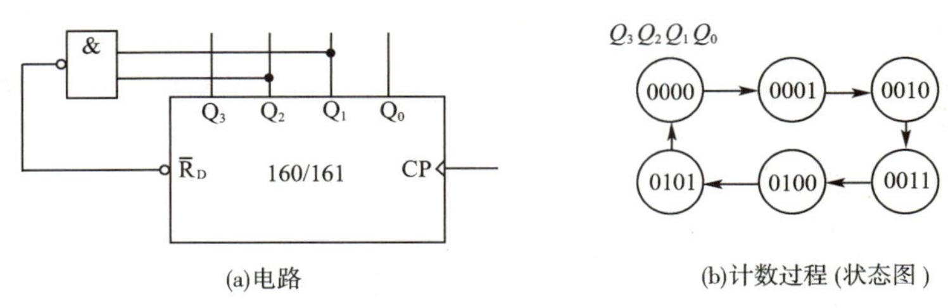

图 5-23 160/161 反馈清零法实现六进制加法计数器

• 预置数法 预置数法是通过预置数端 $\overline{LD}$ 和数据输入端 $D_3D_2D_1D_0$ 来实现的,因是同步预置数,所以只能采用($N-1$)值反馈法。

例 5-4

采用预置数法使 160/161 构成六进制加法计数器。

解 采用预置数法实现的六进制加法计数器电路如图 5-24(a)所示。先令 $D_3D_2D_1D_0=0000$,并以此为计数初始状态。当第五个 $CP\uparrow$ 到来时,$Q_3Q_2Q_1Q_0=0101$,则 $\overline{LD}=\overline{Q_2Q_0}=0$,置数功能有效,但此时还不能置数(因第五个 $CP\uparrow$ 已过去),只有当第六个 $CP\uparrow$ 到来时,才能同步置数使 $Q_3Q_2Q_1Q_0=D_3D_2D_1D_0=0000$,完成一个计数周期,计数过程如图 5-24(b)所示。

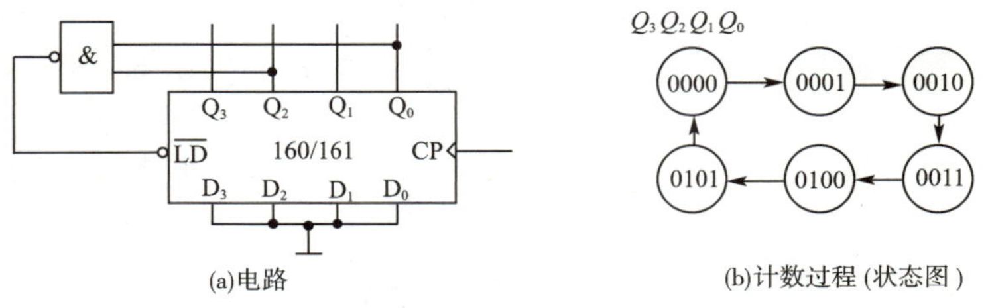

图 5-24 160/161 预置数法实现六进制加法计数器

● 进位输出置最小数法　进位输出置最小数法是将进位输出 RCO 经非门反馈到 $\overline{LD}$ 端，令数据端 $D_3D_2D_1D_0$ 预置最小数 M 对应的二进制数，则 M 是初始计数状态。

例 5-5

采用进位输出置最小数法使 161 构成九进制加法计数器。

解　用 161 实现九进制计数器，构成电路如图 5-25(a)所示。因为 $N=9$，最小数 $M=2^4-9=7$(对应二进制数 0111)，令 $D_3D_2D_1D_0=0111$，则可实现 0111～1111 共 9 个有效状态，如图 5-25(b)所示。

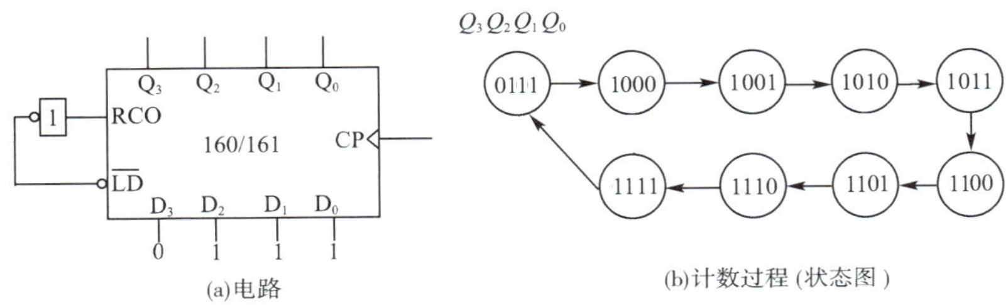

图 5-25　161 进位输出置最小数法实现九进制加法计数器

● 级联法　一片 160/161 只能实现十/十六进制以内的计数器，当超过十/十六进制的时候，就需用多片计数器来实现，这就产生了级联问题。所谓级联就是片与片之间的进位连接。

例 5-6

采用异步级联法使两片 160 构成二十四进制加法计数器。

解　用低位计数器的进位输出 RCO 触发高位计数器的计数脉冲 CP 端，因为各片的 CP 端没有连在一起，所以为异步连接方式。

如图 5-26 所示是两片 160 采用异步级联法实现的二十四进制加法计数器电路，具体原理自行分析。应该注意的是，因为 160 在 $CP\uparrow$ 计数，而 RCO 在第十个 $CP\downarrow$ 产生进位输出，为了达到同步进位，必须在两级之间串入一个非门进行反相。

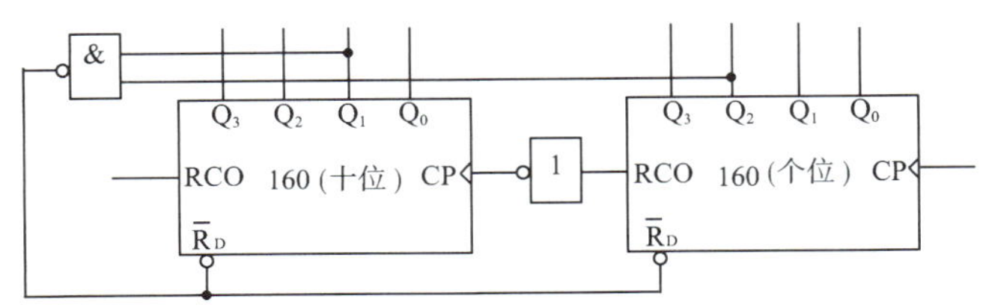

图 5-26　160 异步级联法实现二十四进制加法计数器

级联法结构简单，方便易行，但由于是异步工作方式，高位计数器必须等待低位的一个计数周期运算完毕产生进位后，才能开始计数，所以工作速度较慢。

例 5-7

采用同步级联法使三片 161 构成 4096 进制加法计数器。

解 用低位的进位输出 *RCO* 端触发高位的 *EP*、*ET* 端，因为各片的 *CP* 端都连在一起，所以为同步连接方式。

如图 5-27 所示是三片 161 采用同步级联法实现的四千零九十六进制加法计数器电路。图中，高位片的 *EP*、*ET* 分别受低位片的 *RCO* 端触发，而每片的 *RCO* 在计数到 1111 状态时产生高电平 1 使高位片开始计数（*EP*=*ET*=1），只有当三片 161 的 12 位输出全为 1（$Q_{11}\sim Q_0=11\cdots1$）后，再来一个 *CP*，即第 4096（2^{12}）个 *CP* 脉冲触发时，最高位 161（Ⅲ）的 *RCO* 端才产生一个进位信号，所以为四千零九十六进制。

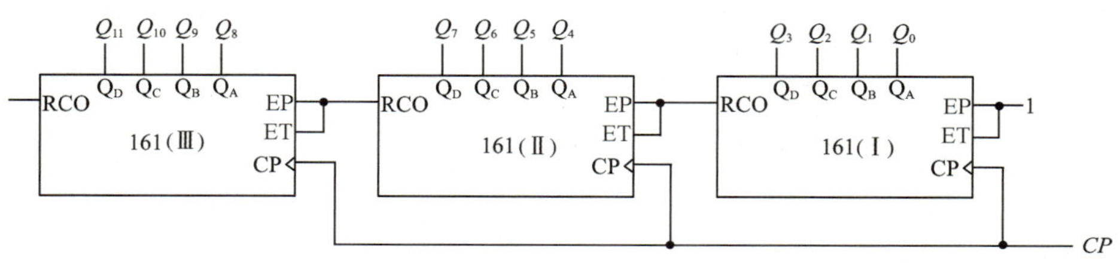

图 5-27 161 同步级联法实现四千零九十六进制加法计数器

（2）同步十进制可预置数加/减计数器 4510

①4510 的功能 4510 是 CMOS 系列 *CP* 上升沿触发的计数器，其逻辑符号和引脚排列如图 5-28 所示，表 5-9 是其功能表。图 5-28 中，*CR* 是异步清零端（1 有效）；*LD* 为置数端（1 有效）；$\overline{CI}$ 为进位输入端（0 有效）；*U*/*D* 是加/减控制端（1 加，0 减）；$\overline{CO}$ 为进/借位输出端（0 有效）。

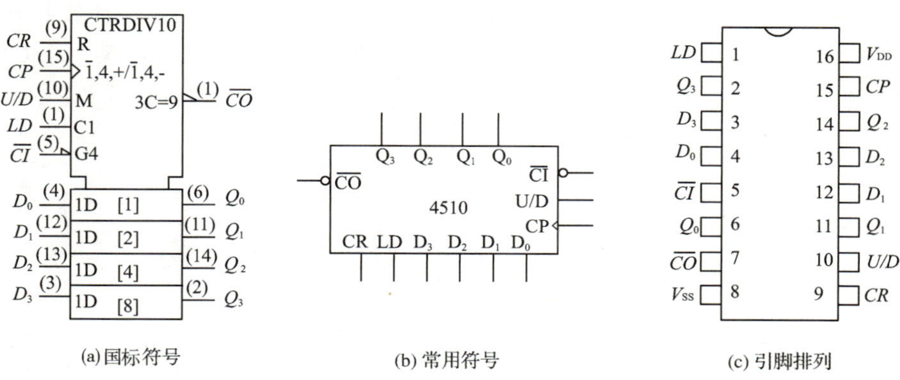

图 5-28 4510 的逻辑符号和引脚排列

表 5-9　　4510 的功能表

输入									输出			
CP	$\overline{CI}$	U/D	LD	CR	D_0	D_1	D_2	D_3	Q_0	Q_1	Q_2	Q_3
×	×	×	1	0	d_0	d_1	d_2	d_3	d_0	d_1	d_2	d_3
×	×	×	×	1	×	×	×	×	0	0	0	0
×	1	×	0	0	×	×	×	×	保持			
↑	0	1	0	0	×	×	×	×	加计数			
↑	0	0	0	0	×	×	×	×	减计数			

②4510 的应用　如图 5-29 所示是由 4510 和 4001(四 2 输入或非门)等构成的两级可预置数的减计数器。该电路主要用于倒计数装置,如火箭发射的倒计时等方面。

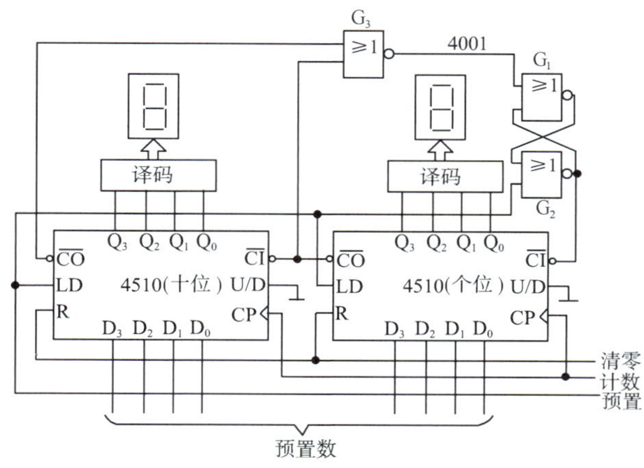

图 5-29　4510 构成的减计数器

电路中的 G_1 和 G_2 组成 RS 触发器,用来保证计数器只做一个周期的减计数。两级 4510 级联成 2 位十进制计数器,加/减控制端 U/D 接地(0),为减计数功能。计数器在 LD 为高电平时,最大预置数为 99。

电路工作时,先在各级 4510 的 LD 端加一正脉冲,送入预置数,同时使 RS 触发器的 G_2 输出为低电平,送至 4510(个位)的 $\overline{CI}$ 端,使之处于计数状态。在计数脉冲的作用下,个位计数器由预置数减到 0,同时其借位输出 $\overline{CO}$ 输出一负脉冲,向十位计数器借一位,使十位减 1,同时个位由 0 跳变到 9。个位计数器继续重复操作,直至十位、个位均减到 0 时,两级 $\overline{CO}$ 均输出负脉冲,通过 G_3 使 RS 触发器的 G_2 的输出由 0 跳变为 1,$\overline{CI}$ 禁止计数输入,从而结束了一个周期的减计数。

如果要再重新预置新的数据,则可由预置控制端给出新的预置信号,G_2 恢复低电平,即可进行下一个周期减计数。

5.2 认识寄存器

微课 19

寄存器和移位寄存器

在数字系统中，常需要把一些待运算的数码或控制指令等二进制信息暂时存放起来，以便随时调用，将这种暂时存放数码和指令的时序逻辑电路称为寄存器。

因为触发器具有记忆功能，所以触发器是构成寄存器的基本单元。而一个触发器只有 0 和 1 两个稳态，即一个触发器只能存放一位二进制数据信息，因此存放 N 位数码的寄存器就需要 N 个触发器构成。

寄存器输入或输出数码的方式有并行和串行两种，如图 5-30 所示。所谓并行就是各位数码从寄存器各自对应的端子同时输入或输出；串行就是数码从寄存器对应的端子逐个输入或输出。寄存器总的输入/输出方式有四种：串入-串出、串入-并出、并入-串出、并入-并出。

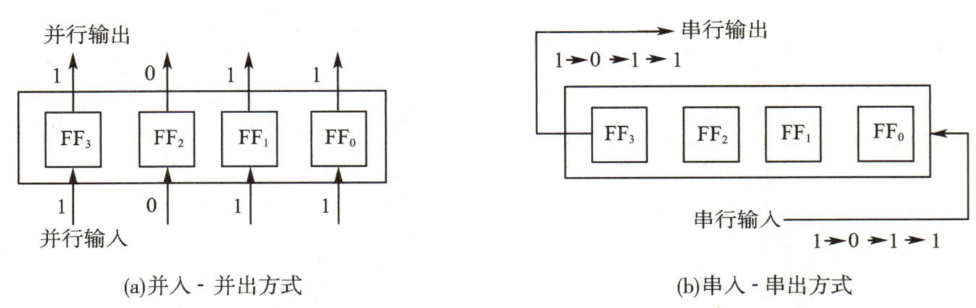

图 5-30 寄存器的两种输入/输出方式

寄存器按功能可分为数码寄存器和移位寄存器两大类，下面分别予以介绍。

5.2.1 数码寄存器

数码寄存器只具有接收数码和清除原数码的功能，常用于暂时存放某些数据。

如图 5-31 所示是由 4 个上升沿触发的 D 触发器构成的 4 位数码寄存器。CP 为送数脉冲控制端，$\overline{R}_D$ 为异步清零端，$D_0 \sim D_3$ 是数据输入端(4 位)，$Q_3 \sim Q_0$ 为原码输出端，$\overline{Q}_3 \sim \overline{Q}_0$ 为反码输出端。它采用的是并入-并出的输入/输出方式。

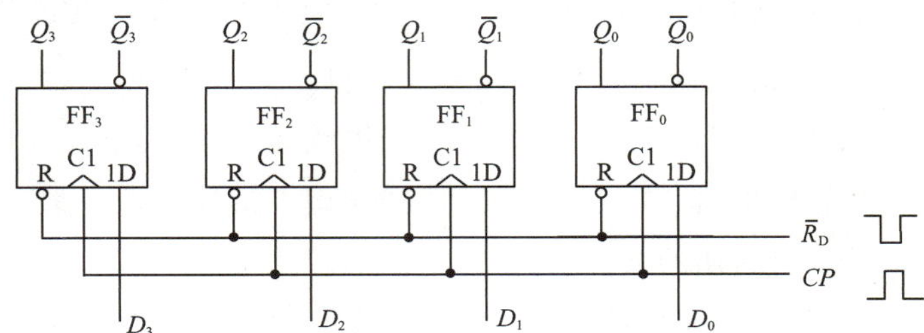

图 5-31 4 位数码寄存器

数码寄存器的工作过程如下：

1. 异步清零

无论各触发器处于何种状态，即无论有无 CP 信号及 $D_0 \sim D_3$ 如何，只要 $\overline{R}_D=0$，则各触发器的输出 $Q_3 \sim Q_0$ 均为 0。这一过程称为异步清零，主要用来清除寄存器的原数码。平时不需要异步清零时，应使 $\overline{R}_D=1$。

2. 送数

当 $\overline{R}_D=1$，且有 CP 上升沿到来时，并行送数，使 $Q_3=D_3$，$Q_2=D_2$，$Q_1=D_1$，$Q_0=D_0$。

3. 保持

当 $\overline{R}_D=1$，且不再有 CP 上升沿到来时，各触发器就会保持原状态不变。

5.2.2　移位寄存器

移位寄存器除了具有存储数据功能外，还具有移位的功能。所谓移位功能，就是寄存器中所存的数据能在移位脉冲作用下依次左移或右移，因此，移位寄存器不但可用于存储数据，还可用于数据的串行-并行转换、数据的运算及处理等。

根据数据在寄存器中移动情况的不同，可把移位寄存器划分为单向移位（左移、右移）寄存器和双向移位寄存器。下面重点以左移寄存器为例进行讨论。

如图 5-32 所示是用 D 触发器构成的左移寄存器。图中，CP 是移位脉冲端，$\overline{R}_D$ 是清零端，D_{SL} 是左移串行数据输入端，$Q_3 \sim Q_0$ 是并行数据输出端。

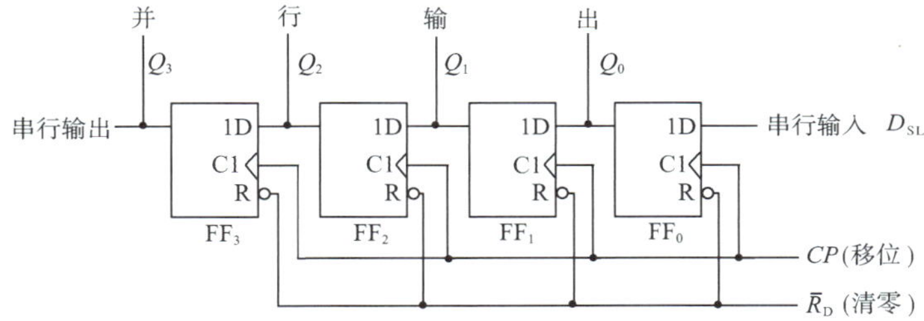

图 5-32　左移寄存器

首先使 $\overline{R}_D=0$，清除原数据，使 $Q_3Q_2Q_1Q_0=0000$，然后使 $\overline{R}_D=1$。每当移位脉冲 CP 上升沿到来时，输入数据 D_{SL} 便依次移入 FF_0，同时每个触发器的输出状态也依次移给高位触发器，这显然是串行输入。假设输入的数码为 1011，在移位脉冲的作用下，寄存器中数码的移动情况见表 5-10。根据表 5-10 可画出左移寄存器的时序图，如图 5-33 所示。

表 5-10　左移寄存器中数码的移动情况

移位脉冲 CP	Q_3	Q_2	Q_1	Q_0	输入数据 D_{SL}
初始	0	0	0	0	1
1	0	0	0	1	0
2	0	0	1	0	1
3	0	1	0	1	1
4	1	0	1	1	
并行输出	1	0	1	1	

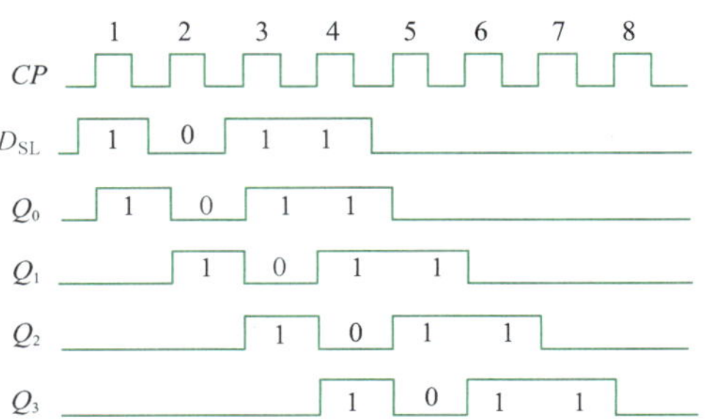

图 5-33　左移寄存器的时序图

由时序图可以看出，经过 4 个 CP 脉冲后，串行输入的 4 位数据 1011 恰好全部移入寄存器中，即 $Q_3Q_2Q_1Q_0=1011$。这时，从 4 个触发器的 Q 端同时并行输出数据 1011，实现了数据的串入-并出转换。如果再加入 4 个 CP 脉冲，则 4 位数据 1011 还可以从图 5-32 中的 Q_3 端依次输出，从而又可以实现数据的串入-串出。因为数据从低位依次移向高位（$Q_0\to Q_1\to Q_2\to Q_3$），即从右向左移动，所以为左移寄存器。

如图 5-34 所示是右移寄存器，其结构与工作原理与左移寄存器基本一致，所不同的是其右移串行数据 D_{SR} 直接输入给最高位触发器 FF_3，数据从高位依次移向低位（$Q_3\to Q_2\to Q_1\to Q_0$），即从左向右移动，所以为右移寄存器。具体工作过程请读者自行分析。

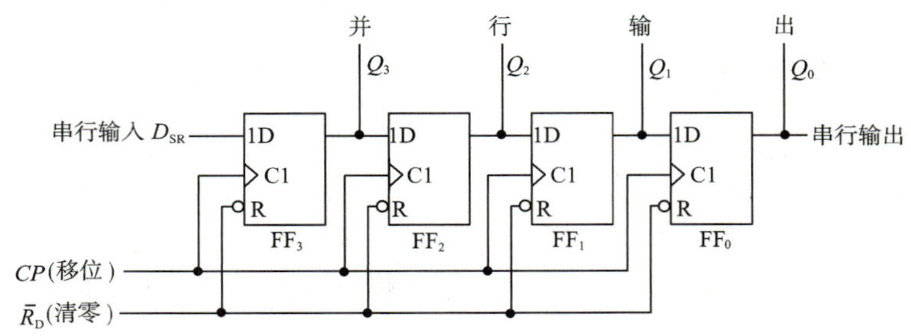

图 5-34　右移寄存器

双向移位寄存器就是把左、右移功能综合一起，在控制端作用下，既可实现左移，又可实现右移。关于双向移位寄存器的具体工作过程请参见集成寄存器有关内容。

5.2.3　集成寄存器

1. 集成数码寄存器

集成数码寄存器的种类较多，常见的有四 D 触发器 175，六 D 触发器 174，八 D 触发器 273、374，八 D锁存器 373 等。

锁存器与触发器的主要区别：锁存器具有一个使能端 C。当 C 无效时，输出数据保持原状态不变（锁存），而这个功能是触发器所不具备的。

下面以 373 为例介绍集成数码寄存器的功能与应用。

373 内部有 8 个 D 锁存器，其输出端具有三态（3S）控制功能。373 的逻辑符号和引脚排列如图 5-35 所示。图 5-35(c)中，$\overline{OC}$是输出控制端（0 有效）；C 是使能端（1 有效）。

表 5-11 是 373 的功能表。由表可知，373 具有如下功能：

(1)$\overline{OC}$ 端为 0，C 端为 1 时，数码寄存功能，$Q=D$。

(2)$\overline{OC}$、C 均为 0 时，锁存功能，此时 Q 与 D 无关。

(3)$\overline{OC}$ 为 1 时，Q 为高阻状态（Z）。

如图 5-36 所示为 373 用于单片机数据总线中的多路数据选通电路。电路中，8 位数据总线（DB）上挂接了 8 个 373，它们的 C 端并接在一起，而各 $\overline{OC}$与 3 线-8 线译码器输出相接。给 C 端加一个正窄脉冲，各组数据都分别被写入各自的寄存器中。但是，如果 $\overline{OC}$ 为高电平，所有输出端 Q 均被强制为高阻状态，数据还不能送到 DB 上。当3 线-8线译码器的输出轮流给各寄存器的 $\overline{OC}$ 端一个负脉冲时，$IC_1\sim IC_8$ 的数据就按顺序送到 8 位 DB 上，由 CPU 读取。可见，用 8 位数据总线可以分时传送 $8n$（n 为寄存器的个数，$n\leqslant 8$）位数

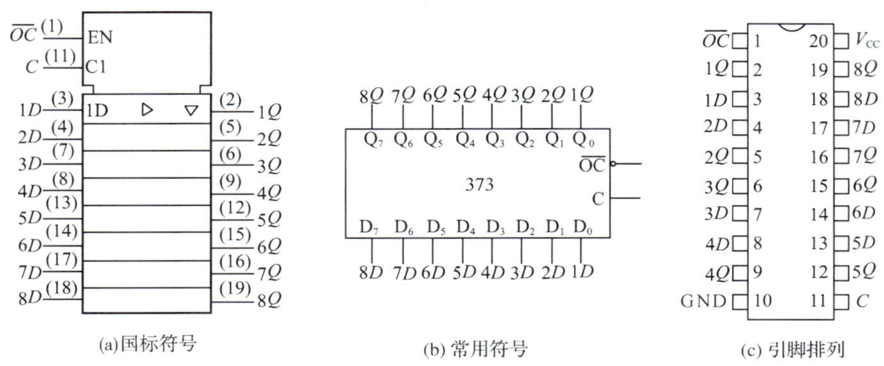

(a)国标符号　　(b) 常用符号　　(c) 引脚排列

图 5-35　373 的逻辑符号和引脚排列

据，大大扩大了单片机的数据传送功能。

表 5-11　373 的功能表

输　入			输　出
$\overline{OC}$	C	D	Q
0	1	1	1
0	1	0	0
0	0	×	Q^n
1	×	×	Z

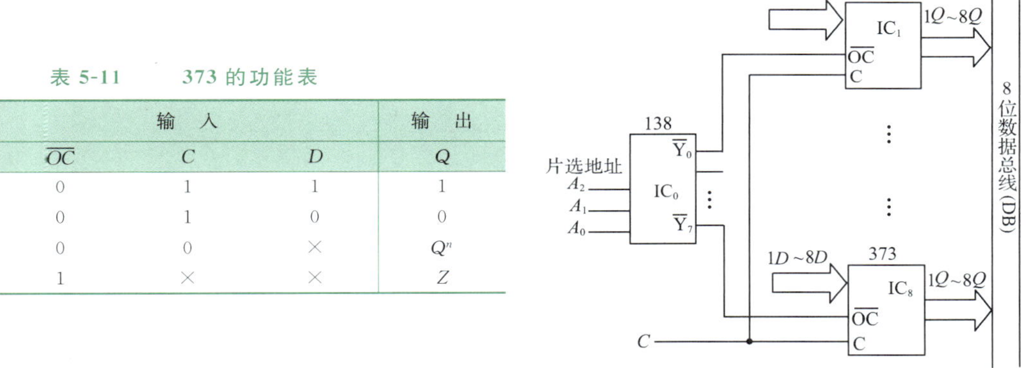

图 5-36　373 用于多路数据选通

2. 集成移位寄存器

集成移位寄存器主要包括单向移位寄存器和双向移位寄存器两种。

(1)8 位单向移位寄存器 164

164 的逻辑符号和引脚排列如图 5-37 所示。图 5-37(c)中，$\overline{R}_D$ 为清零端；A、B 为两个可控制的串行数据输入端；Q_H～Q_A 为 8 个输出端（Q_H 为最高位，Q_A 为最低位）。

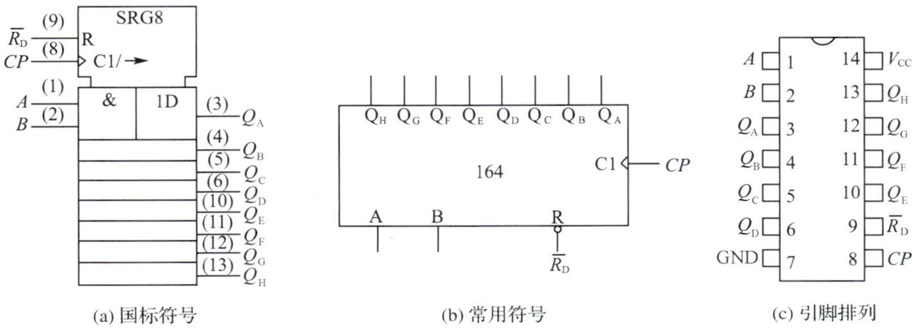

(a) 国标符号　　(b) 常用符号　　(c) 引脚排列

图 5-37　164 的逻辑符号和引脚排列

164 的功能表见表 5-12。由表可知，164 具有如下功能：当 A、B 任意一个为低电平时，则禁止另一串行数据输入，且在时钟 $CP\uparrow$ 作用下使 Q_A^{n+1} 为低电平，并依次左移；当 A 或 B 中有一个为高电平时，就允许另一串行数据输入，并在 $CP\uparrow$ 作用下决定 Q_A^{n+1} 的状态。

表 5-12　　164 的功能表

输入				输出			
$\overline{R}_D$	CP	A	B	Q_A	Q_B	…	Q_H
0	×	×	×	0	0		0
1	0	×	×	Q_A^n	Q_B^n		Q_H^n
1	↑	1	1	1	Q_A^n		Q_G^n
1	↑	0	×	0	Q_A^n		Q_G^n
1	↑	×	0	0	Q_A^n		Q_G^n

如图 5-38 所示是 164 的时序图。由时序图可见，164 为左移寄存器，并且为串入-并出。

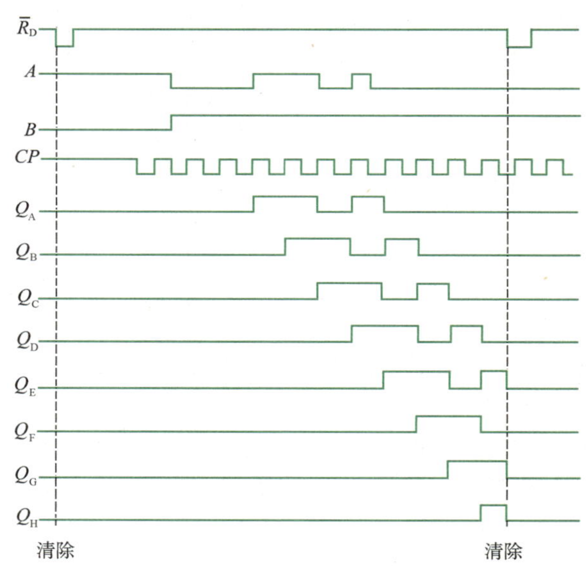

图 5-38　164 的时序图

(2)4 位双向移位寄存器 194

霓虹灯闪烁电路

194 具有双向移位、并行输入、保持数据和清除数据等功能，其逻辑符号和引脚排列如图 5-39 所示。图 5-39(c)中，$\overline{R}_D$ 为异步清零端，优先级别最高；S_1、S_0 为工作方式控制端；D_{SL}、D_{SR} 为左移、右移数据输入端；A、B、C、D 为并行数据输入端；$Q_A \sim Q_D$ 依次为由高位到低位的4 位输出端。

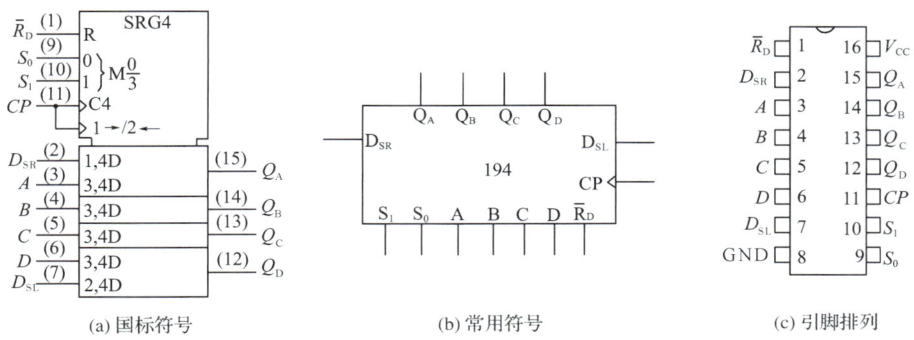

(a) 国标符号　(b) 常用符号　(c) 引脚排列

图 5-39　194 的逻辑符号和引脚排列

表 5-13 是 194 的功能表。

表 5-13　194 的功能表

输入										输出				功能
$\bar{R}_D$	S_1	S_0	CP	D_{SL}	D_{SR}	A	B	C	D	Q_A	Q_B	Q_C	Q_D	
0	×	×	×	×	×	×	×	×	×	0	0	0	0	清零
1	1	1	↑	×	×	a	b	c	d	a	b	c	d	并入
1	0	1	↑	×	d_0	×	×	×	×	d_0	Q_A^n	Q_B^n	Q_C^n	右移
1	1	0	↑	d_0	×	×	×	×	×	Q_B^n	Q_C^n	Q_D^n	d_0	左移
1	0	0	×	×	×	×	×	×	×	Q_A^n	Q_B^n	Q_C^n	Q_D^n	保持

由表 5-13 可知，194 具有如下功能：

①清零。当 $\bar{R}_D=0$ 时，不论其他输入如何，寄存器都清零。

②当 $\bar{R}_D=1$ 时，有四种工作方式：

- $S_1=S_0=1$（CP↑），并行输入功能。
- $S_1=0$，$S_0=1$（CP↑），右移功能。从 D_{SR} 端先串入数据给最高位 Q_A，然后按 $Q_A\rightarrow Q_B\rightarrow Q_C\rightarrow Q_D$ 依次右移。
- $S_1=1$，$S_0=0$（CP↑），左移功能。从 D_{SL} 端先串入数据给最低位 Q_D，然后按 $Q_D\rightarrow Q_C\rightarrow Q_B\rightarrow Q_A$ 依次左移。
- $S_1=S_0=0$，保持功能。$Q_A\sim Q_D$ 保持不变，且与 CP、D_{SR}、D_{SL} 信号无关。

如图 5-40 所示为 194 的时序图。从时序图中可清楚地看到 194 的工作过程。

一片 194 只能寄存 4 位数据，如果超过了 4 位数，这就需要用两片或多片 194 级联成多位寄存器。

3. 移位寄存器的应用

(1)实现数据的运算与处理及传输方式的转换

移位寄存器是计算机及各种数字系统的一个重要部件，其应用范围很广泛。例如，在计算机的串行运算器中，需用移位寄存器把二进制数逐位依次送入给全加器进行运算，运算结果再逐位依次存入移位寄存器中；在单片机中，将多位数据左移 n 位，就相当于乘 2^n 运算。又如在有些数字装置中，要将并行传送的数据转换成串行传送或反之，也需要用移

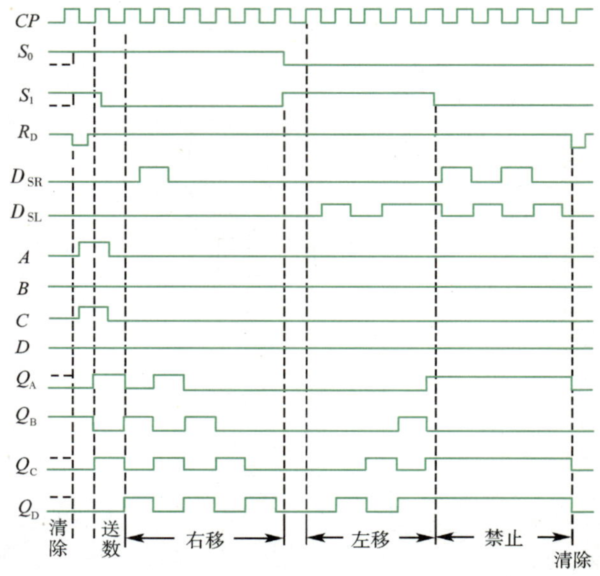

图 5-40 194 的时序图

位寄存器来完成。此外，利用移位寄存器还可以构成具有特殊功能的计算器等。

(2)顺序脉冲发生器

在计算机和控制系统中，常要求系统的某些操作按时间顺序分时工作，因此需要产生节拍控制脉冲，以协调各部分的工作。这种能产生节拍脉冲的电路称为节拍脉冲发生器，又称为顺序脉冲发生器(脉冲分配器)。

如图 5-41(a)所示是一个移位寄存器型顺序脉冲发生器电路。它是将如图 5-32 所示移位寄存器的首尾相接($D_0=Q_3$)，形成一个反馈闭环而构成的。在时钟脉冲 CP 的作用下，电路的状态图如图 5-41(b)所示。如果取初始状态为 $Q_3Q_2Q_1Q_0=0001$，则电路将按 0001→0010→0100→1000→0001 的次序循环(左移 4 次完成一个周期)，即在输出端产生了顺序(节拍)脉冲，时序图如图 5-42 所示。

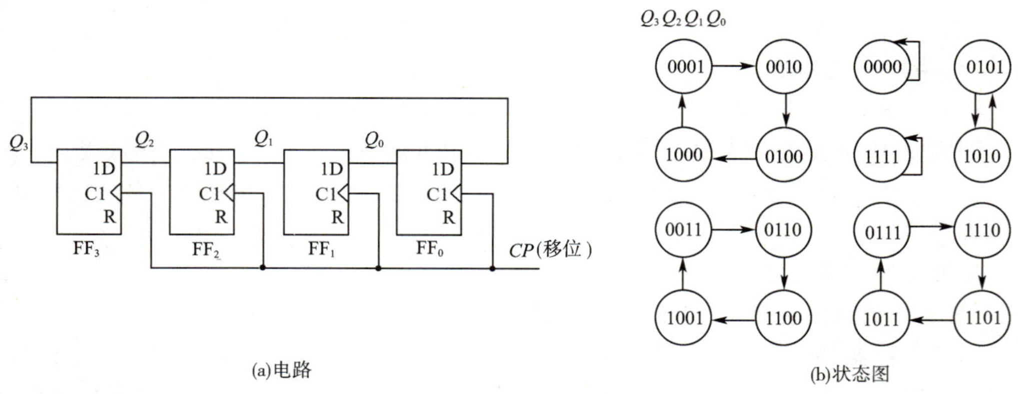

图 5-41 移位寄存器型顺序脉冲发生器的电路和状态图

上述电路若用一个周期的时钟脉冲个数表示计数周期，它又有计数的功能称为环形计数器。其中的 0001、0010、0100、1000 四种状态循环称为有效循环，其他几种循环称为无效循环。当由于某种原因进入无效循环时，这种计数器不能自启动，因此在正常工作前，应先通过串行输入或并行输入将电路置成某一有效状态。

(3)移位型计数器

另外，在数字电路中，移位寄存器除了大量应用于数码的寄存和执行移位操作外，还可以用来构成多种移位型计数器。所谓移位型计数器，就是以移位寄存器为主体构成的同步计数器，它的状态转换关系除第一级外必须具有移位功能，而第一级可根据需要移进 0 或 1，其一般结构如图 5-43 所示。

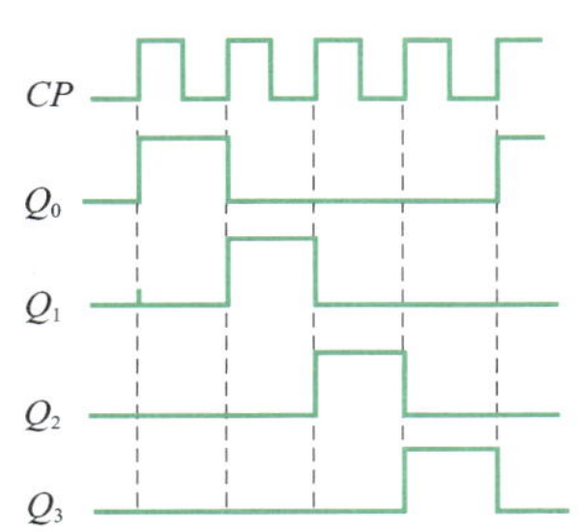

图 5-42　移位寄存器型顺序脉冲发生器的时序图

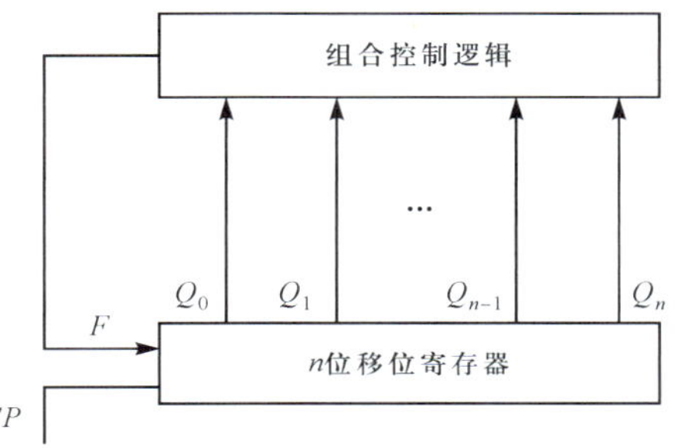

图 5-43　移位型计数器的一般结构

移位型计数器中有两种常用计数器，即环形计数器和扭环形计数器。

①环形计数器　环形计数器的特点：进位模数与移位寄存器触发器数相等；结构上其反馈函数 $F(Q_1\ Q_2\cdots Q_n)=Q_n$。如图 5-44 所示为用 74LS194 构成的 4 位环形计数器，其状态图如图 5-41(b)所示。

由于选定环形计数器每个状态只有一个 1 或选定每个状态只有一个 0，故无须译码即可直接用于顺序脉冲发生器。但环形计数器状态利用率低，16 个状态仅利用了 4 个状态。

②扭环形计数器(约翰逊计数器)　扭环形计数器的特点：进位模数为移位寄存器触发器级数 n 的 2 倍，即 $2n$；结构上其反馈函数 $F(Q_1\ Q_2\cdots Q_n)=\overline{Q}$。如图 5-45 所示为用 74LS194 构成的 4 位扭环形计数器，其状态图如图 5-46 所示。由于存在一个无效循环，故无自启动能力。

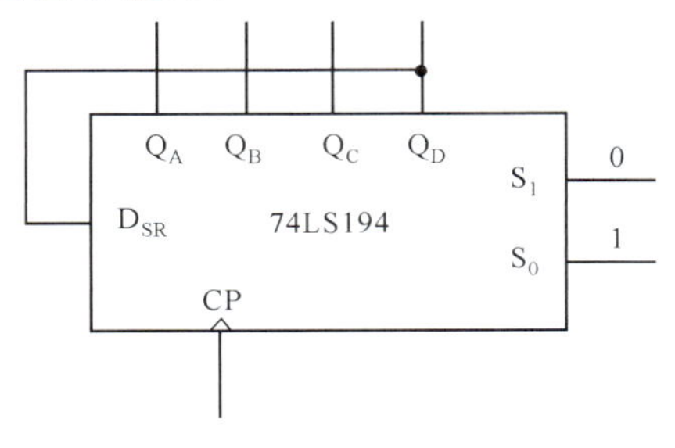

图 5-44　4 位环形计数器

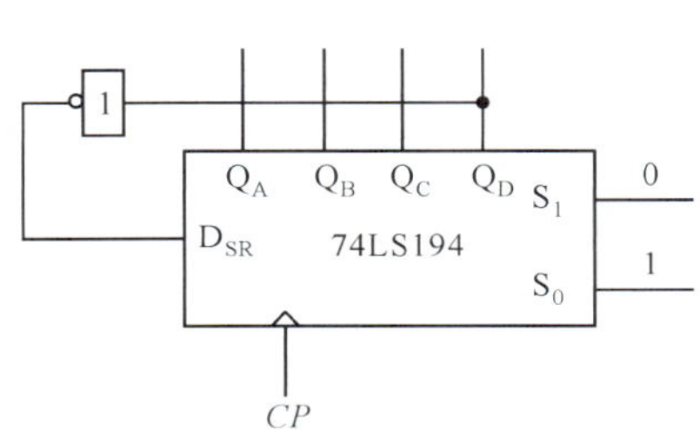

图 5-45　4 位扭环形计数器

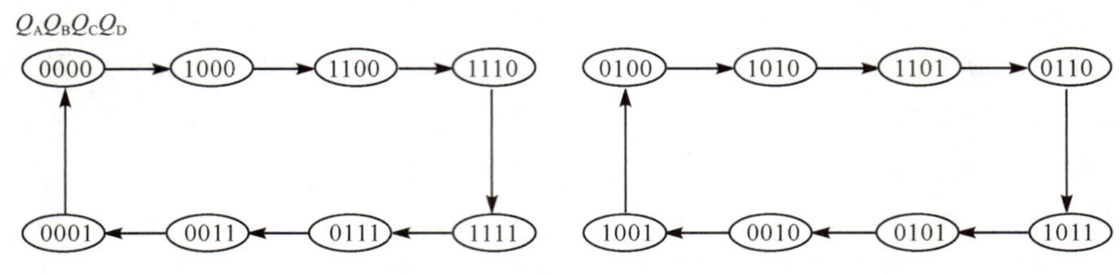

图 5-46　4 位扭环形计数器的状态图

巩固练习

5-1　二进制加法计数器从 0 计到下列数，需要多少个触发器？

(1)3　　(2)5　　(3)7　　(4)14　　(5)60　　(6)127

5-2　用 74LS74 触发器芯片分别构成一个 3 位二进制异步加法和减法计数器，画出逻辑图及线路图，并与下降沿 JK 触发器进行比较，总结异步二进制计数器的级间连接规律。

5-3　用左移寄存器 74HC164 实现一个发光二极管循环点亮/熄灭控制电路，提供参考电路如图 5-47 所示。

自行分析该电路工作过程，选择有关器件设计出此电路，并观察记录有关现象。

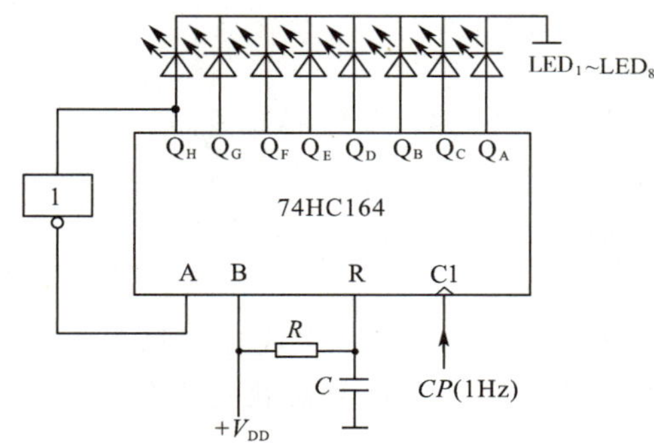

图 5-47　题 5-3 图

5-4　分析如图 5-48(a)所示时序电路的逻辑功能。要求根据图 5-48(b)所示输入信号波形图，对应画出输出端 Q_1、Q_0 的波形图。

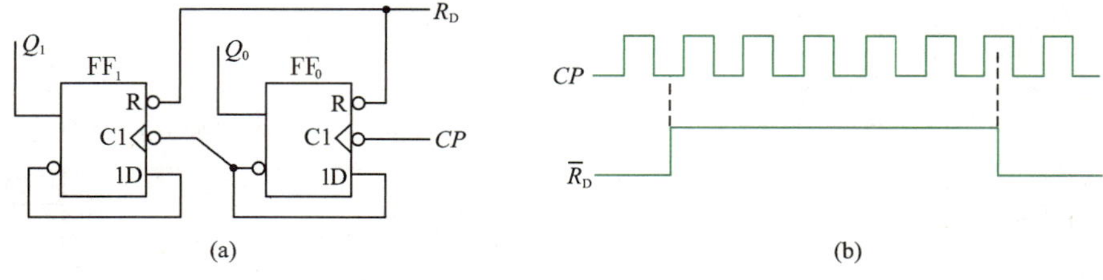

图 5-48　题 5-4 图

5-5　如图 5-49 所示电路，设初态为 $Q_1Q_0=00$。分析 FF_0、FF_1 构成了几进制计数器(画出状态图)。

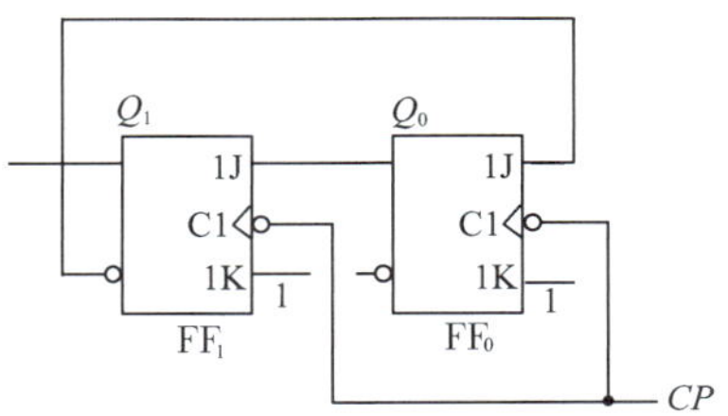

图 5-49　题 5-5 图

5-6　由 74LS290 构成的计数器如图 5-50 所示，分析它们各为几进制计数器。

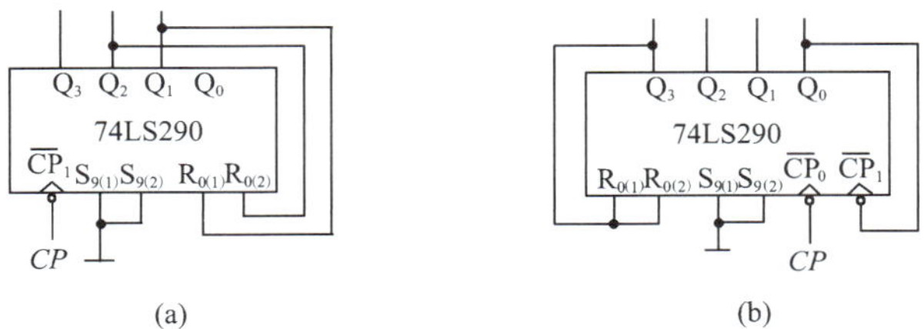

图 5-50　题 5-6 图

5-7　用两片 74LS290 构成的电路如图 5-51 所示，分析它为几进制计数器。

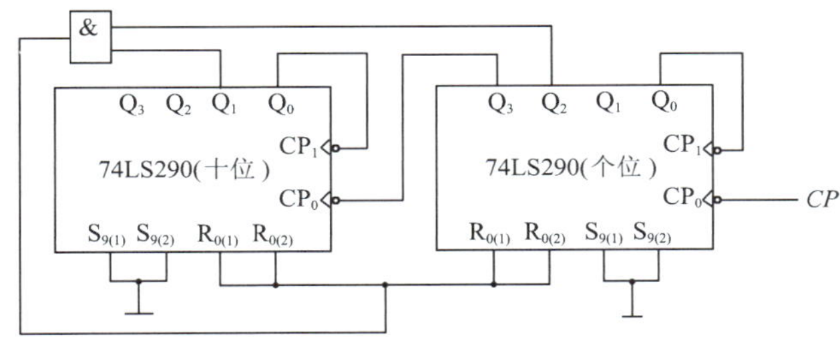

图 5-51　题 5-7 图

5-8　如图 5-52 所示是用 74LS161 构成的 N 进制计数器，分析它为几进制计数器。

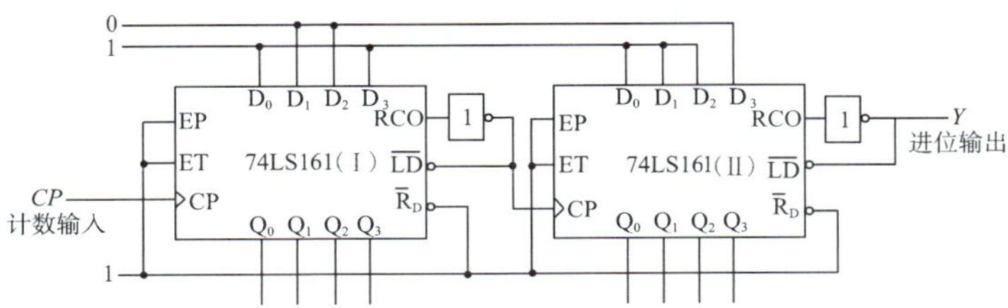

图 5-52　题 5-8 图

5-9　如图 5-53 所示是用 160 构成的 N 进制计数器，分析它为几进制计数器。

5-10　某药品灌装机械，灌装药片分别有 50 片一瓶和 80 片一瓶两种情况。用 74HC290 为该机设计一个既适用于计 50 片的，也适用于计 80 片的药片计数器。

5-11　用两片 160 或 161 设计一个数字电子钟六十进制计数器电路，并进行译码显示。要求：

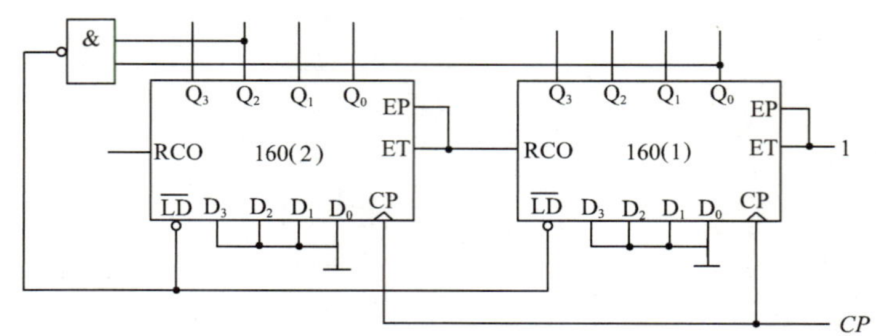

图 5-53 题 5-9 图

(1)设计并画出逻辑图，自行接线，自拟具体测试步骤，观察显示结果。

(2)在坐标纸上画出波形图。

(3)有多种设计方案，你能设计出几种？你选择了哪一种？

5-12 用 4 位双向移位寄存器 194 构成如图 5-54 所示的电路，先并行输入数据，使 $Q_AQ_BQ_CQ_D=1000$。分别画出它们的状态图，并说明它们各是什么功能的电路。

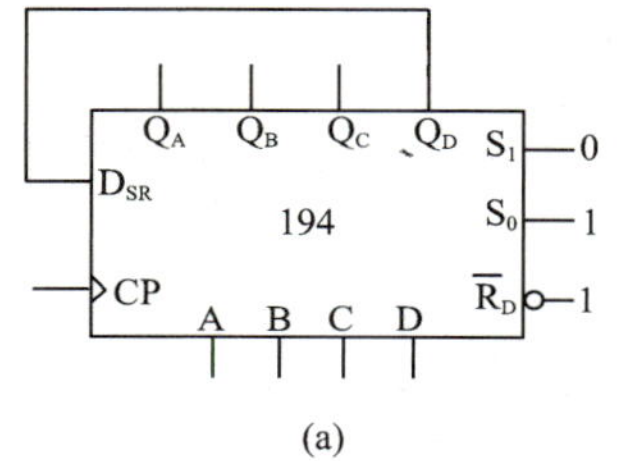

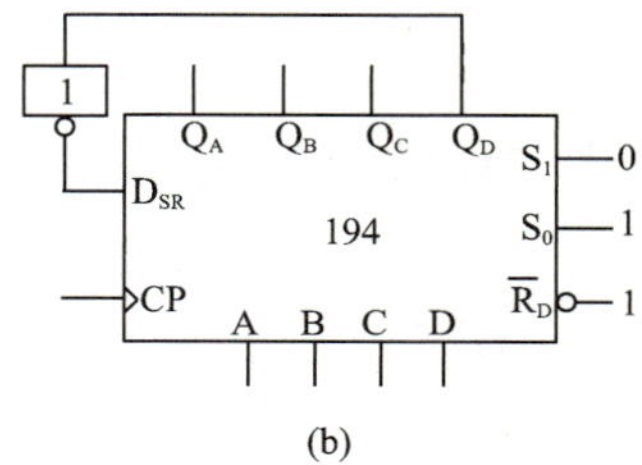

图 5-54 题 5-12 图

5-13 分析如图 5-55 所示电路，写出方程，列出状态转换表，判断是几进制计数器，有无自启动能力。

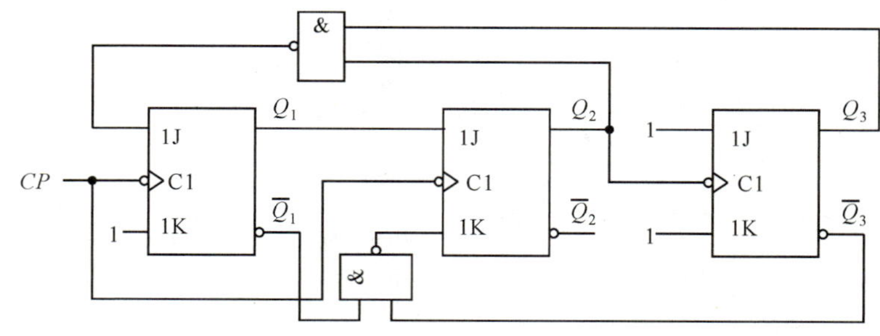

图 5-55 题 5-13 图

5-14 用 74LS290 分别组成 8421 码的三进制和七进制计数器。

5-15 采用反馈清零法，用 74LS161 组成五进制计数器。

5-16 采用进位输出置最小数法，用 161 组成七进制计数器。

5-17 采用预置数法，用 161 组成起始状态为 0100 的十一进制计数器。

拓展小课堂5

5-18 用 74LS194 构成 4 位扭环形计数器。

5-19 用 JK 触发器设计 8421 码同步九进制递增计数器。

项目 6

声、光控制节能开关电路的设计与制作

项目导引

在数字系统中，常常需要获得各种不同频率、不同幅度的矩形脉冲信号，如时序逻辑电路中的同步脉冲控制信号 CP。而获得矩形脉冲信号的方法有两种：一种是利用多谐振荡器直接产生矩形脉冲信号；另一种是通过整形电路对已有信号的波形进行整形、变换，得到符合要求的矩形脉冲信号。555 定时器电路只要在外部配接少量的元件就可形成很多实用的电路，因而广泛用于信号的产生、变换、控制和检测。

知识目标

- 了解产生、变换脉冲信号的多种方法。
- 掌握 555 定时器的基本应用。

技能目标

- 掌握数字电子电路的分析和设计方法。
- 会用 555 定时器设计实用电路。
- 会设计和调试声、光控制节能开关电路。

素质目标

一代人有一代人的使命。建设生态文明，功在当代，利在千秋。让我们从自己、从现在做起，把接力棒一棒一棒传下去。学习工程创新案例，培养技术革新和环保节能意识。

项目要求

(1)利用 555 定时器设计一个声、光控制节能开关电路。

(2)具体要求如下：

①当有光照射时，开关处于断开状态，灯熄灭。

②当光线微弱时，开关电路受声音信号控制。夜间只要有脚步声，灯自动亮，延时 1 min 左右后自动熄灭。

③选择元器件，对电路进行组装调试。

项目分析与参考电路

1. 项目分析

如图 6-1 所示是声、光控制节能开关电路设计框图。整个电路由光信号输入电路、声音信号输入电路、桥式整流电路、降压滤波电路、控制电路、延时电路等主要单元电路组成。

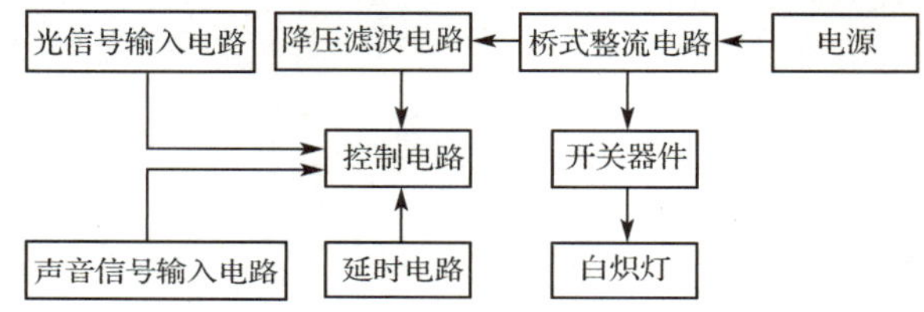

图 6-1　声、光控制节能开关电路设计框图

2. 参考电路

以 NE555 为控制电路的声、光控制节能开关电路如图 6-2 所示，它是以时基芯片 NE555 为核心器件的单稳态电路。

电路的组成如下：

(1)光信号输入电路由电位器 R_{P2} 和光敏二极管 VD_1(2CU2 型：$P_{DM}=30$ mW，反向电压 $U_R=30$ V，暗电流 $I_D=100$ nA，光电流 $I_L=15$ μA，峰值波长 $\lambda_P=0.88$ μm)组成。

(2)声音信号输入电路由话筒 BM，电阻 R_1、R_2，三极管 VT，电容 C_1、C_2 组成。声音信号经话筒 BM 转换为电信号，经 C_1 耦合到 VT 放大，然后由 VT 集电极输出送到 IC 的引脚 2。

(3) 220 V 交流电经二极管 VD_3 和 VD_4 整流、电容 C_5 滤波、稳压管 VD_2 稳压成为直流电，作为电路的直流电源。

(4)延时电路由电阻 R_5 和电容 C_6 组成，延时时间 $\Delta t \approx 1.1R_5C_6$。

(5)控制电路由 NE555 定时器 IC、电阻 R_4、双向可控硅 VS 组成，其作用是控制电路的通、断。

(6)负载为白炽灯 H，最大可接 100 W。

电路的工作过程如下：

(1)当环境亮度大时，光敏二极管 VD_1 受到亮光的影响，光电流较大，相当于阻值减小，R_{P2} 串联分压使 IC 的引脚 4 电位很低，IC 被强制复位。此时即使话筒 BM 接收到声音信号，IC 的输出端引脚 3 也是输出低电平，双向可控硅 VS 呈截止断开状态，白炽灯 H 熄灭。

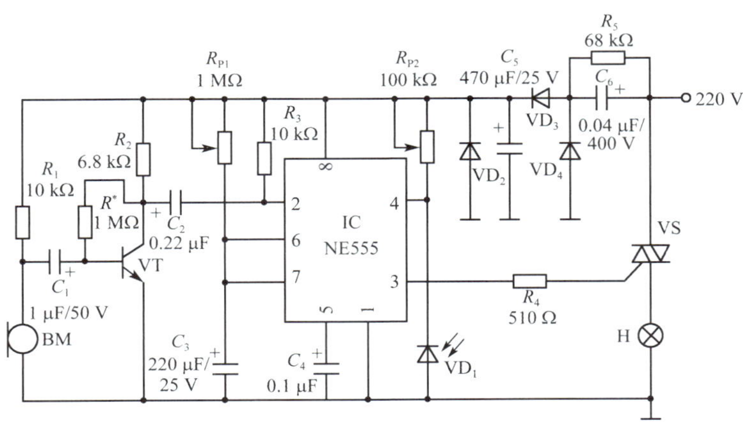

图 6-2　以 NE555 为控制电路的声、光控制节能开关电路

(2)当光线较暗或天黑时，由于光敏二极管 VD_1 不受光照影响，暗电流 I_D 很小，相当于阻值变大，IC 的引脚 4 电位升高进入工作状态。此时若有声响，话筒将声响转换成电信号，经 VT 放大后送到 IC 的引脚 2，使 IC 的输出端引脚 3 由低电平转为高电平，双向可控硅 VS 被触发导通，白炽灯 H 点亮。声响消失后，整个电路仍处于暂稳态过程，当电容 C_3 上的电压充至 IC 引脚 6 的阈值电压时，C_3 则通过 IC 的引脚 7 放电，接着电路又回到初始状态。IC 的暂稳态工作时间长短决定了白炽灯 H 点亮的延时长短，可由 $1.1R_{P1}C_3$ 来估算，调整电位器电阻值 R_{P1} 的大小可改变白炽灯 H 点亮的延时时间，图 6-2 中的参数延时时间最长可达 4.5 min。

项目实施

工作任务名称	声、光控制节能开关电路的设计与制作

仪器设备

1. 220 V 交流电源；2. 万用表；3. 直流电压表；4. 双踪示波器；5. 音频信号源。

元器件选择

序号	名　称	型号/规格	个数	序号	名　称	型号/规格	个数
1	555 定时器 IC	NE555	1	12	电阻 R_2	6.8 kΩ	1
2	话筒 BM		1	13	电阻 R^*	1 MΩ	1
3	光敏二极管 VD_1	2CU2	1	14	电阻 R_4	510 Ω	1
4	双向可控硅 VS	SC146D	1	15	电阻 R_5	68 kΩ	1
5	二极管 VD_3、VD_4	1N4007	2	16	电容 C_1	1 μF/50 V	1
6	稳压管 VD_2	2CW56 或 1N4737A	1	17	电容 C_2	0.22 μF	1
7	三极管 VT	9013	1	18	电容 C_3	220 μF/25 V	1
8	白炽灯 H	60 W	1	19	电容 C_4	0.1 μF	1
9	电位器 R_{P1}	1 MΩ	1	20	电容 C_5	470 μF/25 V	1
10	电位器 R_{P2}	100 kΩ	1	21	电容 C_6	0.04 μF/400 V	1
11	电阻 R_1、R_3	10 kΩ	2				

电路连接与调试 1. 检测。用万用表检测元器件，确保元器件是好的。 2. 安装。按图 6-2 所示连接电路。 3. 测试电路。在明亮环境下，击掌，看灯是否亮（正常应不亮）；在光线较暗环境下，击掌，看灯是否亮（正常应亮）。 4. 调试。只要符合要求，一般安装完毕即能工作。但如果出现接触不良或电路元器件性能及参数误差较大，电路就不能正常工作。 (1)对于接触不良故障，可用直流电压表先测量稳压管 VD_2 两端电压（正常 7.5 V 左右），检查整流滤波电路是否有问题，如此测量电路各部分电压，查出并解决问题。 (2)若由于元器件性能及参数误差，光控时间偏长早或偏短晚（可用示波器查看 IC 的引脚 3 波形），可调节电位器 R_{P1} 的阻值。 (3)若声控灵敏度偏低，可更换高放大倍数的三极管 VT 或减小电阻 R_1 的阻值。但灵敏度过高易受杂声干扰出现误触发、误动作现象，应以适度为宜。
出现问题与解决方法
结果分析
项目拓展 用集成单稳态触发器 74121 重新设计该电路，画出电路图。

项目考核

序　号	考核内容	分　值	得　分
1	元器件选择	15%	
2	电路连接	40%	
3	电路调试	25%	
4	结果分析	10%	
5	项目拓展	10%	
考核结果			

相关知识

6.1 认识多谐振荡器

多谐振荡器是一种矩形脉冲信号发生器。它接通电源后无须外加输入信号，便可自动产生一定频率与幅度的矩形脉冲。因为矩形波中含有丰富的高次谐波分量，所以称为多谐振荡器。多谐振荡器产生的矩形脉冲总是在高、低电平之间相互转换，它没有稳定状态（稳态），只有两个暂稳定状态（暂稳态），所以称为无稳态电路，常用作脉冲信号源。

6.1.1　由门电路组成的多谐振荡器

由门电路组成的多谐振荡器虽有多种电路形式，但它们无一例外地均具有如下共同特点。首先，电路中含有开关器件，如门电路、电压比较器、BJT(双极结型晶体管)等。这些器件主要用作产生高、低电平。其次，具有反馈网络，将输出电压恰当地反馈给开关器件使之改变输出状态。另外，还要有延迟环节，利用 RC 电路的充、放电特性可实现延时，以获得所需要的振荡频率。在许多实用电路中，反馈网络兼有延时的作用。一种由 CMOS 门电路组成的多谐振荡器如图 6-3 所示。

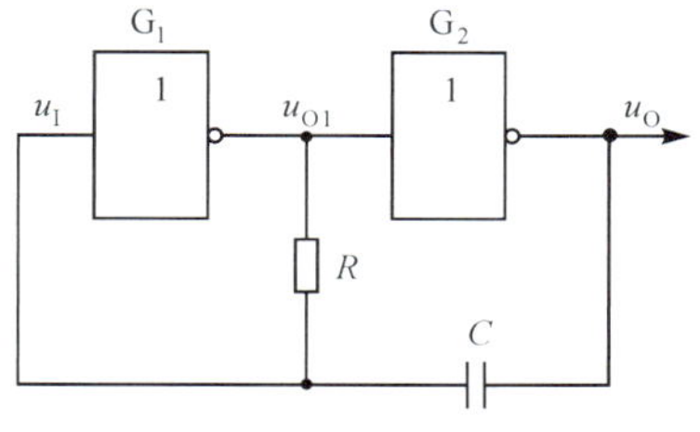

图 6-3　由 CMOS 门电路组成的多谐振荡器

电路的工作过程分析如下：

1. 第一暂稳态及其自动翻转过程

接通电源后，电容 C 尚未充电，假定电路处于 $u_{O1}=V_{OH}$，$u_O=V_{OL}$ 的状态，即所谓的第一暂稳态。此时，处于高电平 u_{O1} 经电阻 R 对电容 C 充电，随着充电时间的增加，u_I 将上升，当 u_I 上升到 CMOS 反相器的阈值电压 V_{TH} 时，电路产生如下正反馈过程：

$$u_I\uparrow \longrightarrow u_{O1}\downarrow \longrightarrow u_O\uparrow$$

结果迅速使 $u_{O1}=V_{OL}$，$u_O=V_{OH}$，电路进入第二暂稳态。

2. 第二暂稳态及其自动翻转过程

电路进入第二暂稳态的瞬间，由于电容 C 两端电压不能突变，u_I 也要上跳 V_{OH}，并维持 u_{O1} 低电平。随后，输出高电平 u_O 经 C、R 和 G_1 的输出电阻对电容 C 反向充电(电容放电)，u_I 将下降，当 u_I 下降到阈值电压 V_{TH} 时，电路又产生如下正反馈过程：

$$u_I\downarrow \longrightarrow u_{O1}\uparrow \longrightarrow u_O\downarrow$$

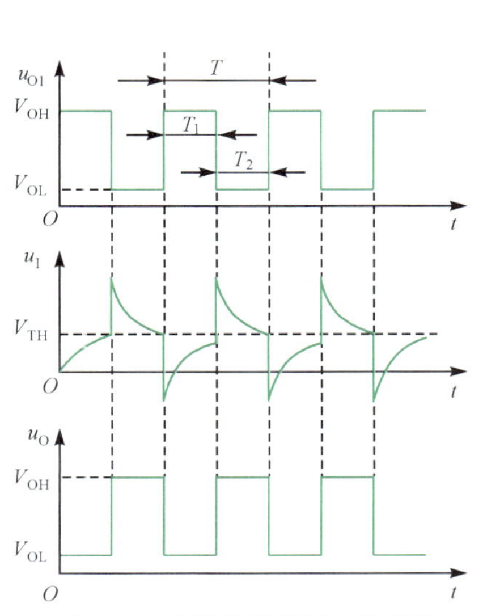

图 6-4　多谐振荡器的工作波形

结果迅速使 $u_{O1}=V_{OH}$，$u_O=V_{OL}$，电路又回到第一暂稳态。如此反复循环，使电路产生振荡，输出周期性的矩形脉冲。其工作波形如图 6-4 所示。

由上述分析不难看出，多谐振荡器的两个暂稳态的转换过程是通过电容 C 充、放电作用来实现的，电容的充、放电作用又集中体现在图中 u_I 的变化上。因此，在分析中要着重注意 u_I 的波形。

电路的振荡周期 T 由充电时间 T_1 和放电时间 T_2 组成，可估算为

$$T=T_1+T_2\approx 1.4\ RC$$

可以看出，带有 RC 延迟电路的多谐振荡器的频率取决于 R、C 的值。改变 R、C 的取值，可调节振荡频率。通常用电容 C 粗调振荡频率，用电阻器作定时电阻 R 来细调振荡频率。

6.1.2 石英晶体多谐振荡器

在数字系统中，常用矩形脉冲信号来控制和协调整个系统的工作。在许多场合下对矩形脉冲信号的振荡频率的稳定性有严格的要求。例如，数字钟的秒脉冲信号，它的频率稳定性直接影响着计时的准确性。在这种情况下，前面介绍的多谐振荡器不能满足要求。这是因为这些多谐振荡器的频率取决于电路中的 R、C、门电路和电源，而半导体器件对温度的敏感、电源电压的波动和 R、C 参数误差使它们的振荡频率不稳定，因此需要采用频率稳定性很高的多谐振荡器。

为得到频率稳定性很高的脉冲波形，多采用由石英晶体组成的石英晶体多谐振荡器。如图 6-5 所示为石英晶体多谐振荡器的电路。

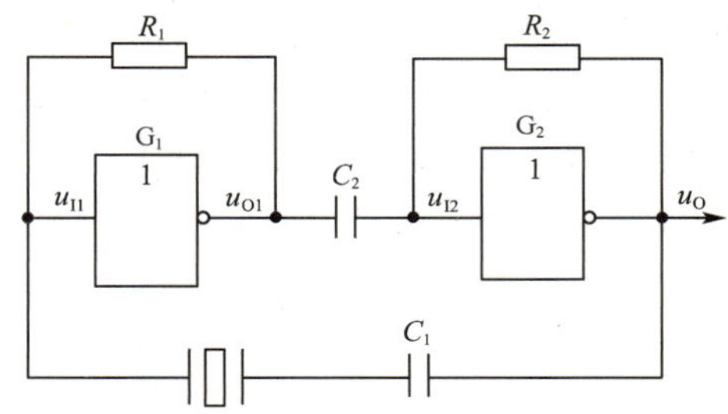

图 6-5 石英晶体多谐振荡器的电路

石英晶体的选频特性很好。当外加电压信号的频率为石英晶体的固有频率 f_S 时，它的阻抗很小，频率为 f_S 的信号易通过，并在电路中形成正反馈，而其他频率的信号均会被晶体所衰减。因此，振荡电路的输出信号频率必然是 f_S。而石英晶体的固有频率 f_S 是由它本身的结晶方式和几何尺寸决定的，因此石英晶体具有极高的频率稳定性。

如图 6-5 所示电路中，并联在两个反相器输入、输出间的电阻 R_1、R_2 的作用是使反相器工作在线性放大区。对于 TTL 门电路其阻值通常为 0.7～2.0 kΩ；对于 CMOS 门电路则常为 10～100 MΩ。C_1、C_2 为耦合电容，C_1、C_2 容量的选择应使其在振荡电路频率为 f_S 时的容抗可以忽略不计。

如图 6-5 所示电路的振荡频率仅取决于石英晶体的串联谐振频率 f_S，而与电路中的值无关。这是因为电路对频率 f_S 所形成的正反馈最强而易于维持振荡。

6.2 认识单稳态触发器

单稳态触发器是一种对已有波形进行变换、整形的电路。它与之前介绍的触发器不同，具有下述特点：

(1)电路有一个稳态和一个暂稳态。在无外加触发信号时，电路处于稳态。

(2)在外加触发信号的作用下，电路从稳态进入暂稳态。

(3)经过一段时间后，电路又自动返回稳态。暂稳态维持时间的长短取决于电路本身的参数，与触发信号无关。

单稳态触发器在触发信号的作用下能产生一定宽度的矩形脉冲，它广泛用于数字系统中的整形、延时和定时。

6.2.1　由门电路组成的微分型单稳态触发器

如图 6-6 所示为微分型单稳态触发器电路。该电路是由 CMOS 门电路和 RC 微分电路组成的。G_2 的输出和 G_1 的输入直接耦合，而 G_1 的输出和 G_2 的输入采用 RC 微分电路耦合。其中 R 的数值要小于 G_2 的关门电阻 R_{OFF}。

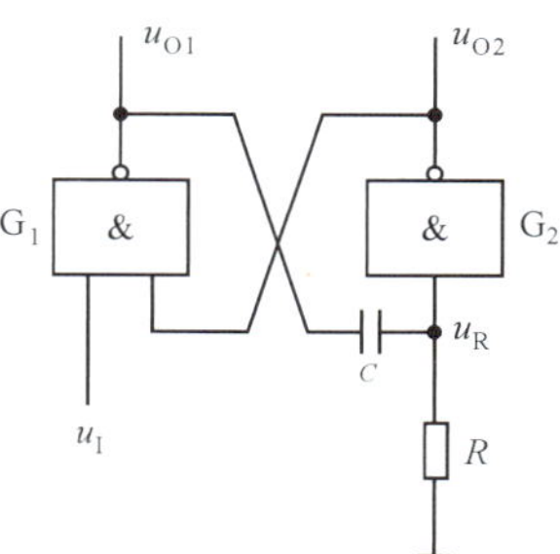

图 6-6　微分型单稳态触发器电路

对于 CMOS 门电路可以近似认为 $V_{OH} \approx V_{DD}$，$V_{OL} \approx 0$，$V_{TH} \approx 1/2V_{DD}$。电路的工作过程可分四个阶段，分析如下：

1. 稳态

在无触发信号，$u_I = V_{DD}$ 时，由于 $R < R_{OFF}$，因此 G_2 的输入 u_R 为低电平，则输出 u_{O2} 为高电平。G_1 输入全为高电平，输出 u_{O1} 为低电平。此时电容 C 上的电压为零，电路处于稳态，即如图 6-6 所示电路在稳态时，$u_I = V_{DD}$，$u_{O1} = V_{OL}$，$u_{O2} = V_{OH}$。

2. 触发翻转至暂稳态

当在 u_I 端加负触发脉冲信号时，G_1 的输出 u_{O1} 跳变为高电平 V_{OH}。由于电容 C 上的电压不能突变，G_2 的输入 u_R 也随之产生正跳变，G_2 的输出 u_{O2} 跳变为低电平 V_{OL}，并反馈到 G_1 的输入端。这时即使 u_I 回到高电平，u_{O2} 仍维持低电平，电路进入暂稳态。暂稳态时，$u_{O1} = V_{OH}$，$u_{O2} = V_{OL}$。

3. 自动翻转回稳态

进入暂稳态后，u_{O1} 输出的高电平 V_{OH} 经 R 对电容 C 充电，使电容 C 上的电压上升，u_R 逐渐下降，当 u_R 下降到 G_2 的阈值电压时，G_2 的输出 u_{O2} 为高电平 V_{OH}，并反馈到 G_1 的输入端，使 u_{O1} 为低电平 V_{OL}，电路回到稳态。

4. 恢复过程

暂稳态结束后，u_{O1} 回到低电平，电容 C 经 G_1 的输出电阻放电，使电容两端的电压恢复到稳态值，为下一次触发翻转做准备。

微分型单稳态触发器的工作波形如图 6-7 所示。

由以上分析可知单稳态触发器输出脉冲宽度取决于暂稳态的维持时间，可近似估算如下：

$$t_W \approx 0.7\ RC$$

在使用微分型单稳态触发器时，触发脉冲信号的脉冲宽度 t_{W1} 应小于输出脉冲宽度 t_W，即 $t_{W1} < t_W$。并且触发信号的周期要大于暂稳态加恢复过程的时间，否则电路不能正常工作。

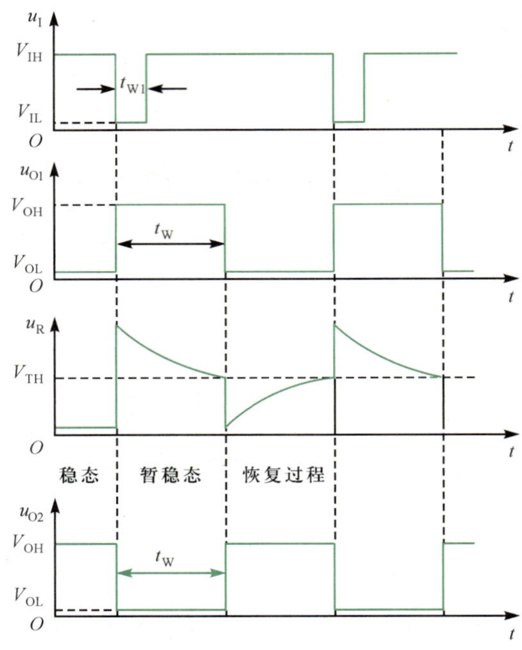

图 6-7 微分型单稳态触发器的工作波形

6.2.2 集成单稳态触发器

单稳态触发器应用十分普遍。为了方便使用将此电路制成了单片集成电路，并在其内部附加了温补措施、上升沿和下降沿触发的控制及置零等功能。因此集成单稳态触发器具有温度稳定性好、触发方式灵活的特点。使用集成单稳态触发器时，只需外接很少的元件和连线，十分方便。

集成单稳态触发器根据触发状态不同，可分为两种：一种是不可重复触发型单稳态触发器，另一种是可重复触发型单稳态触发器。其逻辑符号如图 6-8 所示。

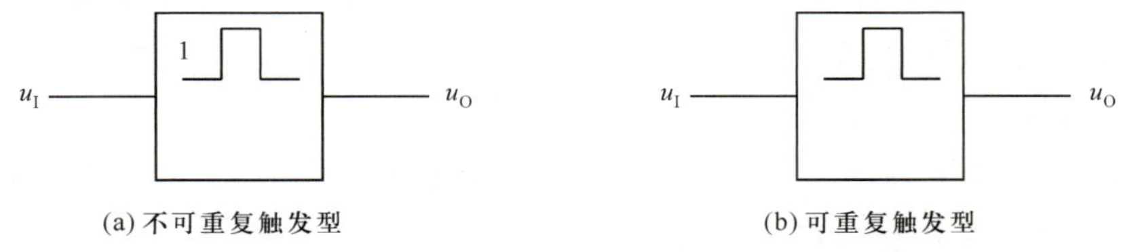

图 6-8 单稳态触发器的逻辑符号

图 6-8(a)中，方框中的"1⊓"表示该电路在暂稳态期间只能被触发一次，暂稳态的时间不变。也就是说触发一旦进入暂稳态，如再次加入触发脉冲不会影响电路的工作状态，必须在暂稳态结束后才能接收下一个触发脉冲。图 6-8(b)中，方框中的"1⊓"表示该电路可重复触发多次，暂稳态时间可以改变。即在触发进入暂稳态期间，如再次加入触发脉冲，电路将被重复触发，输出脉冲宽度可在前一个暂稳态时间的基础上再展宽 t_W。两种单稳态触发器的工作波形如图 6-9 所示。

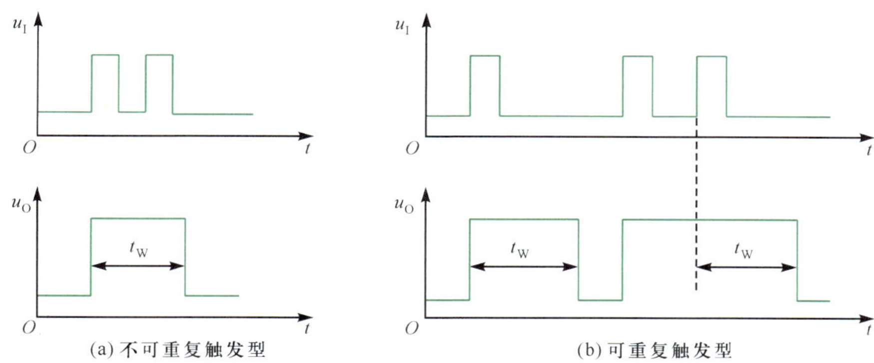

图 6-9　两种单稳态触发器的工作波形

常见的集成单稳态触发器 TTL 型有：74121、74221、74LS221 为不可重复触发型单稳态触发器；74122、74LS122、74123、74LS123 为可重复触发型单稳态触发器。

如图 6-10 所示为不可重复触发型单稳态触发器 74121 的逻辑符号和引脚排列。74121 的功能表见表 6-1。

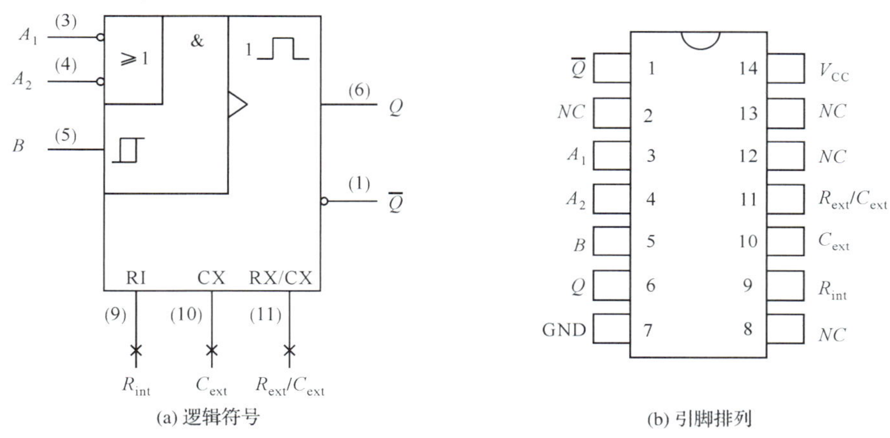

图 6-10　74121 的逻辑符号和引脚排列

表 6-1　　74121 的功能表

输入			输出	
A_1	A_2	B	Q	$\overline{Q}$
0	×	1	0	1
×	0	1	0	1
×	×	0	0	1
1	1	×	0	1
0	×	↑	⎍	⎍ (负脉冲)
×	0	↑	⎍	⎍ (负脉冲)
1	↓	1	⎍	⎍ (负脉冲)
↓	1	1	⎍	⎍ (负脉冲)
↓	↓	1	⎍	⎍ (负脉冲)

根据 74121 的功能表，对其功能说明如下：

(1)74121 具有边沿触发的特性，电路由稳态翻转到暂稳态是在触发脉冲的边沿处发生的。

(2)A_1、A_2、B 均可作为触发脉冲的输入端，其中 A_1、A_2 为下降沿触发，B 为上升沿触发。

(3)Q、$\overline{Q}$ 为两个互补输出端。

(4)R_{int}、C_{ext}、R_{ext}/C_{ext} 为外接定时元件端，定时元件不同的接入方式可获得不同脉冲宽度的输出波形。

(5)工作状态如下。

①稳态：单稳态触发器未接入触发信号(A_1、A_2 不为下降沿，B 不为上升沿)时，电路处于稳态，$Q=0$，$\overline{Q}=1$。见表 6-1 中前四行的情况。

②电路由稳态翻转到暂稳态：若 A_1、A_2 中至少有一个为低电平，B 发生由 0 到 1 的正跳变；若 A_1、A_2 中有一个或两个产生由 1 到 0 的负跳变，其余的触发脉冲输入端全为高电平。

(6)外接定时元件的两种方法。

74121 一经触发进入暂稳态，就不再受 A_1、A_2、B 跳变的影响，暂稳态的定时仅取决于外接定时电阻和电容的数值，因此，74121 是一个不可重复触发的单稳态触发器。

74121 的定时电容接在芯片引脚 10(C_{ext})和引脚 11(R_{ext}/C_{ext})之间，它的数值通常为 10 pF～10 μF。若电容有极性要求，电容的正极应接引脚 10。定时电阻可外接，也可采用芯片内部的定时电阻 R_{int}。若用 R_{int} 作为定时电阻，可将引脚 9 接至引脚 14(电源 V_{CC})，内部的定时电阻 $R_{int}=2$ kΩ，此方法仅用于输出脉冲宽度不太大时。若外接定时电阻，可接在引脚 11 与引脚 14 之间，其阻值为 2～30 kΩ。74121 的外部连接方法如图 6-11 所示，它的输出脉冲宽度可估算为

$$t_W \approx 0.7 R_{ext} C_{ext}$$

t_W 的范围为 20 ns～200 ms。

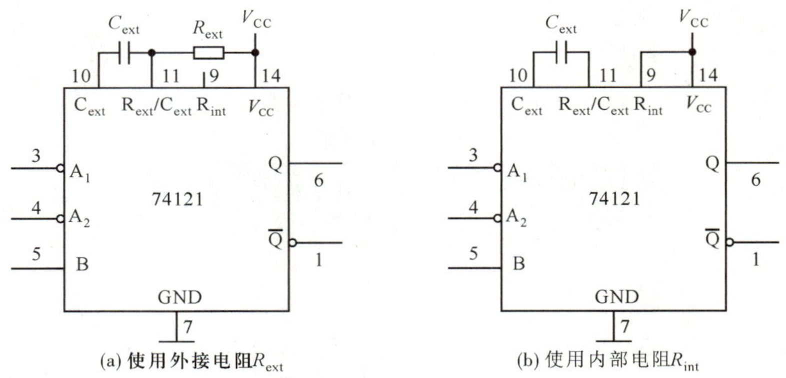

图 6-11　集成单稳态触发器 74121 的外部连接方法

6.2.3　单稳态触发器的应用

根据单稳态触发器的特点，可将它用于数字系统中的整形、定时和延时。

1. 整形

在数字信号的采集、传输过程中，经常会遇到不规则的脉冲信号。这时，便可利用单稳态触发器将其整形。具体方法是将不规则的脉冲信号作为触发信号加到单稳态触发器的输入端，合理选择定时元件，即可在输出端产生所需要的矩形脉冲信号，如图6-12所示。

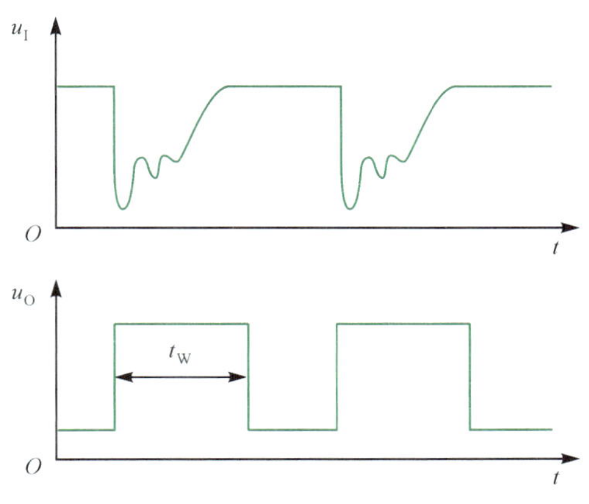

图6-12 用单稳态触发器实现波形的整形

2. 定时

由于单稳态触发器能根据需要产生一定宽度 t_W 的脉冲输出，利用它去控制某一电路，就可使其在 t_W 时间内动作或不动作。

如图6-13所示，利用单稳态输出的矩形波控制一个与门，则只有这个矩形波存在的 t_W 时间内，信号才有可能通过与门。

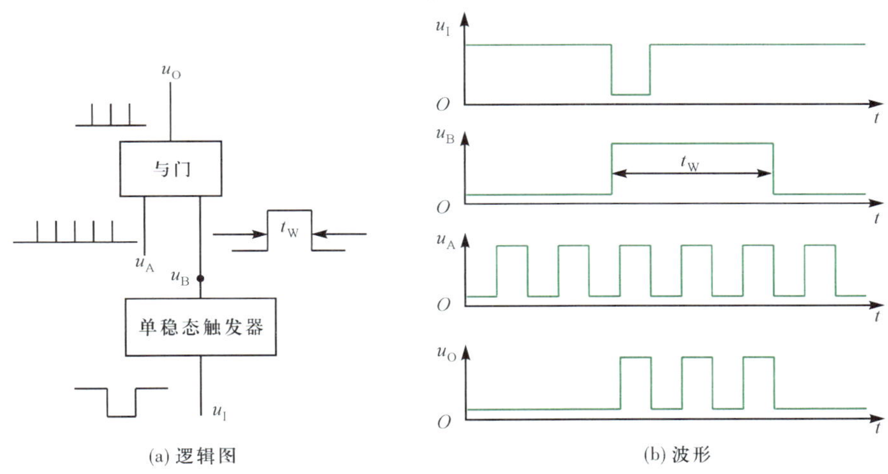

(a) 逻辑图 (b) 波形

图6-13 单稳态触发器作定时电路的应用

3. 延时

如图6-13所示，单稳态触发器输出矩形脉冲宽度为 t_W，显然 u_B 的下降沿比 u_I 的下降沿延迟了 t_W 时间。单稳态触发器的延时作用常被应用于时序控制。

6.3 认识施密特触发器

施密特触发器是另一种对已有波形进行变换整形，使其输出为矩形波的电路。它具有如下特点：

(1)施密特触发器有两个相对稳定的状态。

(2)施密特触发器属于电平触发，对于缓慢变化的信号仍然适用，当输入信号达到某一额定值时，输出电平则发生突变。

(3)输入信号增大和减小时，电路有不同的阈值电压，即具有滞后电压传输特性。

6.3.1 由门电路组成的施密特触发器

1. 电路组成及工作过程

由 CMOS 非门构成的施密特触发器如图 6-14 所示。它是将两级 CMOS 非门串接起来，并通过分压电阻 R_2 把输出端的电压反馈到输入端。

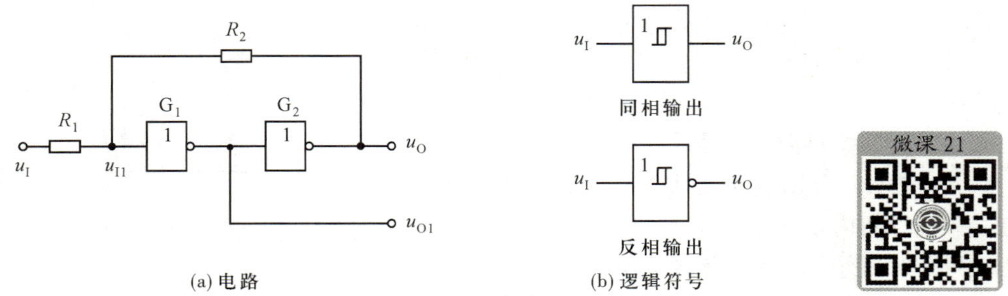

图 6-14　由 CMOS 非门构成的施密特触发器

基本施密特触发器

当信号从 u_O 端输出时，由于它与输入信号同相，因此称其为同相输出施密特触发器。当信号从 u_{O1} 端输出时，由于它与输入信号反相，因此称其为反相输出施密特触发器。假定非门 G_1、G_2 的阈值电压 $V_{TH} \approx 1/2V_{DD}$，$R_1 < R_2$，且输入信号 u_I 为三角波。下面分析电路的工作过程。

由图 6-14(a)所示电路不难看出，G_1 的输入电平 u_{I1} 决定着电路的状态，根据叠加原理有

$$u_{I1} = \frac{R_2}{R_1 + R_2} u_I + \frac{R_1}{R_1 + R_2} u_O$$

(1)当 $u_I = 0$ 时，G_1 截止，G_2 导通，则 $u_{O1} = V_{OH}$，$u_O = V_{OL} \approx 0$，电路处于第一个稳态。此时 $u_{I1} = 0$ V。

(2)当 u_I 从 0 逐渐上升到 G_1 的阈值电压 V_{TH} 时，G_1 进入了放大区，此时 u_{I1} 的增大使电路产生如下正反馈过程：

$$u_{I1} \uparrow \longrightarrow u_{O1} \downarrow \longrightarrow u_O \uparrow$$

正反馈的结果使输出 u_O 的状态由低电平跳变为高电平，即 $u_O = V_{OH} \approx V_{DD}$。电路处于第二个稳态。

u_I 在上升过程中电路状态发生转换瞬间所对应的输入电压 u_I 称为正向阈值电压或称为上限阈值电压，用 V_{T+} 表示。此时有

$$u_{I1} = V_{TH} = \frac{R_2}{R_1 + R_2} V_{T+} \quad (\text{在转换瞬间 } u_O = 0)$$

所以

$$V_{T+} = \left(1 + \frac{R_1}{R_2}\right) V_{TH}$$

(3)此后 u_I 继续升高，电路状态保持不变，仍有 $u_O = V_{OH} \approx V_{DD}$，而且

$$u_{I1} = \frac{R_2}{R_1 + R_2} u_I + \frac{R_1}{R_1 + R_2} V_{DD} > V_{TH}$$

(4)当 u_I 从高电平逐渐下降并达到阈值电压 V_{TH} 时，电路将发生又一个正反馈过程：

$$u_{I1}\downarrow \longrightarrow u_{O1}\uparrow \longrightarrow u_{O}\downarrow$$

正反馈的结果使电路的输出状态迅速由高电平跳变为低电平，即 $u_O = V_{OL} \approx 0$。电路返回到第一个稳态。

u_I 在下降过程中电路状态发生转换瞬间所对应的输入电压称为负向阈值电压（又称为下限阈值电压），用 V_{T-} 表示。此时有

$$u_{I1} = V_{TH} = \frac{R_2}{R_1+R_2}V_{T-} + \frac{R_1}{R_1+R_2}V_{DD} \quad （在转换瞬间\ u_O = V_{DD}）$$

所以

$$V_{T-} = \left(1+\frac{R_1}{R_2}\right)V_{TH} - \frac{R_1}{R_2}V_{DD} \qquad (*)$$

将 $V_{DD}=2V_{TH}$ 代入式（*）可得

$$V_{T-} = \left(1-\frac{R_1}{R_2}\right)V_{TH}$$

此后，u_I 继续下降，电路状态保持不变，仍有 $u_O = V_{OL} \approx 0$。

2. 回差电压及传输特性

施密特触发器从一个稳态转换到另一个稳态所需要的输入电压不同，因此它有两个不同的阈值电压。这一特性称为施密特触发器的滞后特性。并定义 V_{T+} 与 V_{T-} 之差为回差电压，用 ΔV_T 表示，即

$$\Delta V_T = V_{T+} - V_{T-} = 2\frac{R_1}{R_2}V_{TH} = \frac{R_1}{R_2}V_{DD}$$

改变 R_1、R_2 的比值可以调节 V_{T+}、V_{T-} 和 ΔV_T 的大小。但必须使 $R_1 < R_2$，否则电路将进入自锁状态，不能正常工作。

如图 6-15 所示为施密特触发器的工作波形和电压传输特性。

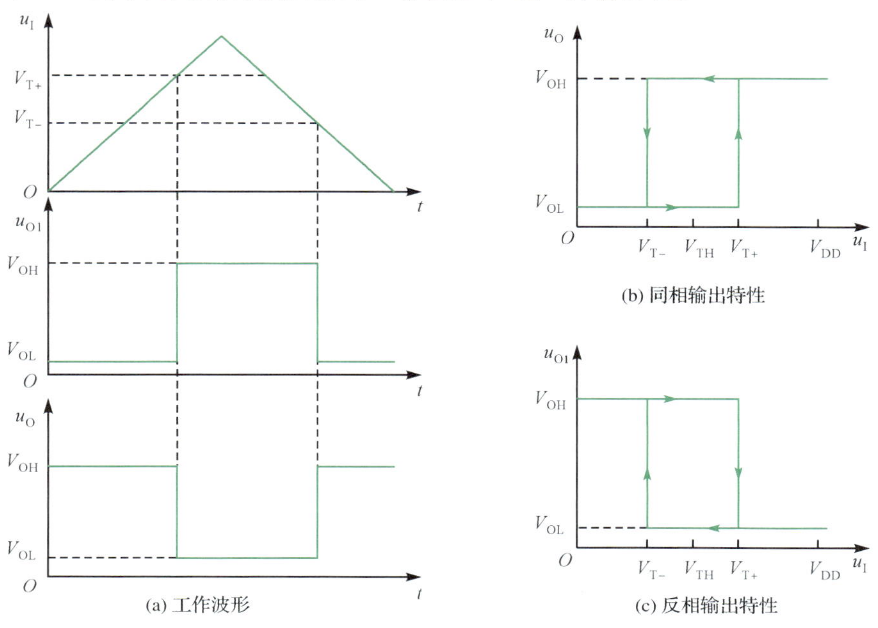

图 6-15　施密特触发器的工作波形和电压传输特性

6.3.2 集成施密特触发器

集成施密特触发器应用非常广泛，无论在 TTL 电路中，还是在 CMOS 电路中，都有集成施密特触发器。如 TTL 型有 74LS13、74LS14，CMOS 型有 CC40106 等。而且一些集成施密特触发器在其内部输入级附加了与的逻辑功能，输出级附加了反相的功能，称这种形式的电路为施密特触发器的与非门。

1. TTL 型集成施密特触发器

如图 6-16 所示为 TTL 型集成施密特触发器 74LS13 的逻辑符号、引脚排列和 74LS14 的引脚排列。

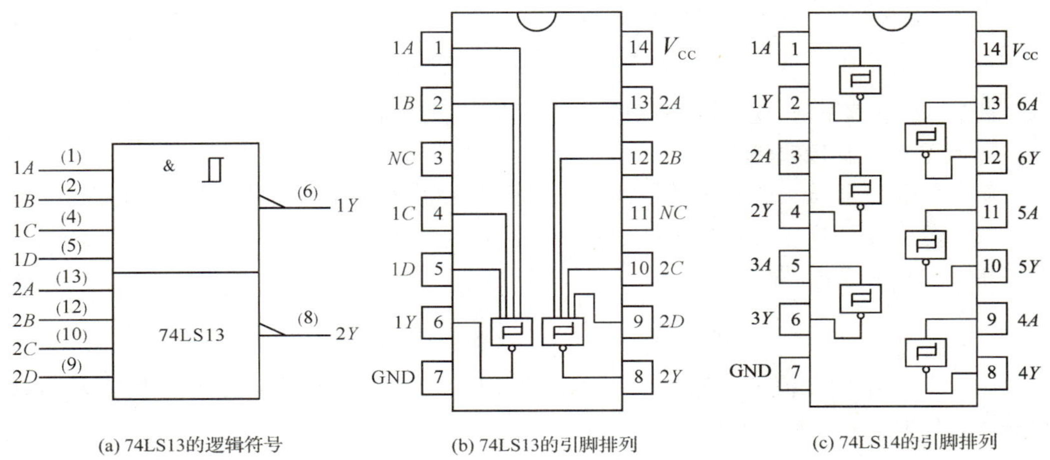

图 6-16 74LS13 的逻辑符号、引脚排列和 74LS14 的引脚排列

74LS13 的功能说明如下：

(1)它是一个四输入双施密特触发器的与非门。

(2)A、B、C、D 分别为触发信号输入端，Y 为输出端，且 $Y=\overline{ABCD}$。但施密特触发器的与非门不同于一般与非门，施密特触发器的与非门有两个阈值电压，而一般与非门只有一个阈值电压。

(3)两个阈值电压及回差电压 $V_{T+}\approx1.6$ V，$V_{T-}\approx0.8$ V，$\Delta V_T\approx0.8$ V，而且 V_{T+}、V_{T-} 都是固定不可调的。

(4)具有反相输出的电压传输特性。

常用 TTL 型集成施密特触发器主要参数的典型值见表 6-2。

表 6-2 TTL 型集成施密特触发器主要参数的典型值

器件型号	延迟时间/ns	每门功耗/mW	V_{T+}/V	V_{T-}/V	ΔV_T/V
74LS14	15	8.6	1.6	0.8	0.8
74LS132	15	8.8	1.6	0.8	0.8
74LS13	16.5	8.75	1.6	0.8	0.8

2. CMOS 型集成施密特触发器

如图 6-17 所示为 CMOS 型集成施密特触发器 CC40106(六反相器)的引脚排列，表 6-3 是其主要静态参数。

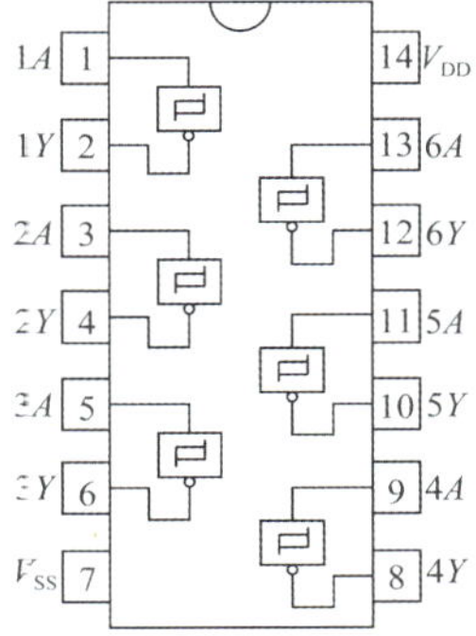

图 6-17　CC40106 的引脚排列

表 6-3　CC40106 的主要静态参数

电源电压 V_{DD}/V	V_{T+} 最小值/V	V_{T+} 最大值/V	V_{T-} 最小值/V	V_{T-} 最大值/V	ΔV_T 最小值/V	ΔV_T 最大值/V
5	2.2	3.6	0.9	2.8	0.3	1.6
10	4.6	7.1	2.5	5.2	1.2	3.4
15	6.8	10.8	4.0	7.4	1.6	5.0

6.3.3　施密特触发器的应用

施密特触发器应用非常广泛，在数字系统中可用于波形变换、脉冲整形、幅度鉴别及构成多谐振荡器等。

施密特触发器的应用

1. 波形变换

可以把边沿变化缓慢的周期性信号，如正弦波、三角波等变换为同频率的边沿很陡的矩形脉冲信号，如图 6-18 所示。

2. 脉冲整形

在数字系统中，矩形脉冲信号经过传输之后往往会发生失真现象或带有干扰信号。利用施密特触发器可以有效地将波形整形和去除干扰信号(要求回差 ΔV_T 大于干扰信号的幅度)，如图 6-19 所示。

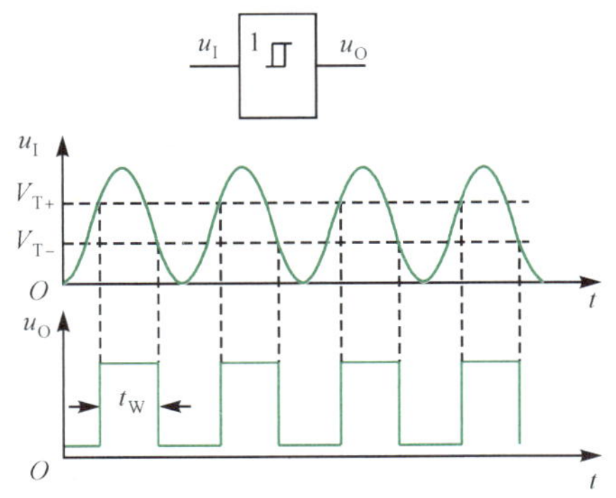

图 6-18　用施密特触发器实现波形变换

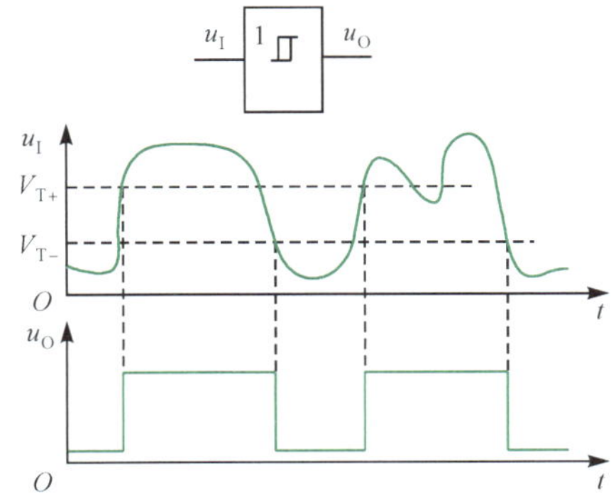

图 6-19　用施密特触发器实现脉冲整形

3. 幅度鉴别

如果有一串幅度不相等的脉冲信号，要剔除其中幅度不够大的脉冲，可利用施密特触发器构成脉冲幅度鉴别器，如图 6-20 所示，可以鉴别幅度大于 V_{T+} 的脉冲信号。

4. 构成多谐振荡器

施密特触发器的特点是电压传输具有滞后特性。如果能使它的输入电压在 V_{T+} 与

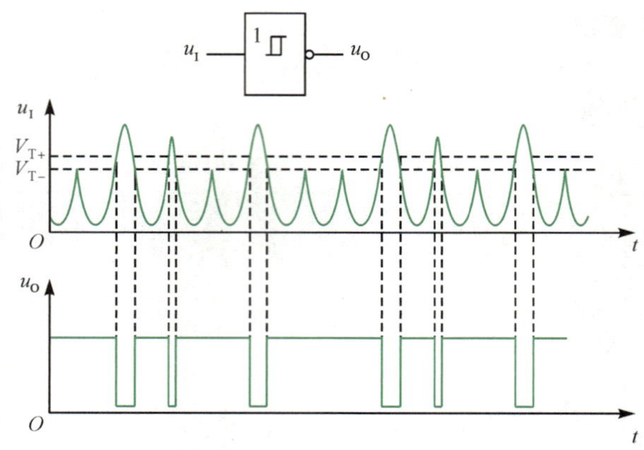

图 6-20　用施密特触发器实现幅度鉴别

V_{T-}之间不停地往复变化，在输出端即可得到矩形脉冲，因此，利用施密特触发器外接 RC 电路就可以构成多谐振荡器，如图 6-21 所示。

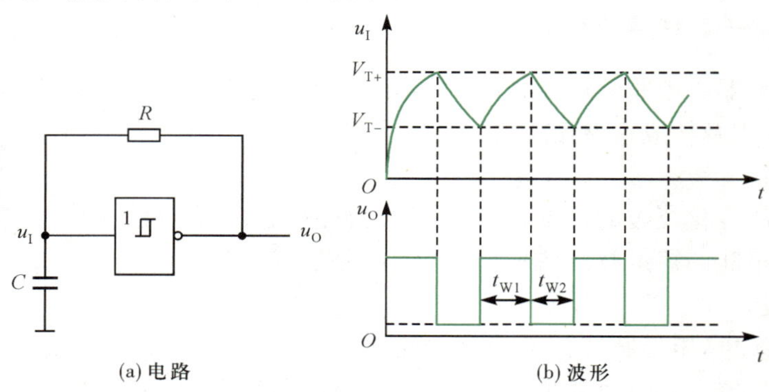

图 6-21　用施密特触发器构成多谐振荡器

此电路的工作原理是利用输出端的高、低电平对电容 C 进行充、放电，以改变 u_I 的电平，从而控制施密特触发器的状态转换。

电路的振荡周期 T 由充电时间 t_{W1} 和放电时间 t_{W2} 组成，可估算为

$$T=t_{W1}+t_{W2}=RC\ln\frac{V_{DD}-V_{T-}}{V_{DD}-V_{T+}}+RC\ln\frac{V_{T+}}{V_{T-}}\quad(\text{其中 } V_{DD}\text{为电源电压})$$

电路的占空比 D 为

$$D=\frac{t_{W1}}{t_{W1}+t_{W2}}$$

6.4　555 定时器的认识及应用

555 定时器是一种应用极为广泛的中规模集成电路。该电路结构简单，成本低，功能强，使用灵活方便，由它组成的各种应用电路变化无穷。

555 定时器及其应用

555 定时器可分为 TTL 和 CMOS 两种类型。TTL 型有 NE555

和 NE556(双)，电源电压 5～16 V，输出最大负载电流 200 mA；CMOS 型有 C7555 和 C7556(双)，电源电压 3～18 V，输出最大负载电流 4 mA。通常，TTL 型 555 定时器具有较大的驱动能力，而 CMOS 型 555 定时器具有低功耗、输入阻抗高等优点。

6.4.1　555 定时器的电路结构及功能

TTL 型 555 定时器的电路结构、逻辑符号和引脚排列如图 6-22 所示。它由三个分压电阻(5 kΩ)、两个电压比较器(C_1、C_2)、基本 RS 触发器(G_1、G_2)、反相缓冲器(G_3)及放电管(V)组成。整个芯片组有 8 个引脚，如图 6-22(c)所示。

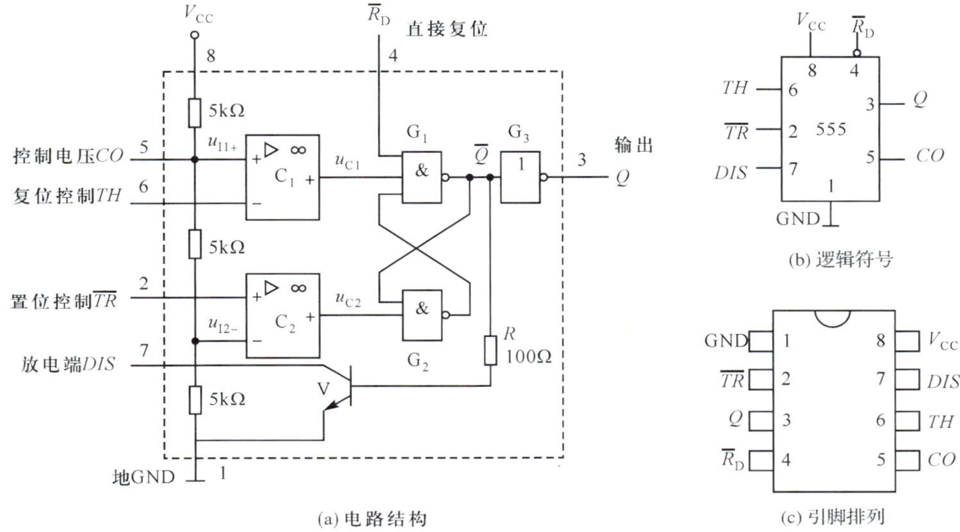

图 6-22　555 定时器的电路结构、逻辑符号和引脚排列

555 定时器的主要功能取决于比较器，比较器的输出控制 RS 触发器和放电管 V 的状态。由图 6-22 可知，当引脚 5 悬空时，由 3 个 5 kΩ 电阻组成的分压网络为 2 个电压比较器提供了 2 个参考电压，即 C_1 的同相输入端电压 $u_{I1+}=\frac{2}{3}V_{CC}$ 和 C_2 的反相输入端电压 $u_{I2-}=\frac{1}{3}V_{CC}$。

表 6-4 是 555 定时器的功能表。

表 6-4　555 定时器的功能表

输　入			输　出	
TH	$\overline{TR}$	复位$\overline{R}_D$	输出 Q	放电管 V 状态
×	×	0	0	导通
$>\frac{2}{3}V_{CC}$	$>\frac{1}{3}V_{CC}$	1	0	导通
$<\frac{2}{3}V_{CC}$	$<\frac{1}{3}V_{CC}$	1	1	截止
$<\frac{2}{3}V_{CC}$	$>\frac{1}{3}V_{CC}$	1	不变	不变
$>\frac{2}{3}V_{CC}$	$<\frac{1}{3}V_{CC}$	1	禁止	

第一行为直接复位操作，在$\overline{R}_D$端加低电平复位信号，不管其他输入端的状态如何，定时器复位，$Q=0$，$\overline{Q}=1$，放电管饱和导通。因此在正常工作时，$\overline{R}_D$应接高电平。

第二行为复位操作，直接复位端$\overline{R}_D=1$（以下均是），复位控制端 TH 电压 $u_6>\frac{2}{3}V_{CC}$，置位控制端 $\overline{TR}$ 电压 $u_2>\frac{1}{3}V_{CC}$，分析比较器的状态可得，$u_{C1}=0$，$u_{C2}=1$，RS 触发器 0 态，定时器复位，$Q=0$，$\overline{Q}=1$，放电管饱和导通。

第三行为置位操作，复位控制端 TH 电压 $u_6<\frac{2}{3}V_{CC}$，置位控制端$\overline{TR}$电压 $u_2<\frac{1}{3}V_{CC}$，分析比较器的状态可得，$u_{C1}=1$，$u_{C2}=0$，RS 触发器 1 态，定时器置位，$Q=1$，$\overline{Q}=0$，放电管截止。

第四行为保持状态，复位控制端 TH 电压 $u_6<\frac{2}{3}V_{CC}$，置位控制端 $\overline{TR}$ 电压 $u_2>\frac{1}{3}V_{CC}$，分析比较器的状态可得，$u_{C1}=1$，$u_{C2}=1$，RS 触发器状态不变，定时器保持原状态。

第五行为禁止操作，因 $u_6>\frac{2}{3}V_{CC}$，$u_2<\frac{1}{3}V_{CC}$，$u_{C1}=0$，$u_{C2}=0$，RS 触发器处于禁止状态。

如果在引脚 5 控制电压端 CO 外加一控制电压 V_{CO}，则两个电压比较器的参考电压将变为

$$u_{I1+}=V_{CO}, u_{I2-}=\frac{1}{2}V_{CO}$$

6.4.2 定时器应用举例

用 555 定时器通过外接少量元件可以很容易地构成多谐振荡器、单稳态触发器和施密特触发器。

1. 由 555 定时器构成多谐振荡器

由 555 定时器构成的多谐振荡器的电路如图 6-23(a)所示。R_1、R_2和 C 为外接定时元件，复位控制端与置位控制端相连并接到定时电容上，R_1和 R_2的接点与放电端相连，控制电压端不用，通常外接 0.01 μF 电容。

接通电源后，V_{CC}通过 R_1、R_2对 C 充电，u_C 上升。当 $u_C<\frac{1}{3}V_{CC}$时，复位控制端 $u_6<\frac{2}{3}V_{CC}$，置位控制端 $u_2<\frac{1}{3}V_{CC}$，定时器置位，$Q=1$，$\overline{Q}=0$，放电管截止。

随后 u_C 升高，当 u_C 上升到$\frac{2}{3}V_{CC}$时，控制端 $u_6>\frac{2}{3}V_{CC}$，置位控制端 $u_2>\frac{1}{3}V_{CC}$，定时器复位，$Q=0$，$\overline{Q}=1$，放电管饱和导通，C 通过 R_2 经引脚 7 内的三极管 V 放电，u_C 下降。

当 u_C 下降到$\frac{1}{3}V_{CC}$时，又回到复位控制端 $u_6<\frac{2}{3}V_{CC}$，置位控制端 $u_2<\frac{1}{3}V_{CC}$，定时器又置位，即 $Q=1$，$\overline{Q}=0$，放电管截止，C 停止放电而重新充电。如此反复，形成振荡波形，如图 6-23(b)所示。

图 6-23(b)中，t_{W1}是充电时间，t_{W2}是放电时间，可估算为

$$t_{W1}\approx 0.7(R_1+R_2)C$$

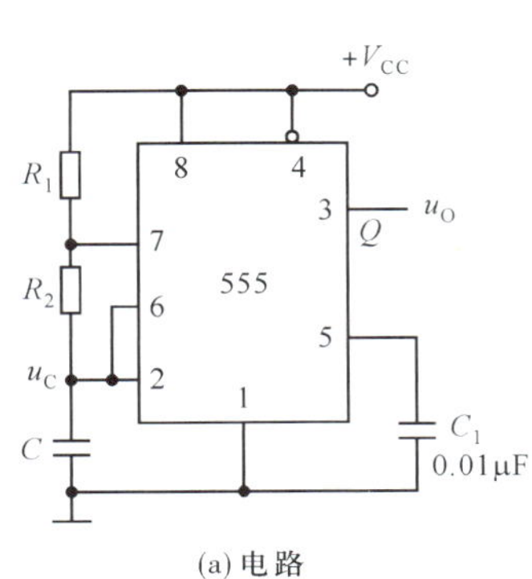

(a) 电路

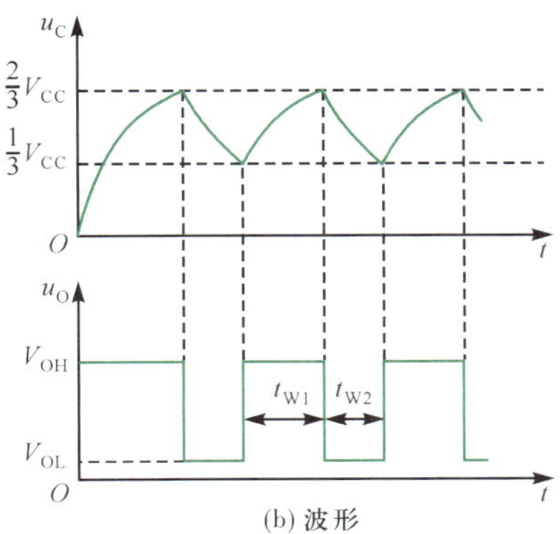

(b) 波形

图 6-23　由 555 定时器构成的多谐振荡器

$$t_{W2} \approx 0.7\ R_2 C$$

则多谐振荡器的振荡周期 T 为

$$T = t_{W1} + t_{W2} = 0.7(R_1 + 2R_2)C$$

多谐振荡器的占空比 D 为

$$D = \frac{t_{W1}}{T}$$

2. 由 555 定时器构成单稳态触发器

由 555 定时器构成的单稳态触发器

由 555 定时器构成的单稳态触发器的电路如图 6-24(a)所示。R 和 C 为外接定时元件，复位控制端与放电端相连并连接定时元件，置位控制端作为触发输入端，同样，控制电压端不用，通常外接 0.01 μF 电容。

波形如图 6-24(b)所示。静态时，触发输入 u_1 高电平，V_{CC} 通过 R 对 C 充电，u_C 上升。当 u_C 上升到 $\frac{2}{3}V_{CC}$ 时，复位控制端 $u_6 > \frac{2}{3}V_{CC}$，而 u_1 高电平使置位控制端 $u_2 > \frac{1}{3}V_{CC}$，定时器复位，$Q=0$，$\overline{Q}=1$，放电管饱和导通，C 经三极管 V 放电，u_C 迅速下降。因为 u_1 高电平使 $u_2 > \frac{1}{3}V_{CC}$，所以即使 $u_C < \frac{2}{3}V_{CC}$，定时器也仍保持复位，$Q=0$，$\overline{Q}=1$，放电管始终饱和导通，C 可以将电放完，$u_C \approx 0$，电路处于稳态。

当触发输入 u_1 为低电平，即使置位控制端 $u_2 < \frac{1}{3}V_{CC}$，而此时 $u_C \approx 0$ 又使复位控制端 $u_6 < \frac{2}{3}V_{CC}$，则定时器置位，$Q=1$，$\overline{Q}=0$，放电管截止，电路进入暂稳态。之后，V_{CC} 通过 R 对 C 充电，u_C 上升。当 u_C 上升到 $\frac{2}{3}V_{CC}$ 时，复位控制端 $u_6 > \frac{2}{3}V_{CC}$，而此时 u_1 已完成触发回到高电平使置位控制端 $u_2 > \frac{1}{3}V_{CC}$，定时器又复位，$Q=0$，$\overline{Q}=1$，放电管又导通，C 经三极管 V 再放电，电路恢复结束，电路回到稳态。

此单稳态电路的暂稳态时间可估算为

$$t_W \approx 1.1\ RC$$

此电路要求输入触发脉冲宽度要小于 t_W，并且必须等电路恢复后方可再次触发，所以为不可重复触发电路。

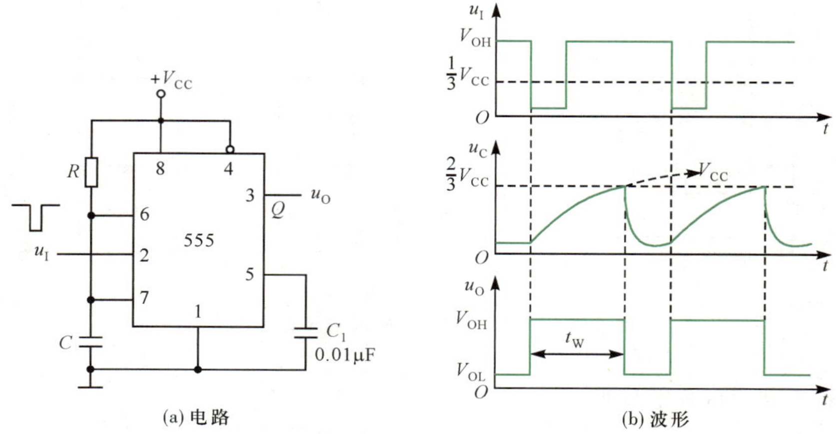

(a) 电路　　　　(b) 波形

图 6-24　由 555 定时器构成的单稳态触发器

3. 由 555 定时器构成施密特触发器

由 555 定时器构成的施密特触发器的电路如图 6-25(a)所示。复位控制端与置位控制端相连并作为输入端，引脚 3 为输出端。

设输入为三角波电压信号，如图 6-25(b)所示。由电路可知，当输入 $u_I < \frac{1}{3}V_{CC}$ 时，$u_2 = u_6 < \frac{1}{3}V_{CC}$，定时器置位，输出 u_O 为高电平。当 $\frac{1}{3}V_{CC} < u_I < \frac{2}{3}V_{CC}$ 时，基本 RS 触发器处于保持状态，输出 Q 保持高电平不变。当 $u_I > \frac{2}{3}V_{CC}$ 时，$u_2 = u_6 > \frac{2}{3}V_{CC}$，定时器复位，输出 u_O 为低电平。可以看出，此电路的正、负阈值电压分别为

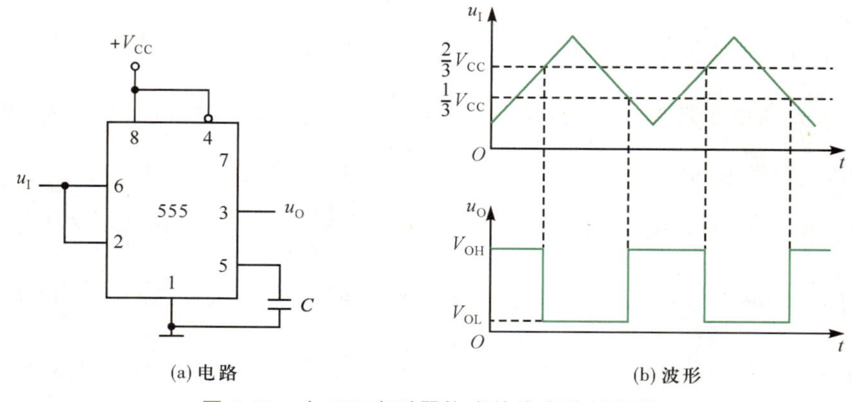

(a) 电路　　　　(b) 波形

图 6-25　由 555 定时器构成的施密特触发器

$$V_{T+} = \frac{2}{3}V_{CC}, V_{T-} = \frac{1}{3}V_{CC}$$

回差电压为

$$\Delta V_T = V_{T+} - V_{T-} = \frac{1}{3}V_{CC}$$

如果在图 6-25(a)中引脚 5 加控制电压 V_{CO}，则正、负阈值电压和回差电压均会相应改变为

$$V_{T+}=V_{CO},V_{T-}=\frac{1}{2}V_{CO},\Delta V_T=\frac{1}{2}V_{CO}$$

巩固练习

6-1　用 CMOS 与非门和反相器设计一个微分型单稳态触发器(门电路 V_{TH} 为 5 V)。

设备与器件：+10 V 直流电源；输入脉冲宽度 t_{W1} 为 2 μs 信号源；CMOS 与非门；反相器；电容 0.1 μF；电阻 5.1 kΩ。

(1)设计电路图，分析电路工作过程，画出各点电压波形。

(2)估算输出脉冲宽度 t_{WO}。

(3)分析如果 $t_{W1}>t_{WO}$，电路能否工作。

6-2　用反相输出施密特触发器($V_{T+}=3$ V，$V_{T-}=1.5$ V)设计一占空比约为 0.67 的多谐振荡器。

设备与器件：+5 V 直流电源；反相输出施密特触发器；电容 0.01 μF；电阻 4.7 kΩ、5.1 kΩ、7.5 kΩ、10 kΩ；二极管 1N4007(2 个)。

(1)设计电路图，分析电路工作过程，画出电容两端电压 u_C 和输出电压 u_O 的波形。

(2)计算电路的振荡频率。

提示：电路振荡周期 $T=t_{W1}+t_{W2}=RC\ln\frac{V_{DD}-V_{T-}}{V_{DD}-V_{T+}}+RC\ln\frac{V_{T+}}{V_{T-}}$($V_{DD}$ 为电源电压)。

6-3　用 555 定时器设计一个基本 RS 触发器，再根据图 6-26 所示输入波形确定输出波形。

6-4　用 555 定时器设计一个电路，对图 6-27 所示脉冲进行整形。

6-5　如图 6-28 所示为过压监视电路。当电压 U_X 超过一定值时发光二极管会发出闪光报警信号。

(1)分析工作过程。

(2)计算出闪光频率(设电位器在中间位置)。

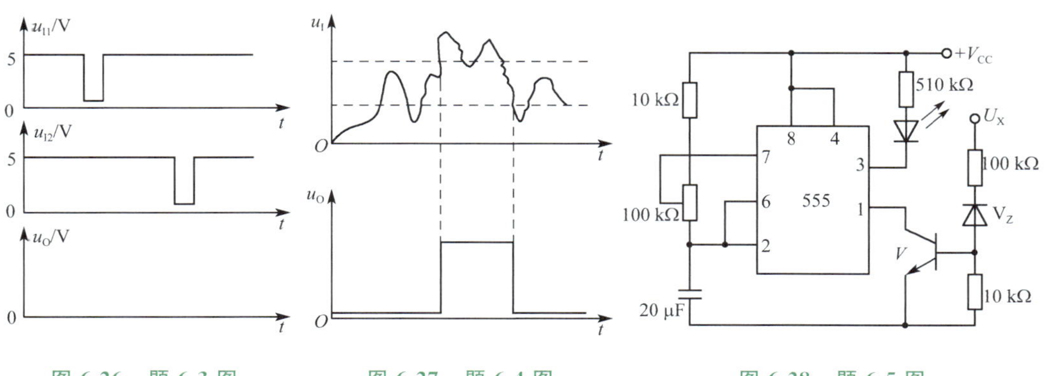

图 6-26　题 6-3 图　　图 6-27　题 6-4 图　　图 6-28　题 6-5 图

6-6 分析如图 6-29 所示电路，简述电路组成及工作原理。要求扬声器在开关 S 按下后，以 1.2 kHz 的频率持续响 10 s，确定图中 R_1、R_2 的阻值。

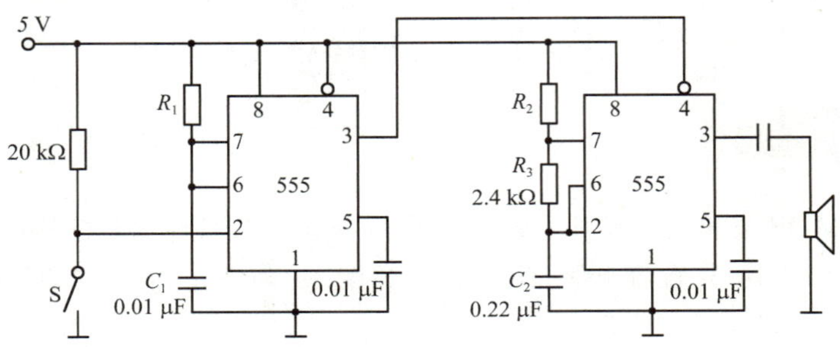

图 6-29 题 6-6 图

6-7 由两个集成单稳态触发器 74121 构成的方波发生器如图 6-30 所示。简述电路开始振荡时的工作过程。

提示：稳态时，$Q_1=0$，$Q_2=0$。当开关 S 打开时，电路开始振荡，其振荡周期 $T=0.7(R_1C_1+R_2C_2)$。

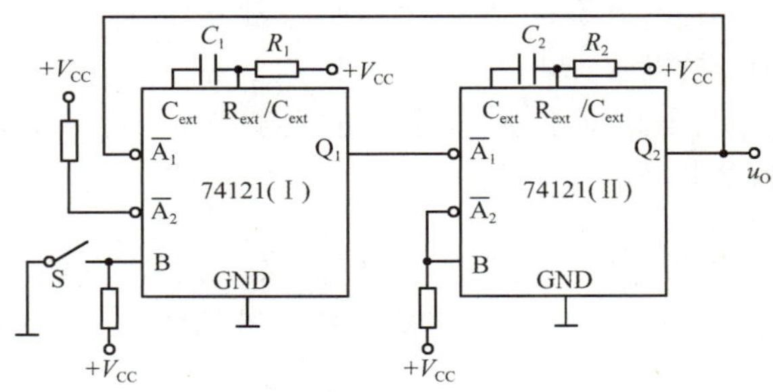

图 6-30 题 6-7 图

拓展小课堂6

项目7

简易数控电源的设计与制作

项目导引

在自动控制、信息处理等许多领域经常需要在数字系统中处理模拟信号，而处理后得到的数字信号有时并不适合直接控制生产对象，还需转换成相应的模拟信号。这就需要模拟信号与数字信号之间相互转换。从模拟信号到数字信号的转换称为模/数转换，即A/D(Analog to Digital)转换；从数字信号到模拟信号的转换称为数/模转换，即D/A(Digital to Analog)转换；实现A/D转换的电路称为A/D转换器，即ADC(Analog-Digital Converter)；实现D/A转换的电路称为D/A转换器，即DAC(Digital-Analog Converter)。

知识目标

- 了解常见D/A转换器的基本结构和工作原理。
- 了解常见A/D转换器的基本结构和工作原理。
- 掌握D/A转换器和A/D转换器的基本使用方法。

技能目标

- 掌握数字电子电路的分析和设计方法。
- 会用集成D/A转换器和A/D转换器设计实用电路。
- 会设计和调试简易数控电源电路。

素质目标

学习大国工匠的先进事迹。在实训操作中，测量数据要真实可靠，培养诚实守信的品质和实事求是的工作作风。

项目要求

(1)利用集成 D/A 转换器 DAC0832 等设计一个简易数控电源。

(2)具体要求如下:

①电源输出电压能从 0 调到 9.9 V,每步 0.1 V,总计 99 步。

②最大能输出 500 mA 电流。

③能实现三种控制方式:连续控制、单步增减、预置。

④清晰显示电源输出的电压值

⑤选择元器件,对电路进行组装调试。

项目分析与参考电路

1. 项目分析

如图 7-1 所示是简易数控电源电路设计框图。整个电路由步进脉冲产生电路、连续脉冲发生器、预置码盘、转换开关、十进制加/减计数器、数码显示电路、十/二进制转换电路、D/A 转换器、控制电压信号产生电路和电源组成。电路需要三种电源:+15 V、−15 V 和+5 V。其中运算放大器需要±15 V 电源,未在图中画出。

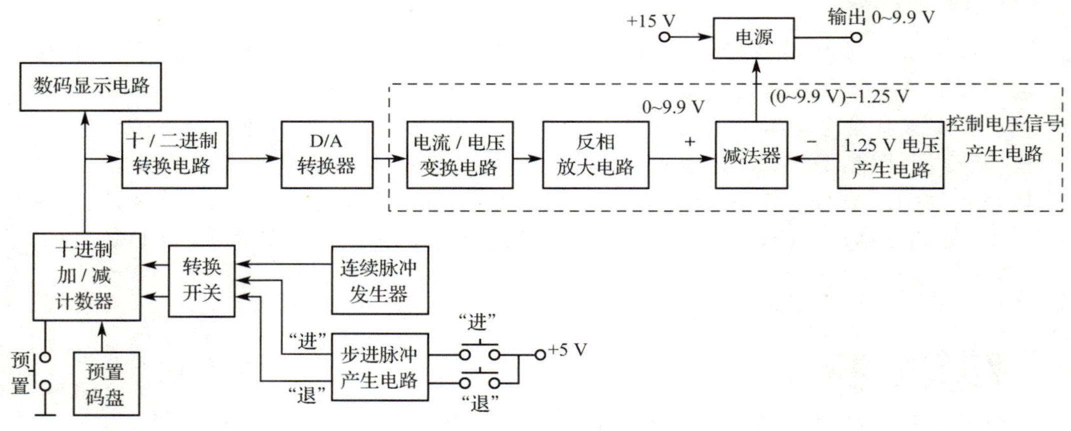

图 7-1 简易数控电源电路设计框图

2. 参考电路

简易数控电源电路如图 7-2 所示。电路总体设计思路如下:

在集成三端稳压块 LM317 的基础上,通过改变其公共端对地电位来调节输出电压。因为 LM317 的固定输出电压为+1.25 V,如能使 LM317 公共端对地电位在不加控制脉冲时为−1.25 V,每输入一个脉冲,公共端电压增大 0.1 V,输入 99 个脉冲,LM317 公共端对地电位变为 8.65 V,即可使数控电源在 0~9.9 V 按要求变化。而此电压的获得先要通过 D/A 转换器进行 D/A 转换得到控制信号。

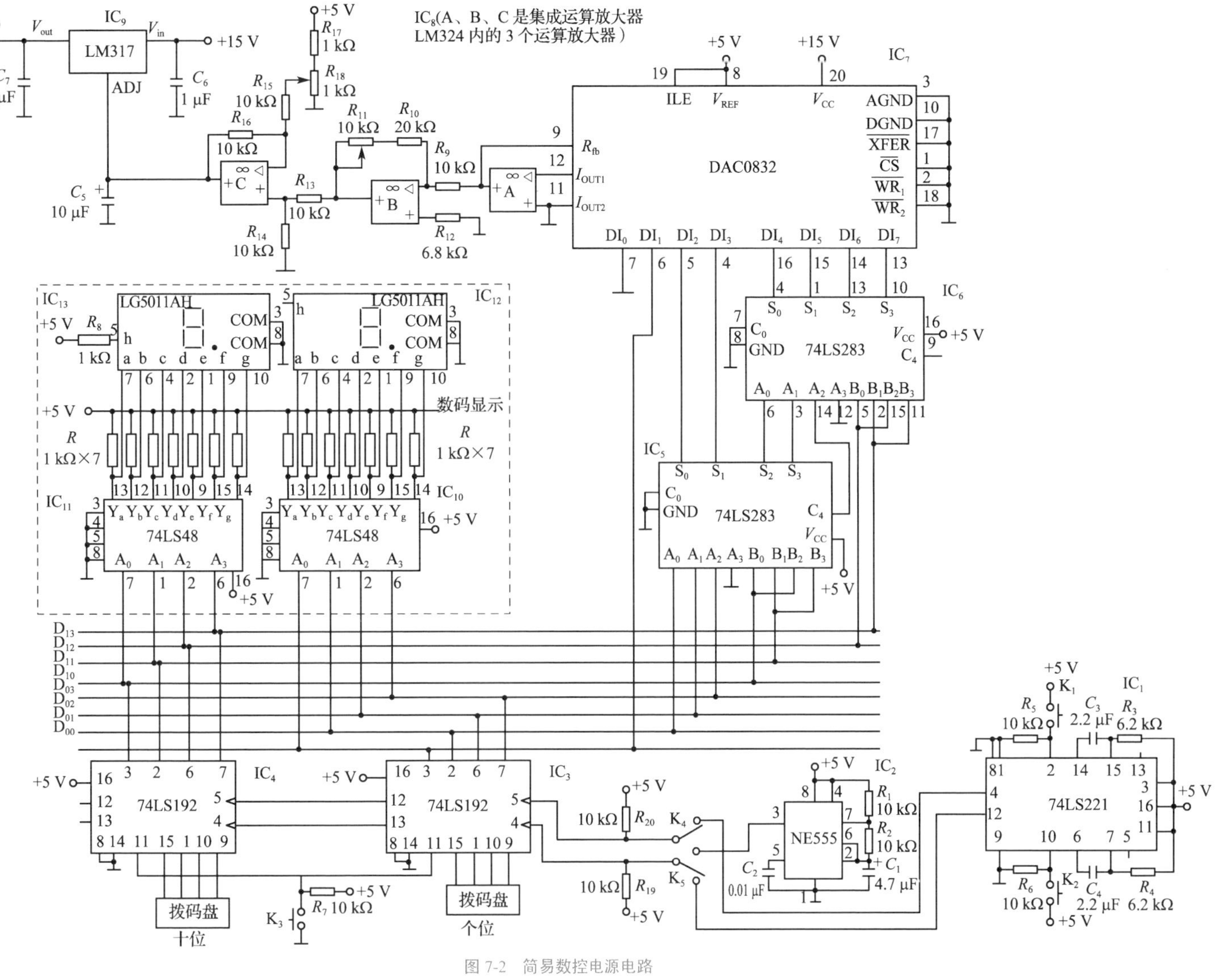

图 7-2　简易数控电源电路

三种控制方式按如下方法获得：

(1)连续控制方式：用连续脉冲快速调节电源输出(自动扫描代替人工按键)；

(2)单步增减方式：用单个脉冲使输出电压每次进或退 0.1 V；

(3)预置方式：通过拨码盘设定所需的输出电压(预置功能)。

电路的组成如下：

(1)步进脉冲产生电路由双单稳态触发器 74LS221 及外围元件组成。脉冲宽度由 R_3、C_3 及 R_4、C_4 确定，均为 10 ms($t_n \approx 0.7RC$)。两个单稳态电路分别由 K_1(进)、K_2(退)两个按键控制给出步进单脉冲。74LS221 的引脚排列如图 7-3 所示。

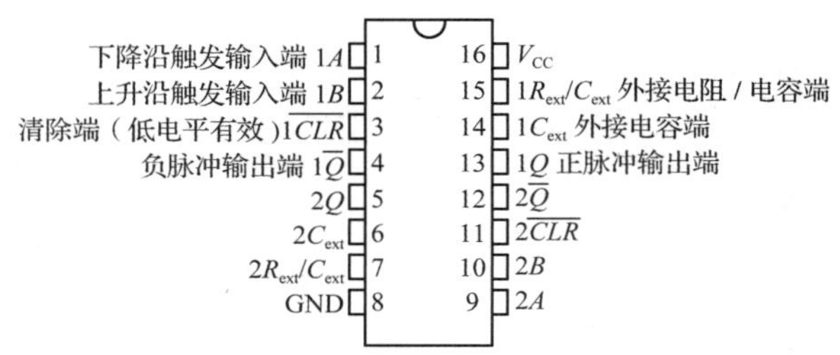

图 7-3 双单稳态触发器 74LS221 的引脚排列

注：为了清晰，图 7-3 中只标注了一个单稳态触发器的引脚排列，另一个类推。

(2)连续脉冲发生器由 NE555 及外围元件组成，为了便于控制，脉冲频率设计为 10 Hz/s，$f \approx 1.44/(R_1+2R_2)C_1$。

(3)预置码盘为两个拨码盘(各配置 4 个 5.1 kΩ 的下拉电阻 R_0)，分别控制十位和个位的预置数。拨码盘的结构如图 7-4 所示。其中，A 为输入控制线，其余 4 根线为信号输出线。在实际接线中，若采用正逻辑，则 A 接 +5 V 电源，其余 4 根线通过下拉电阻接地。此时若拨码，接通的信号线输出高电平 1。若拨至 5，则线 4、1 与 A 接通，两线均输出高电平 1；若拨至 0，则都不接通。本电路采用正逻辑接线，其接线如图 7-5 所示。

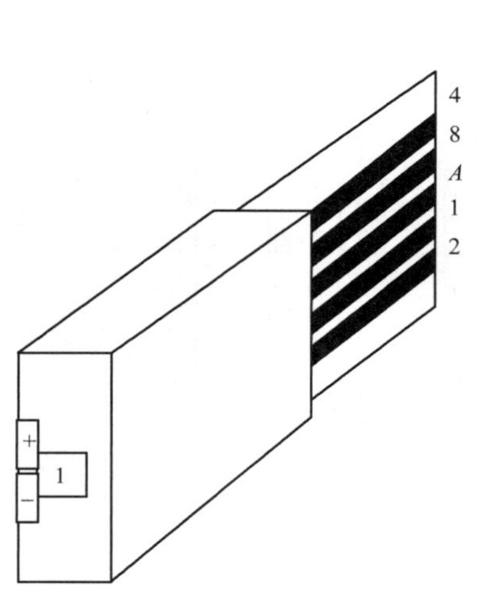

图 7-4 拨码盘的结构

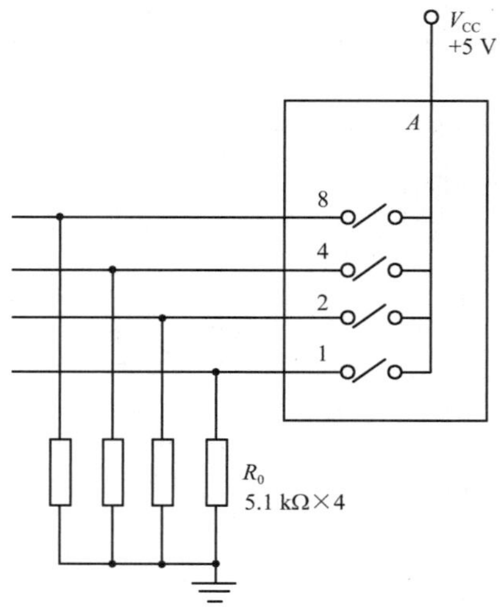

图 7-5 拨码盘的接线

注:如果考虑价格,也可以用钮子开关与电阻组合来替代拨码盘。

(4)转换开关为两个单刀双掷开关 K_4、K_5,控制连续脉冲和步进脉冲的转换并分别送入计数器 74LS192 的 *UP* 和 *DOWN* 端。

(5)十进制加/减计数器由两片 74LS192 组成。74LS192 的引脚排列和逻辑符号如图 7-6 所示。它是两位 BCD 码十进制计数器。因为 74LS192 是可逆计数器,可实现加、减计数(时钟脉冲从 *UP* 端送入实现加计数;从 *DOWN* 端送入实现减计数);同时具有进位、借位输出端(当计数器溢出时,从 *CARRY* 端输出进位脉冲至下一级 *UP* 端进位;当计数器出现下溢时,从 *BORROW* 端输出借位脉冲至下一级 *DOWN* 端进行减计数借位),使计数器可直接级联组成多位计数器,由于 74LS192 是可编程的,在置数端 *LOAD* 接低电平(如图 7-2 所示,按下预置按键 K_3)时,可以通过拨码盘将预期的数(BCD 码)送入,这时计数器的输出即可由预置数确定。因此,利用两片 74LS192 即可实现扫描、步进及预置三种输入控制。

需要说明的是,当计数器的 *UP*、*DOWN*、*LOAD* 端悬空时,计数器易受干扰造成误计数或误预置,因此从这些控制端通过 10 kΩ 电阻接至+5 V 电源,使得无信号输入时确保其高电平状态。

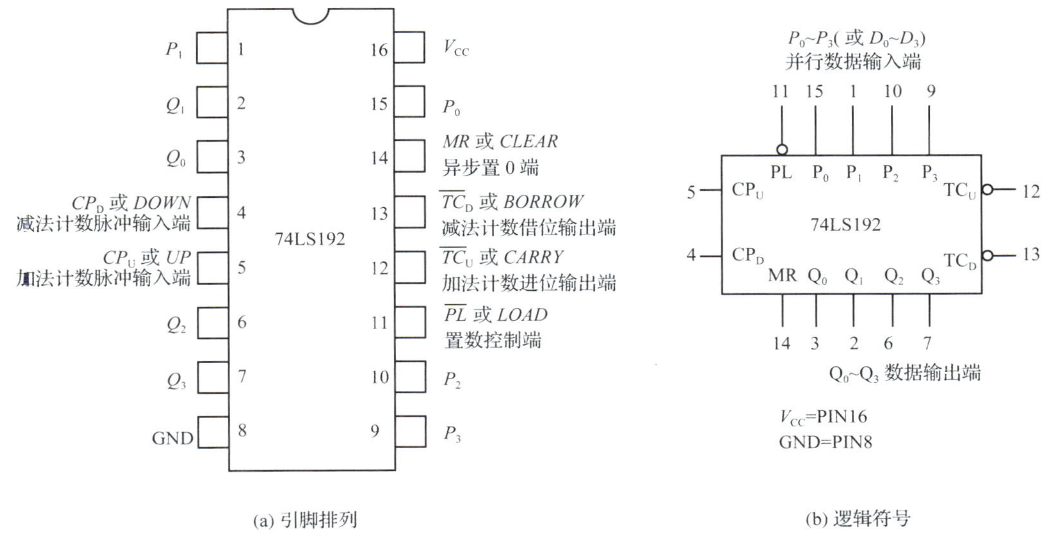

(a) 引脚排列　　(b) 逻辑符号

图 7-6 74LS192 的引脚排列和逻辑符号

(6)数码显示电路由两片 74LS48 BCD 7 段显示译码器驱动两位 7 段共阴极数码显示器 LG5011AH 显示输出电压值(与送入脉冲数相对应)。因为显示译码器输出管内部上拉电阻为 2 kΩ,偏大,数码显示器显示将暗淡,所以在 74LS48 各输出端到+5 V 间均并联 1 kΩ 电阻(1 kΩ×7 电阻排)使显示更加清晰。

(7)D/A 转换器与控制电压信号产生电路:从计数器输出的十进制 BCD 码,最终是用来通过 D/A 转换控制 LM317 公共端对地电位的。由于输入的数是 0~99,而 $99<2^7=128$,故

选用 8 位 D/A 转换器即可。本电路选用的是 DAC0832，采用＋15 V 供电，基准电压 V_{REF} 为＋5 V，经 D/A 转换，其输出电流 $I_{OU1}=DV_{REF}/(256\times R_{fb})$。式中，$D$ 为送入 D/A 转换器的数，对 8 位 D/A 转换器最大为 256。经 D/A 转换后的电流 I_{OU1} 送入运算放大器 A 作 I/V 转换（电流/电压转换），运算放大器的反馈电阻 R_{fb} 已集成在 DAC0832 内部，阻值为 15 kΩ。因此，运算放大器 A 的输出电压 $U_{OA}=-I_{OU1}R_{fb}=-DV_{REF}/256$，将在 $-V_{REF}$（－5）～0 V 变化。对于本电路，输入数最大为 99，但如图 7-2 所示，二进制数送入 D/A 转换器时已将 0832 的 DI_0 端接地，7 位二进制码送入 D/A 转换器的后 7 位，因此相当于送入的数乘以 2，即送入 D/A 转换器的数为 2，4，6，…跳跃变化，最大数为 2×99＝198，经计算，U_{OA} 将在－3.867～0 V 变化。

为了得到 0～9.9 V 的控制信号，运算放大器 A 的输出需再经运算放大器 B 反相放大至 0～9.9 V。所需增益约为－2.5，可通过电位器 R_{11} 精确调节。为了在 D/A 输出为 0 时使数控电源输出为零，利用运算放大器 C 组成减法器，同相端输入来自运算放大器 B 的 0～9.9 V 控制信号，反相端输入经 R_{17}、R_{18} 分压得到的 1.25 V。经减法器相减，在运算放大器 C 输出端即可得到所需的－1.25～8.65 V 控制信号。其中运算放大器选用 LM324，其引脚排列如图 7-7 所示。

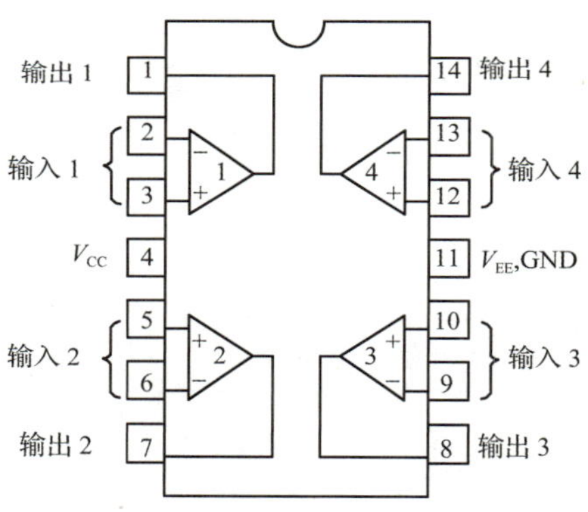

图 7-7 LM324 的引脚排列

（8）十/二进制转换电路：D/A 转换所需的数字信号是二进制数，而为了数码显示输出电压，选用的是 BCD 码十进制计数器 74LS192。所以，必须将 74LS192 输出的 BCD 码转换成二进制码才能送入 D/A 转换器。为此，在计数器和 D/A 转换器之间又插入了十/二进制转换电路。它由两片 74LS283 4 位二进制超前进位全加器组成。其原理是利用权的转换再相加实现译码功能，见表 7-1。例如，十进制的 10 由二进制的 1000＋10 代替，十进制的 20 由二进制的 10000＋100 代替。只要按表 7-1 将两片 74LS283 相应配合，即可得到 7 位二进制数码输出，送入 D/A 转换器的 DI_1～DI_7 输入端。

表 7-1　　74LS283 十/二进制转换接线说明

十进制输入	二进制输出(权)							
	DI_1 (1	DI_2 2	DI_3 4	DI_4 8	DI_5 16	DI_6 32	DI_7 64)	
D_{00}	$+DI_1$		IC_5					
D_{01}		$+A_0$						
D_{02}			$+A_1$					
D_{03}				$+A_2$				
D_{10}		$+B_0$		$+B_2$				IC_5
D_{11}			$+B_1$		$+B_3$			
D_{12}				$+B_0$		$+B_2$		IC_6
D_{13}					$+B_1$		$+B_3$	

注:"+"表示 $D_{00} \sim D_{13}$ 分别与本行"+"后面的端子连接。

(9)电源:因数控电源要求最大输出电压为 9.9 V,故选用+15 V 为 LM317 供电,运算放大器用±15 V 供电。数字电路除 DAC0832 用+15 V 外其余全用+5 V 供电。可选用具有双 18 V 和单 9 V 绕组的变压器,其容量按 LM317 最大输出 0.5 A 选择为 20 W。变压器次级输出经桥式整流滤波,送 7815、7915 和 7805 提供±15 V 和 +5 V 电源。此部分不作设计要求。

3. 电路工作过程

(1)将 K_4 转换到 NE555 接通的位置,则 NE555 定时器产生的连续脉冲进入计数器 74LS192 进行 BCD 码的十进制加计数;此十进制数 BCD 码信号送入由 74LS283 组成的十/二进制转换电路,输出 7 位二进制信号,送入 DAC0832,根据 $DI_0 \sim DI_7$ 二进制信号输出相应的电流值进入集成运算放大器 LM324;经运算放大器 A 进行 I/V 转换得到相应电压值 −3.867～0 V,进入运算放大器 B 反相放大得到 0～9.9 V 的电压,经运算放大器 C 作减法即可得到所需的−1.25～8.65 V 控制信号;此控制信号接入 LM317,则在其输出端得到稳定的 0～9.9 V 直流电压。

与此同时,计数器的脉冲送入数码显示电路中,在数码显示器上显示了此时的电压值。

如果 K_5 转换到 NE555 接通的位置,则连续脉冲进入计数器进行减计数。

(2)将 K_4 转换到 74LS221 接通的位置,按下 K_1,每按一次将产生一个脉冲,送入计数器进行加计数,数码显示将增大 0.1 V,D/A 转换器输出电流增大 2.6 μA($D=2$),而 I/V 转换输出电压步进约为−3.9 mV,运算放大器 B 输出电压则上跳 0.1 V,运算放大器 C 和 LM317 的输出也随之上跳 0.1 V。

如果 K_5 转换到 74LS221 接通的位置,按下 K_2,则单个脉冲进入计数器进行减计数。

(3)按下 K_3,则此时可利用两个拨码盘对计数器进行预置计数,数码显示器上将显示预置的数值,数控电源的输出端也将输出相应数值的电压。

项目实施

工作任务名称	简易数控电源的设计与制作						
仪器设备 1. ±15 V 和+5 V 直流电源;2. 万用表;3. 面包板(或者印制电路板和电烙铁);4. 集成电路测试装置(配 16 脚和 14 脚的集成电路插座);5. 示波器;6. 电压表;7. 负载电阻 20 Ω/5 W。							
元器件选择							
序 号	名 称	型号/规格	个 数	序 号	名 称	型号/规格	个 数
1	双单稳态触发器 IC_1	74LS221	1	14	电阻 R_0(配合拨码盘或钮子开关)	5.1 kΩ	8
2	555 定时器 IC_2	NE555	1	15	电阻 R_1、R_2、R_5、R_6、R_7、R_9、R_{13}、R_{14}、R_{15}、R_{16}、R_{19}、R_{20}	10 kΩ	12
3	十进制计数器 IC_3、IC_4	74LS192	2	16	电阻 R_3、R_4	6.2 kΩ	2
4	二进制全加器 IC_5、IC_6	74LS283	2	17	电阻 R_8、R_{17}	1 kΩ	2
5	D/A 转换器 IC_7	DAC0832	1	18	电阻 R_{10}	20 kΩ	1
6	集成运算放大器 IC_8	LM324	1	19	电阻 R_{12}	6.8 kΩ	1
7	集成三端稳压块 IC_9	LM317	1	20	电位器 R_{11}	10 kΩ	1
8	显示译码器 IC_{10}、IC_{11}	74LS48	2	21	电位器 R_{18}	1 kΩ	1
9	数码显示器 IC_{12}、IC_{13}	LG5011AH	2	22	电容 C_1	4.7 μF	1
10	轻触按键 K_1、K_2、K_3	6 mm×6 mm×10 mm	2	23	电容 C_2、C_7	0.01 μF	2
11	单刀双掷开关 K_4、K_5	1P2T(长 8.7 mm,宽 4.4 mm,脚距 2 mm)	2	24	电容 C_3、C_4	2.2 μF	2
12	拨码盘(注:可用钮子开关与电阻组合替代)	CROUZET 84210056 (143-616)或上海劲恒拨码数字开关	2	25	极性电容 C_5	10 μF	1
13	电阻排 R	1 kΩ,A07-102	2	26	电容 C_6	1 μF	1
电路连接与调试 1. 检测。用万用表检测电阻、电容、按键和开关的好坏,用集成电路检测装置测试 IC_1～IC_9 的逻辑功能,确保元器件是好的。 2. 安装调试。按图 7-2 所示连接电路。因为电路中器件较多,所以本电路应边安装边调试,最后整机联调。 (1)在面包板上对连续脉冲产生电路及单稳电路进行接线测试,用示波器观察输出波形。 (2)接好十进制加/减计数器电路并送入计数脉冲,观察计数器输出端电平变化是否符合要求。 (3)接好译码驱动电路及共阴极数码显示器,观察输入扫描脉冲及步进脉冲时数码显示器的显示情况。 (4)将两位拨码盘的输出线接入计数器置位端,按下预置键 K_3 使计数器 *LOAD* 端接地,任意拨码送入预置数,数码显示器显示数应与预置数相对应。例如,预置数 55,数码显示器应显示 5.5。 (5)将十/二进制转换电路在面包板上接好,通过步进控制送入单脉冲,在输出端用示波器或电压表观察二进制各输出端高、低电平变化是否符合十/二进制转换要求。一般接线正确均能正常工作。 (6)插上 DAC0832,并将运算放大器 A 及外围元件插好。从计数器送入步进脉冲后,应在运算放大器 A 输出端检测到逐步上跳的电压输出。每送入一个脉冲,显示应增大 0.1 V。 (7)将运算放大器 B 的外围电路插好,调节电位器 R_{11} 即可改变增益,使得每送入一个脉冲,运算放大器 B 输出电压上跳 0.1 V。为调试方便,运算放大器 B 的反馈电阻由 R_{10} 和 R_{11} 串联组成。 (8)调节电位器 R_{18} 使分压输出约为 1.2 V,将运算放大器 C 的外围元件、LM317 及+15 V 电源接入面包板,这时全部电路均已接入。 (9)空载调试。预置电源输出为 0,由于 LM317 固有的 1.25 V 输出有一定的离散性,调节电位器 R_{18} 改变送入减法器的基准电压使其恰好与 LM317 的固有输出相抵消,即可确保输出电压为零。然后通过步进键逐个送入脉冲,数控电源应逐步上跳或下跳 0.1 V。如果有误差,应进一步调节电位器 R_{11} 改变反相放大器的增益,使步进精度满足步幅 0.1 V。送入 99 个脉冲时应输出 9.9 V。 (10)带载调试。按 500 mA 满载要求,将 20 Ω/5 W 负载电阻接至电源输出端,重复上述测试,电路应能正常工作。 3. 电路功能测试。连续脉冲输入,观察显示值,测量输出电压值,并能增大、减小;单个脉冲输入,观察显示值,测量输出电压值,并能增大、减小;预置计数,观察显示值,测量输出电压值。							

出现问题与解决方法

结果分析

项目拓展

如果输出电压波形要求是锯齿波，请利用计数器 74LS161（*CP* 脉冲 10 kHz）、D/A 转换器 DAC0832 和集成运算放大器 LM741 设计电路。

项目考核

序　号	考核内容	分　值	得　分
1	元器件选择	15%	
2	电路连接	40%	
3	电路调试	25%	
4	结果分析	10%	
5	项目拓展	10%	
考核结果			

相关知识

7.1　认识 D/A 转换器

7.1.1　D/A 转换器的基本原理及分类

1. D/A 转换器的组成

D/A 转换器由译码网络、模拟开关、求和运算放大器和基准电压源 V_{REF} 等组成，如图 7-8 所示。

2. D/A 转换的过程

D/A 转换器的输入量是 n 位二进制数 $D=d_{n-1}d_{n-2}\cdots d_1d_0$。$D$ 可以按权展开为十进制数：

$$D=d_{n-1}\times 2^{n-1}+d_{n-2}\times 2^{n-2}+\cdots+d_1\times 2^1+d_0\times 2^0$$

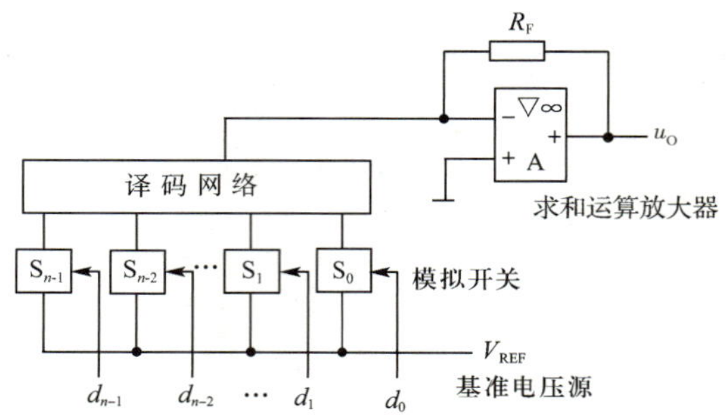

图 7-8　D/A 转换器的电路结构

D/A 转换器的输出量是和输入的数字量成正比的模拟量 A(电压或电流),即

$$A=KD=K(d_{n-1}\times 2^{n-1}+d_{n-2}\times 2^{n-2}+\cdots+d_1\times 2^1+d_0\times 2^0)$$

式中,K 为 D/A 转换的比例系数,K 可以由转换电路的条件确定。

D/A 转换的过程:把输入的二进制数字量中为 1 的各位,按其不同的权值,分别转换成对应的模拟量(如电流值),再把这些代表若干权值的各个模拟量相加求和,即可得到与输入数字量的大小成正比的模拟量(如电压量),从而实现数字量向模拟量的转换。

3. D/A 转换器的分类

D/A 转换器通常根据译码网络的不同,分为权电阻网络 D/A 转换器、T 形电阻网络 D/A 转换器、倒 T 形电阻网络 D/A 转换器和权电流型 D/A 转换器等。

7.1.2　权电阻网络 D/A 转换器

1. 电路结构

4 位权电阻网络 D/A 转换器由权电阻网络、4 个模拟开关和 1 个求和运算放大器等组成,如图 7-9 所示。

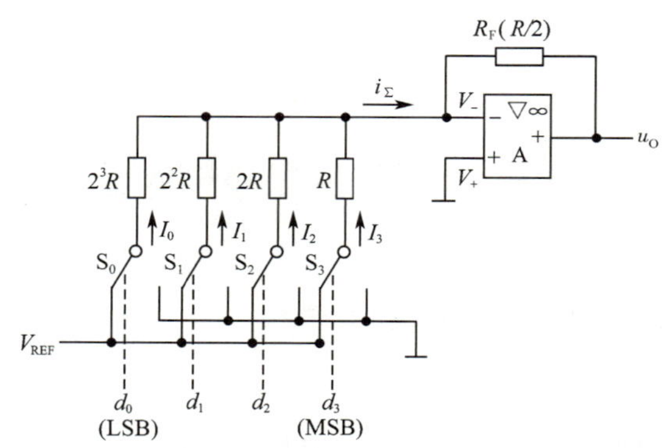

图 7-9　4 位权电阻网络 D/A 转换器的电路结构

2. 工作原理

S_3、S_2、S_1 和 S_0 是 4 个模拟开关,它们的状态分别受输入代码 d_3、d_2、d_1 和 d_0 的状态控制:当代码为 1 时,开关接到参考电压 V_{REF} 上;当代码为 0 时,开关接地。故 $d_i=1$ 时,有支路电流 I_i 流向求和运算放大器;$d_i=0$ 时,支路电流为零。

求和运算放大器是一个接成负反馈的运算放大器。根据“虚断”的结论有

$$\frac{0-u_O}{R_F}=i_\Sigma$$

即
$$u_O=-R_F i_\Sigma=-R_F(I_3+I_2+I_1+I_0) \qquad (*)$$

而根据“虚地”的结论有

$$I_3=\frac{V_{REF}}{R}d_3 \quad (d_3=1\text{ 时},I_3=V_{REF}/R;d_3=0\text{ 时},I_3=0)$$

$$I_2=\frac{V_{REF}}{2R}d_2$$

$$I_1=\frac{V_{REF}}{2^2R}d_1$$

$$I_0=\frac{V_{REF}}{2^3R}d_0$$

将它们代入式（*）并取 $R_F=R/2$，则得到

$$u_O=-\frac{V_{REF}}{2^4}(2^3d_3+2^2d_2+2^1d_1+2^0d_0)$$

将上述分析结果推广一下，则对于 n 位的权电阻网络 D/A 转换器，当反馈电阻为 $R/2$ 时，输出电压的计算公式可以写为

$$u_O=-\frac{V_{REF}}{2^n}(2^{n-1}d_{n-1}+2^{n-2}d_{n-2}+\cdots+2^1d_1+2^0d_0)=-\frac{V_{REF}}{2^n}N_{10} \qquad (**)$$

式（**）表明，输出的模拟电压正比于输入的二进制数码所对应的十进制数 N_{10}，从而实现了从数字量到模拟量的转换。

当 $D_n=0$ 时，$u_O=0$；当 $D_n=11\cdots11$ 时，$u_O=\frac{2^n-1}{2^n}V_{REF}$。故 u_O 的最大变化范围是 0～$-\frac{2^n-1}{2^n}V_{REF}$。

3. 电路的改进

这个电路的优点是结构比较简单，所用的电阻元件数很少。它的缺点是各个电阻的阻值相差较大，尤其在输入信号的位数较多时，这个问题就更加突出。例如，当输入信号增加到 8 位时，如果取权电阻网络中最小的电阻 $R=10\ \text{k}\Omega$，那么最大的电阻阻值将达到 $2^7R=1.28\ \text{M}\Omega$，两者相差 128 倍之多。要想在极为宽广的阻值范围内保证每个电阻都有很高的精度是十分困难的，尤其对制作集成电路更加不利。

为了克服这个缺点，在输入数字量的位数较多时可以采用如图 7-10 所示的双级权电阻网络 D/A 转换器。在双级权电阻网络中，每一级仍然只有 4 个电阻，它们之间的阻值之比还是1∶2∶4∶8。可以证明，只要取两级间的串联电阻 $R_S=8R$，即可得到

$$u_O=-\frac{V_{REF}}{2^n}(2^7d_7+2^6d_6+2^5d_5+\cdots+2^1d_1+2^0d_0)=-\frac{V_{REF}}{2^n}N_{10}$$

可见，所得结果与式（**）相同。因为电阻的最大值与最小值相差仅为 8 倍，所以图 7-10 仍为一种可取的方案。

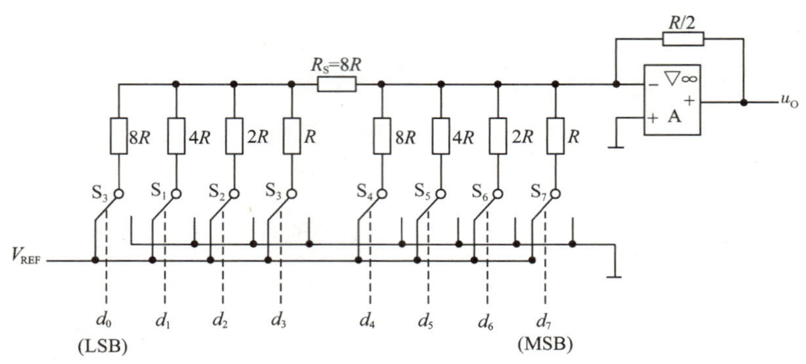

图 7-10 双级权电阻网络 D/A 转换器

7.1.3 倒 T 形电阻网络 D/A 转换器

1. 电路结构

如图 7-11 所示是 4 位倒 T 形电阻网络 D/A 转换器，图中 R、$2R$ 两种电阻构成了倒 T 形电阻网络，S_3、S_2、S_1、S_0 是 4 个模拟开关，A 是求和运算放大器，V_{REF} 是基准电压源。S_3、S_2、S_1、S_0 的状态受输入代码 d_3、d_2、d_1、d_0 的状态控制：当代码为 1 时，相应的开关将电阻接到运算放大器的反相输入端；当代码为 0 时，相应的开关将电阻接到运算放大器的同相输入端。

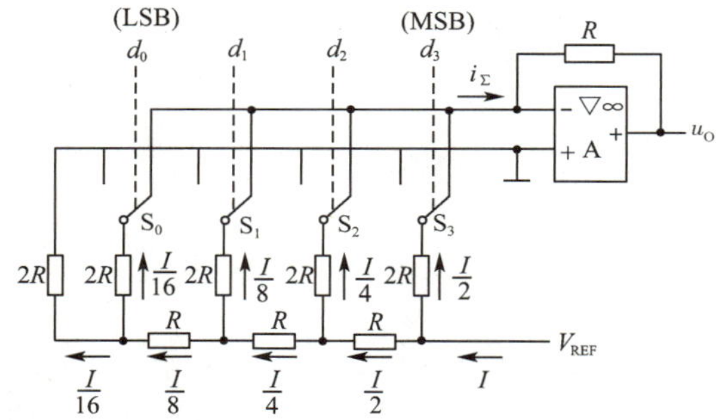

图 7-11 4 位倒 T 形电阻网络 D/A 转换器

数模转换器(DAC)

2. 工作原理

如图 7-12 所示为输入数字信号 $d_3d_2d_1d_0=1111$ 时的等效电路。根据运算放大器的虚地概念不难看出，从虚线 AA'、BB'、CC'、DD' 处向左看进去的电路等效电阻均为 R，电源的总电流为 $I=V_{REF}/R$，流入运算放大器的电流为 $I/2$。由以上分析不难看出，每经过一级节点，支路的电流衰减一半，根据输入数字量的数值，流入运算放大器虚地的总电流为

$$i_\Sigma=I\left(\frac{1}{2}d_3+\frac{1}{4}d_2+\frac{1}{8}d_1+\frac{1}{16}d_0\right)$$

$$=\frac{V_{REF}}{2^4R}(2^3d_3+2^2d_2+2^1d_1+2^0d_0)$$

因此输出电压可表示为

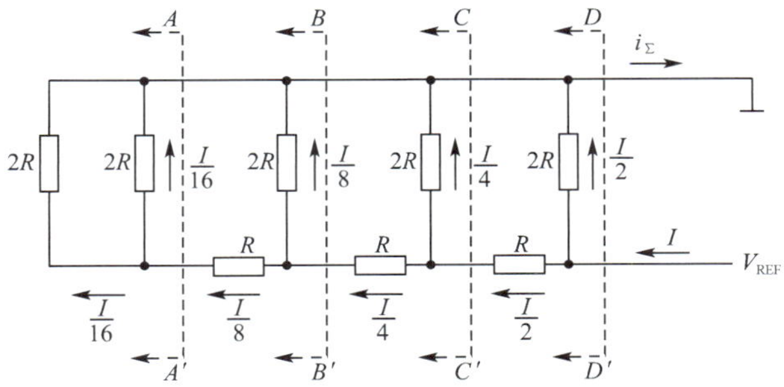

图 7-12　计算倒 T 形电阻网络支路电流的等效电路

$$u_O = -i_\Sigma R = -\frac{V_{REF}}{2^4}(2^3 d_3 + 2^2 d_2 + 2^1 d_1 + 2^0 d_0)$$

如果是 n 位的 D/A 转换器，则 u_O 的表达式为

$$u_O = -\frac{V_{REF}}{2^n}(2^{n-1} d_{n-1} + 2^{n-2} d_{n-2} + \cdots + 2^1 d_1 + 2^0 d_0) = -\frac{V_{REF}}{2^n} N_{10}$$

倒 T 形电阻网络 D/A 转换器的特点：模拟开关在虚地和地之间转换，不论开关状态如何变化，各支路的电流始终不变，因此，不需要电流建立时间。各支路电流直接流入运算放大器的输入端，不存在传输时间差，因而提高了转换速度，并减小了动态过程中输出电压的尖峰脉冲。

倒 T 形电阻网络 D/A 转换器是目前生产的 D/A 转换器中速度较快的一种，也是用得最多的一种。

7.1.4　D/A 转换器的主要技术参数

1. 转换精度

在 D/A 转换器中一般用分辨率和转换误差来描述转换精度。

(1)分辨率

分辨率反映 D/A 转换器输出最小电压的能力。它是用其所能输出的最小输出电压 V_{LSB}(数字输入代码最低位为 1，其余位为 0 时)除以满刻度输出电压 V_m 来表示(数字输入代码的各位均为 1 时)，通常分辨率用字母 S 表示，即

$$S = \frac{V_{REF}}{V_m} = \frac{1}{2^n - 1}$$

可见，输入的位数 n 越多分辨率越高。

例如，某 8 位 D/A 转换器，基准电压为 10 V，则其分辨率为

$$S = \frac{1}{2^8 - 1} = \frac{1}{255}$$

(2)转换误差

D/A 转换器的转换误差用于表示实际转换结果与理论转换结果之间的最大偏差，又称为线性误差，用 γ 表示。

例如，某 8 位 D/A 转换器，基准电压为 10 V，则最小输出电压为 $\frac{10}{255}$ V≈39 mV。如果

给出转换误差 $\gamma=\frac{1}{2}V_{\text{LSB}}$，则意味着最大的转换偏差不超过 19.5 mV。

2. 转换速度

转换速度又称为建立时间，指从数码输入开始到模拟电压稳定输出且与稳态值相差 $\frac{1}{2}V_{\text{LSB}}$ 的这段时间，通常用 t_{set} 表示。那么输入数字量变化越大，转换时间越长。一般产品说明书中给出的都是由全 0 变为全 1 或全 1 变为全 0 时所需的时间。

7.1.5 集成 D/A 转换器

根据转换速度、位数的不同，集成 D/A 转换器有多种型号。下面只介绍其中的一种——DAC0832。DAC0832 是国内使用较为普遍的 8 位 D/A 转换器，它采用 CMOS/Si-Cr 工艺制成。其内部结构如图 7-13 所示，其引脚排列如图 7-14 所示。

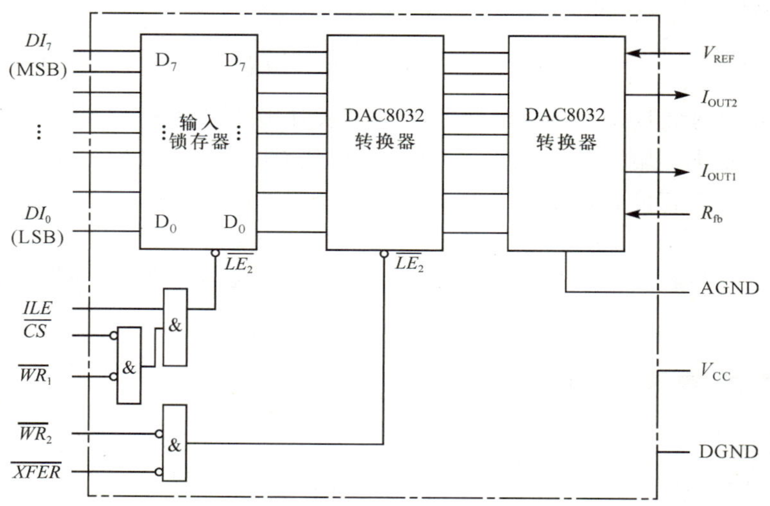

图 7-13 DAC0832 的内部结构

1. 功能说明

$\overline{CS}$：片选信号，输入低电平有效，与 ILE 相配合，可对写信号 $\overline{WR}_1$ 是否有效起到控制作用。

ILE：允许锁存信号，输入高电平有效。输入锁存器的锁存信号 $\overline{LE}_1$ 由 ILE、$\overline{CS}$、$\overline{WR}_1$ 的逻辑组合产生。当 ILE 为高电平，$\overline{CS}$ 为低电平，$\overline{WR}_1$ 输入负脉冲时，在 $\overline{LE}_1$ 端产生正脉冲。当 $\overline{LE}_1$ 为高电平时，输入锁存器的状态随着数据输入线的状态变化，$\overline{LE}_1$ 的负跳变将数据线上的信息锁入输入锁存器。

$\overline{WR}_1$：写信号 1，输入低电平有效。当 $\overline{WR}_1$、$\overline{CS}$、ILE 均为有效时，可将数据写入 8 位输入锁

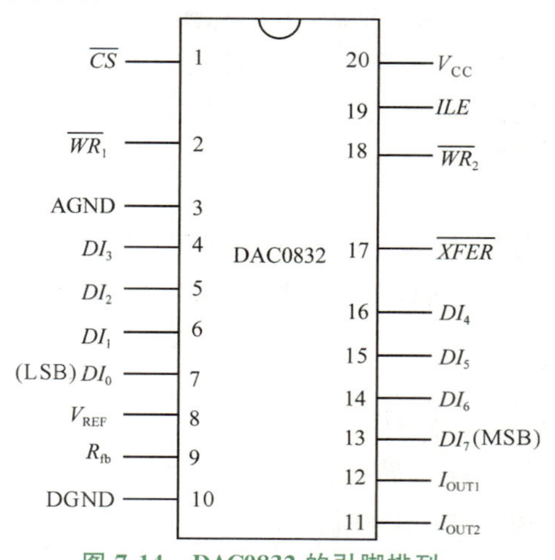

图 7-14 DAC0832 的引脚排列

存器。

$\overline{WR_2}$:写信号 2,输入低电平有效。当其有效时,在传送控制信号$\overline{XFER}$的作用下,可将锁存在输入锁存器的 8 位数据送到 DAC0832 寄存器。

$\overline{XFER}$:数据传送控制信号,输入低电平有效。当$\overline{WR_2}$、$\overline{XFER}$均有效时,则在$\overline{LE_2}$端产生正脉冲。当$\overline{LE_2}$为高电平时,DAC0832 寄存器的输出和输入锁存器的状态一致,$\overline{LE_1}$的负跳变将输入锁存器的内容存入 DAC0832 寄存器。

V_{REF}:基准电压输入端,可在−10～10 V 调节。

DI_7～DI_0:8 位数字量数据输入端。

I_{OUT1}:DAC0832 的电流输出 1。当 DAC0832 寄存器各位均为 1 时,输出电流最大;当 DAC0832 寄存器各位均为 0 时,输出电流为 0。

I_{OUT2}:DAC0832 的电流输出 2。I_{OUT1} 与 I_{OUT2} 的和为一常数。一般单极性输出时,I_{OUT2}接地;在双极性输出时,I_{OUT2}接运算放大器。

R_{fb}:反馈电阻引脚。在 DAC0832 内部有一个反馈电阻,可作为外部运算放大电路的反馈电阻用。

V_{CC}:电源输入线,5～15 V。

DGND、AGND:分别为数字信号地和模拟信号地。

2. 典型应用电路

典型的两级运算放大器构成的模拟电压输出转换电路如图 7-15 所示。从 a 点输出为单极性模拟电压,从 b 点输出为双极性模拟电压。如果基准电压为+5 V,则 a 点输出电压为−5～0 V,b 点输出电压为±5 V。

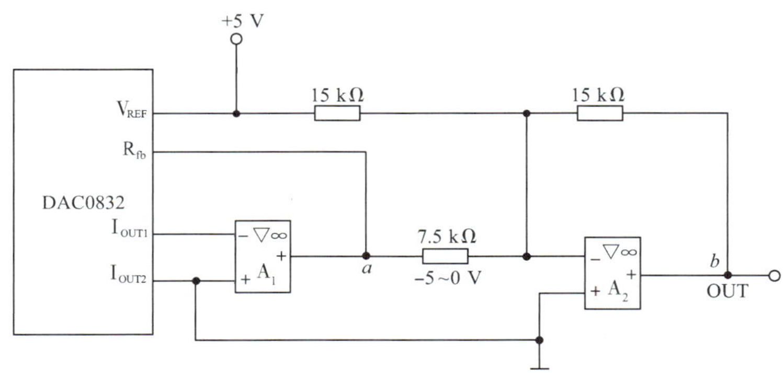

图 7-15　模拟电压输出转换电路

7.2　认识 A/D 转换器

7.2.1　A/D 转换的基本原理及分类

1. A/D 转换的基本原理

A/D 转换器的功能就是将模拟信号转换成数字信号,而模拟信号在时间上是连续的，数字信号是离散的，所以进行转换时只能在一系列选定的瞬间（时间坐标轴上的一些规定点）对输入的模拟信号进行采样，然后对采样信号进行保持，在采样保持这段时间内把这些采样的模拟量转换为数字量，并按一定的编码形式给出转换结果。通常 A/D 转换需经过采样、保持和量化、编码这两大步骤来完成。

（1）采样、保持

所谓采样，就是对连续变化的模拟信号定时进行测量，抽取样值。把一个时间上是连续的信号转换为对时间离散的信号，如图 7-16 所示。为了使采样输出信号不失真地代表输入模拟信号，对于一个频率有限的模拟信号，可以由采样定理确定采样频率为

$$f_s \geqslant 2f_{i(max)}$$

式中，f_s 为采样频率，$f_{i(max)}$ 为输入模拟信号频率的上限值。

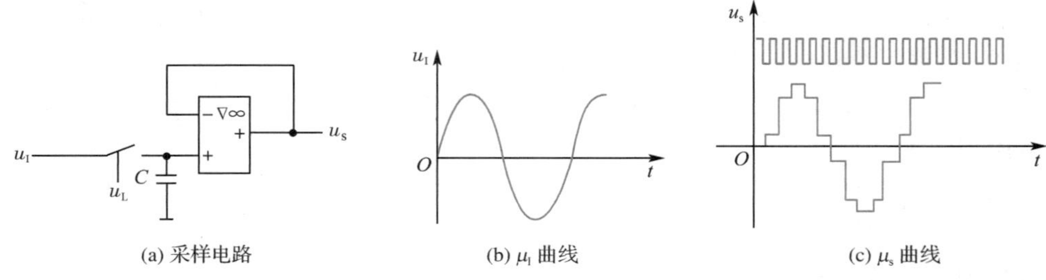

(a) 采样电路　(b) μ_I 曲线　(c) μ_s 曲线

图 7-16　对输入的模拟信号进行采样

通常选择采样频率

$$f_s \geqslant (2.5 \sim 3.0) f_{i(max)}$$

由于采样时间极短，采样输出为一串断续的窄脉冲，而要把一个采样信号数字化需要一定的时间，因此，在前后两次采样之间，应将采样的模拟信号暂时存储起来，以便将它们数字化。将每次的采样值存储到下一个脉冲到来之前称为保持。

如图 7-17(a)所示是集成采样-保持电路 LF198 的原理。A_1、A_2 分别为输入和输出运算放大器，S 是模拟开关，L 是控制 S 状态的逻辑单元，u_L 和 V_{REF} 是逻辑单元的两个输入电压信号。当 $u_L > V_{REF} + V_{TH}$ 时，S 闭合；当 $u_L < V_{REF} + V_{TH}$ 时，S 断开。V_{TH} 称为阈值电压，约为 1.4 V。

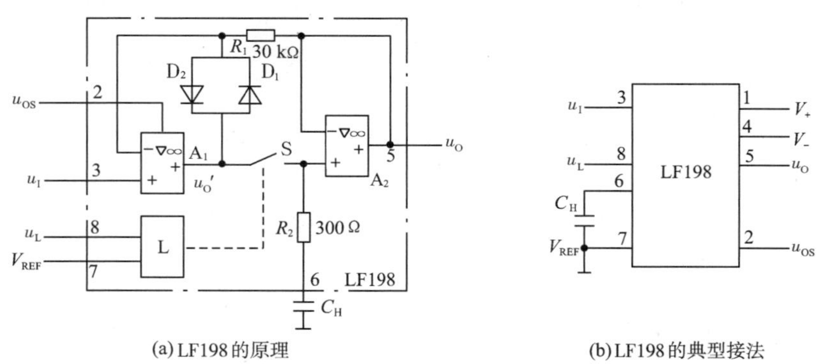

(a) LF198 的原理　(b) LF198 的典型接法

图 7-17　集成采样-保持电路 LF198

图 7-17(a)中，D_1、D_2组成保护电路，防止 A_1 的输出进入饱和状态使 S 承受过高电压。u_L 为开关控制信号，C_H 为保持电容。为了使电路不影响输入信号源，要求 A_1 具有很高的输入阻抗；为了在保持阶段使 C_H 不易泄放电荷，要求 A_2 也具有很高的输入阻抗，同时作为输出级的 A_2 还必须具有很低的输出阻抗。为此，A_1、A_2 均工作在单位增益的电压跟随器状态。

如图 7-17(b)所示是 LF198 的典型接法。由于图中 $V_{REF}=0$，而且设 u_L 为 TTL 逻辑电平，则 $u_L=1$ 时，S 闭合；$u_L=0$ 时，S 断开。

采样时，$u_L=1$ 为高电平，使 S 闭合，这时 A_1、A_2均为工作在单位增益的电压跟随器状态，所以有 $u_O=u_I$，如果 R_2的引出端与地之间接入 C_H，那么 C_H 上的电压稳态值也为 u_I。采样结束时，$u_L=0$ 为低电平，使 S 断开。因为 A_2的输入阻抗很高，C_H 上的电压基本保持不变，所以输出电压 u_O 的电位维持 u_I 不变。当下一个采样控制信号到来后，S 又闭合，C_H 上的电压又跟随此时的输入信号 u_I 而变化。

(2)量化、编码

数字信号不仅在时间上是离散的，而且在数值上的变化也是不连续的。这就是说，任何一个数字量的大小，都是以某个最小数量单位的整数倍来表示的。因此，在用数字量表示采样电压时，也必须把采样电压化成这个最小数量单位的整数倍，这个转化过程称为量化。所规定的最小数量单位称为量化单位，用 Δ 表示。显然，数字信号最低有效位(LSB)的 1 所代表的数量大小就等于 Δ。把量化的数值用二进制代码表示，称为编码。这个二进制代码就是 A/D 转换的输出结果。

既然模拟电压是连续的，那么它就不一定能被 Δ 整除，因而不可避免地会引入误差。这种误差称为量化误差。在把模拟电压信号划分为不同的量化等级时，用不同的划分方法得到不同的量化误差。

假定需要把 0～1 V 的模拟电压信号转换成 3 位二进制代码，这时便可以取 $\Delta=1/8$ V，并规定凡数值在 0～1/8 V 的模拟电压都当作 $0\times\Delta$ 看待，用二进制 000 表示；凡数值在 1/8～2/8 V 的模拟电压都当作 $1\times\Delta$ 看待，用二进制 001 表示……如图 7-18(a)所示。不难看出这种方法产生的最大量化误差为 Δ，即 1/8 V。

为了减小量化误差，可改用如图 7-18(b)所示的划分方法，取最小量化单位 $\Delta=2/15$ V，并将 000 代码所对应的模拟电压规定为 0～1/15 V，即 0～$\Delta/2$。这时，最大量化误差减小到 $\Delta/2=1/15$ V。这个道理不难理解，因为现在把每个二进制代码所代表的模拟电压值规定为它所对应的模拟电压范围中点，所以最大量化误差自然就缩小为 $\Delta/2$ 了。

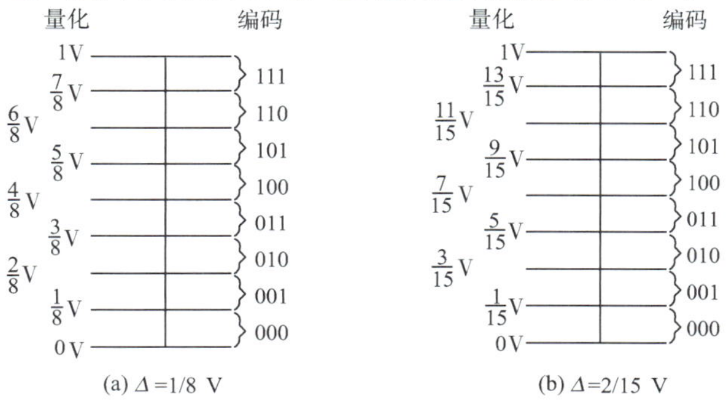

图 7-18　划分量化电平的两种方法

2. A/D 转换器的分类

目前 A/D 转换器的种类虽然很多，但从转换过程看可以分成直接型和间接型两大类。直接型不需要经过中间变量就能把输入的模拟电压信号直接转换为输出的数字代码，常用的电路有并联比较型和反馈比较型。而间接型首先是将输入的模拟电压信号转换成一个中间变量（时间或频率），然后再将中间变量转换成数字量。A/D 转换器分类可大致归纳如下：

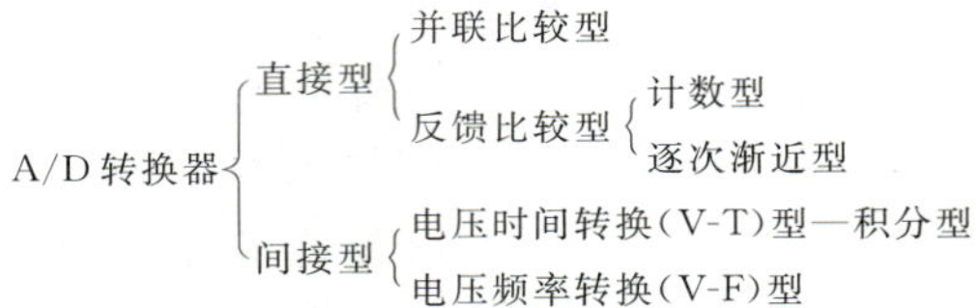

下面以最常用的并联比较型、逐次渐近型和双积分型 A/D 转换器为例介绍 A/D 转换器的工作原理。

7.2.2 并联比较型 A/D 转换器

如图 7-19 所示为并联比较型 A/D 转换器电路，它由电压比较器、寄存器和代码转换器三部分组成。输入为 0～V_{REF} 的模拟电压，输出为 3 位二进制代码 $d_2\ d_1\ d_0$。这里略去了取样-保持电路，假定输入的模拟电压 u_I 已经是取样-保持电路的输出电压了。

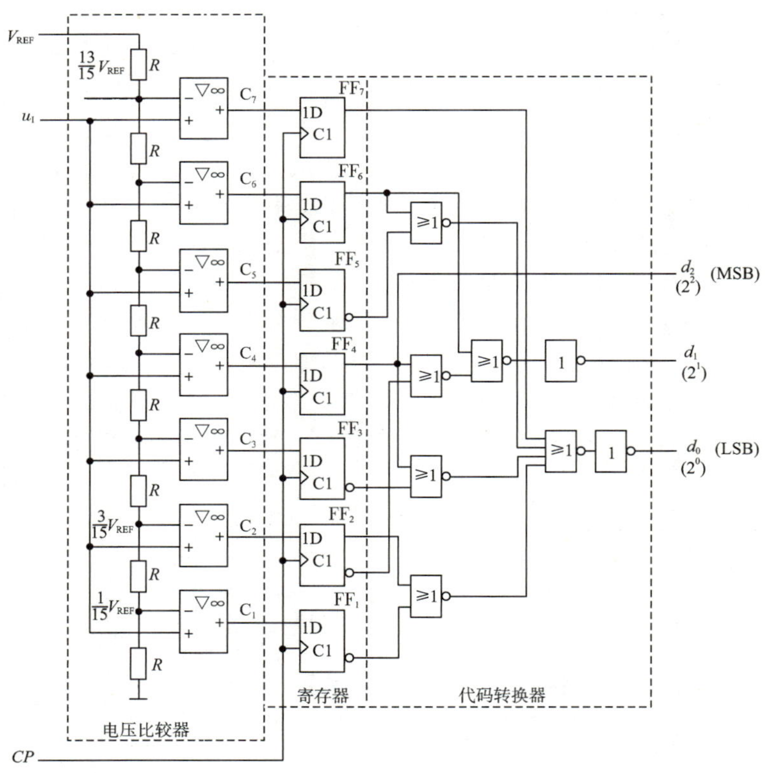

图 7-19 并联比较型 A/D 转换器电路

电压比较器中量化电平的划分采用如图 7-18(b)所示的方式，用电阻链把参考电压 V_{REF} 分压，得到 $\frac{1}{15}V_{REF}\sim\frac{13}{15}V_{REF}$ 的 7 个比较电平，量化单位为 $\Delta=\frac{2}{15}V_{REF}$。然后，把这 7 个比较电平分别接到 7 个电压比较器 $C_1\sim C_7$ 的输入端，作为比较基准。同时，将输入的模拟电压同时加到每个电压比较器的另一个输入端上，与这 7 个比较基准进行比较。

若 $u_I<\frac{1}{15}V_{REF}$，则所有电压比较器的输出全是低电平，CP 上升沿到来后，寄存器中所有的触发器($FF_1\sim FF_7$)都被置成 0 态。

若 $\frac{1}{15}V_{REF}\leqslant u_I<\frac{3}{15}V_{REF}$，则只有 C_1 输出为高电平，CP 上升沿到达后 FF_1 被置 1，其余触发器被置 0。

依此类推，便可列出 u_I 为不同电压时寄存器的状态，见表 7-2。不过寄存器输出的是一组 7 位的二值代码，还不是所要求的二进制数，因此必须进行代码转换。

表 7-2　　图 7-19 电路的代码转换

输入模拟电压	寄存器状态(代码转换器输入)							数字量输出		
u_i	Q_7	Q_6	Q_5	Q_4	Q_3	Q_2	Q_1	d_2	d_1	d_0
$\left(0\sim\frac{1}{15}\right)V_{REF}$	0	0	0	0	0	0	0	0	0	0
$\left(\frac{1}{15}\sim\frac{3}{15}\right)V_{REF}$	0	0	0	0	0	0	1	0	0	1
$\left(\frac{3}{15}\sim\frac{5}{15}\right)V_{REF}$	0	0	0	0	0	1	1	0	1	0
$\left(\frac{5}{15}\sim\frac{7}{15}\right)V_{REF}$	0	0	0	0	1	1	1	0	1	1
$\left(\frac{7}{15}\sim\frac{9}{15}\right)V_{REF}$	0	0	0	1	1	1	1	1	0	0
$\left(\frac{9}{15}\sim\frac{11}{15}\right)V_{REF}$	0	0	1	1	1	1	1	1	0	1
$\left(\frac{11}{15}\sim\frac{13}{15}\right)V_{REF}$	0	1	1	1	1	1	1	1	1	0
$\left(\frac{13}{15}\sim1\right)V_{REF}$	1	1	1	1	1	1	1	1	1	1

代码转换器是一个组合逻辑电路，根据表 7-2 可以写出代码转换器输出与输入间的逻辑函数式：

$$\begin{cases}d_2=Q_4\\d_1=Q_6+\overline{Q}_4Q_2\\d_0=Q_7+\overline{Q}_6Q_5+\overline{Q}_4Q_3+\overline{Q}_2Q_1\end{cases}$$

即可得到图 7-19 中的代码转换器。

并联比较型 A/D 转换器的转换精度主要取决于量化电平的划分，分得越细，即 Δ 取得越小，精度越高。不过分得越细，使用的电压比较器和触发器数目越大，电路越复杂。

此外，转换精度还受参考电压的稳定度和分压电阻相对精度以及电压比较器灵敏度的影响。

并联比较型 A/D 转换器的最大优点是转换速度快。如果从 CP 信号的上升沿算起，如图 7-19 所示电路完成一次转换所需要的时间只包括一级触发器的翻转时间和三级门电路的传输延迟时间。目前，输出为 8 位的并联比较型 A/D 转换器转换时间可以达到 50 ns 以内，这是其他类型 A/D 转换器都无法做到的。

另外，并联比较型 A/D 转换器可以不用附加取样-保持电路，因为电压比较器和寄存器这两部分也兼有取样-保持功能。

并联比较型 A/D 转换器的缺点是需要用很多的电压比较器和触发器。从如图 7-19 所示电路不难得知，输出为 n 位二进制代码的转换器中应当有(2^n-1)个电压比较器和(2^n-1)个触发器。电路的规模随着输出代码位数的增加而急剧膨胀。如果输出的为 10 位二进制代码，则需用 $2^{10}-1=1\ 023$ 个电压比较器和 1 023 个触发器以及一个规模相当庞大的代码转换器。

7.2.3 逐次渐近型 A/D 转换器

逐次渐近型 A/D 转换器又称为逐次逼近型 A/D 转换器，其转换过程类似用天平称未知物体质量的过程。假设砝码的质量满足二进制关系，即一个比一个质量小一半，称重时，将各种质量的砝码从大到小逐一放在天平上加以试探，经天平比较加以取舍，一直到天平基本平衡为止。这样就以一系列二进制砝码的质量之和表示被称物体的质量。

模数转换器(ADC)

逐次渐近型 A/D 转换器的原理如图 7-20 所示，主要包括寄存器、D/A 转换器、电压比较器、顺序脉冲发生器(脉冲源)及相应的控制电路。

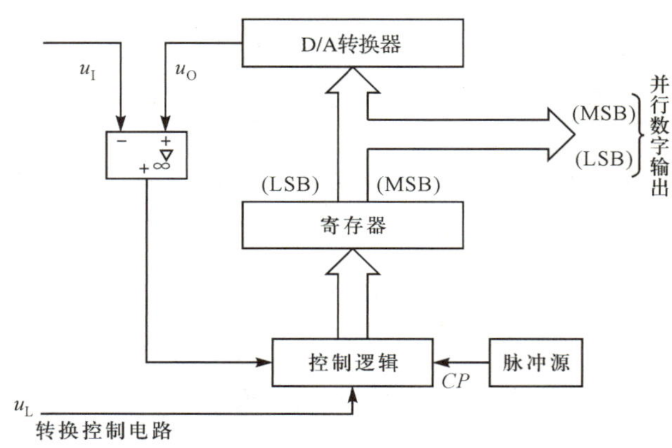

图 7-20 逐次渐近型 A/D 转换器的原理

转换开始前先将寄存器清零，所以加给 D/A 转换器的数字量也是全 0。转换控制信

号 u_L 变为高电平时开始转换，在时钟脉冲作用下，首先将寄存器最高位置成 1，使寄存器的输出为 100…00，这个数字量被 D/A 转换器转换成相应的模拟电压 u_O，送到电压比较器与输入电压 u_I 进行比较。如果 $u_O > u_I$，说明数字量过大，应将这个 1 清除；如果 $u_O \leqslant u_I$，说明数字量还不够大，这个应该保留。然后再将次高位置 1，并按上述方法确定这位的 1 是否保留。这样逐位比较下去，直到最低位为止。这时寄存器里的数码就是所求的输出数字量。

根据上述原理构成的 3 位逐次渐近型 A/D 转换器电路如图 7-21 所示。图中 3 个同步 RS 触发器 F_A、F_B、F_C 作为寄存器，$FF_1 \sim FF_5$ 构成的环形计数器作为顺序脉冲发生器，控制电路由门电路 $G_1 \sim G_9$ 组成。

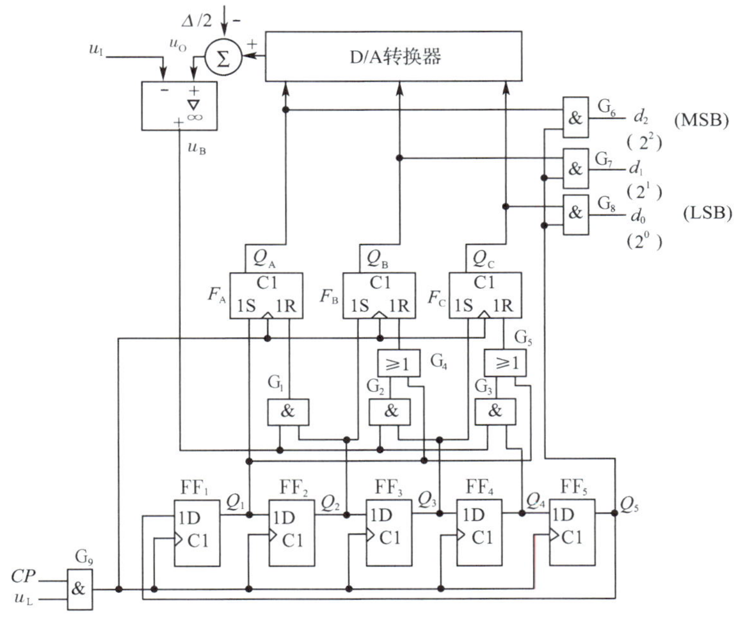

图 7-21　3 位逐次渐近型 A/D 转换器电路

设参考电压 $V_{REF}=5$ V，待转换的模拟电压 $u_I=3.2$ V。工作前先将寄存器 F_A、F_B、F_C 清零，同时使环形计数器置成 $Q_1\ Q_2\ Q_3\ Q_4\ Q_5=10000$ 状态。转换控制信号 u_L 变成高电平以后，转换开始。

(1)第一个 CP 脉冲的上升沿到来时，因为 $Q_1=1$，所以 $CP=1$ 期间 F_A 被置 1，F_B、F_C 保持 0 态，这时寄存器的状态 $Q_A\ Q_B\ Q_C=100$ 加到 3 位 D/A 转换器的输入端，并在 D/A 转换器的输出端得到相应的模拟电压 $u_O=5\times 2^{-1}=2.5$ V，因为 $u_O<u_I$，所以电压比较器的输出 $u_B=0$ 为低电平。同时环形计数器的状态为 $Q_1\ Q_2\ Q_3\ Q_4\ Q_5=01000$。

(2)第二个 CP 脉冲的上升沿到来时，因为 $Q_2=1$，所以 F_B 被置 1，由于 $u_B=0$ 为低电平，封锁了与门 G_1，Q_2 不能通过 G_1 使 F_A 置 0，故 Q_A 仍为 1，因此 $Q_A\ Q_B\ Q_C=110$，经 D/A

转换器转换后得到相应的模拟电压 $u_O=5\times(2^{-1}+2^{-2})=3.75$ V，因为 $u_O>u_I$，所以电压比较器的输出 $u_B=1$ 为高电平。同时环形计数器的状态为 $Q_1\ Q_2\ Q_3\ Q_4\ Q_5=00100$。

（3）第三个 CP 脉冲到来时，因 $Q_3=1$，所以 F_C 被置 1，由于 $u_B=1$，与门 G_2 被打开，Q_3 通过 G_2 使 F_B 置 0，此时由于 $Q_1=Q_2=0$，故 F_A 保持 1 态。因此 $Q_A\ Q_B\ Q_C=101$，经 D/A 转换器转换后得到相应的模拟电压 $u_O=5\times(2^{-1}+2^{-3})=3.125$ V，因为 $u_O<u_I$，所以电压比较器的输出 $u_B=0$ 为低电平。同时环形计数器的状态为 $Q_1\ Q_2\ Q_3\ Q_4\ Q_5=00010$。

（4）第四个 CP 脉冲到来后，由于电压比较器的输出电压 $u_B=0$，封锁了与门 $G_1\sim G_3$，且 $Q_1=Q_2=Q_3=0$，故 $F_AF_BF_C$ 保持原态，即 $Q_A\ Q_B\ Q_C=101$。同时环形计数器的状态为 $Q_1\ Q_2\ Q_3\ Q_4\ Q_5=00001$。$Q_5=1$，打开三态门，输出转换结果 $d_2\ d_1\ d_0=101$。

（5）第五个 CP 脉冲到来后，环形计数器的状态为 $Q_1\ Q_2\ Q_3\ Q_4\ Q_5=10000$，返回初始状态。同时，$Q_5=0$，$G_6$、$G_7$、$G_8$ 被封锁，转换输出信号随之消失。

常用的逐次渐近型 A/D 转换器有 8 位、10 位、12 位和 14 位等电路。其优点是精度高、转换速度快，因为它的转换时间固定，简化了与计算机的同步，所以常常用作微机接口。

7.2.4 双积分型 A/D 转换器

双积分型 A/D 转换器属于电压-时间变换型转换器，它是经过中间变量间接实现 A/D 转换的。它通过两次积分，采样阶段在固定时间 T_1 内对 u_I 积分，比较阶段对基准电压 $-V_{REF}$ 进行反向积分，其原理如图 7-22 所示。它由基准电压 $-V_{REF}$、积分器 A、过零比较器、计数器、控制电路和控制开关组成。其中，开关 S_1 由控制逻辑电路的状态控制，以便将被测模拟电压 u_I 和基准电压 $-V_{REF}$ 分别接入积分器进行积分。过零比较器用来监测积分器输出电压的过零时刻。当积分器输出 $u_O\leqslant0$ 时，过零比较器的输出 u_B 为高电平，时钟脉冲送入计数器计数；当 $u_O>0$ 时，过零比较器的输出 u_B 为低电平，计数器停止计数。

双积分型 A/D 转换器在一次转换过程中要进行两次积分。

第一次积分为采样阶段。控制逻辑电路使开关 S_1 接至模拟电压 u_I，在固定时间 T_1 内进行积分。积分结束时积分器的输出电压 u_O 与模拟电压 u_I 的大小成正比，如图 7-23 所示。当采样结束时，通过控制逻辑电路使开关 S_1 改接到基准电压 $-V_{REF}$ 上。

第二次积分为比较阶段。积分器再对基准电压 $-V_{REF}$ 进行反向积分。积分器的输出电压开始回升，经时间 T_2 后回到 0，过零比较器输出为 0，过零停止计数，比较阶段的时间间隔 T_2 与采样结束时积分器的输出电压 u_O 成正比，如图 7-23 所示，因此 T_2 与输入模拟电压 u_I 成正比。

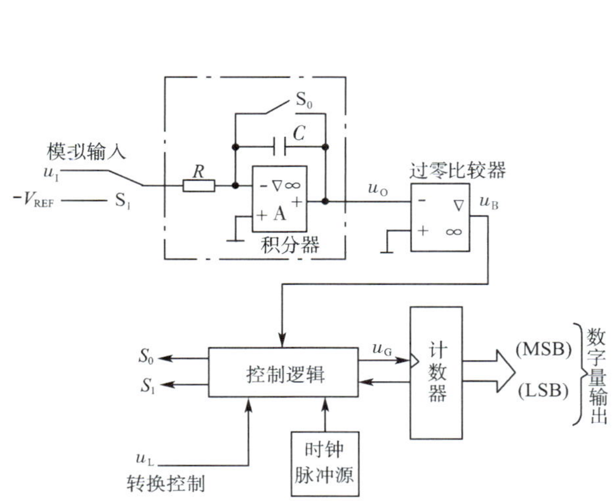

图 7-22　双积分型 A/D 转换器的原理

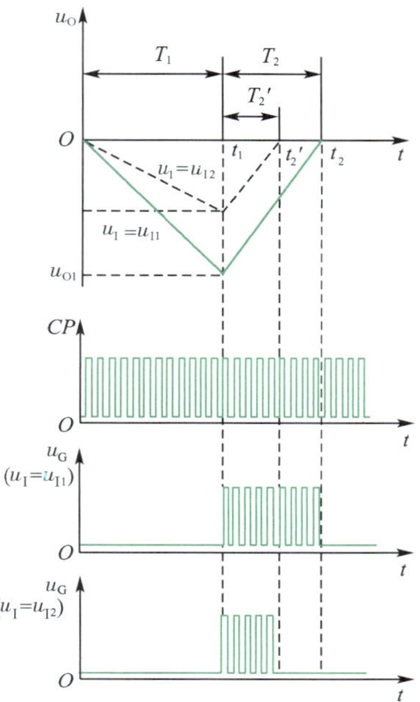

图 7-23　双积分型 A/D 转换器的电压波形

如图 7-24 所示为双积分型 A/D 转换器电路。转换开始前，转换器控制信号 $u_L=0$ 为低电平，将 n 位二进制计数器和附加触发器 FF_A 均置 0。同时 S_0 闭合，积分电容 C 充分放电。当 $u_L=1$ 为高电平以后，S_0 断开，S_1 接到输入信号 u_I 的一侧，转换开始。

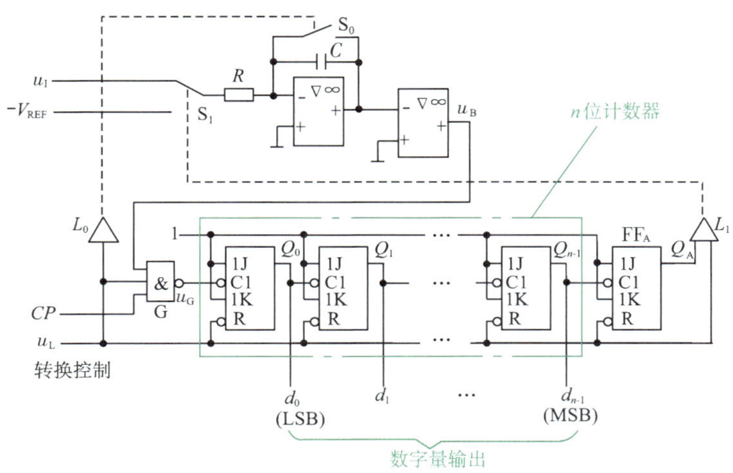

图 7-24　双积分型 A/D 转换器电路

第一次积分：积分器对 u_I 在固定时间 T_1 内进行积分，即

$$u_{O1}(t)=-\frac{1}{RC}\int_0^{T_1}u_I\mathrm{d}t=-\frac{u_I}{RC}T_1$$

式中，u_I 为 T_1 时间内输入模拟电压的平均值。因为 $u_{O1}(t) \leqslant 0$，过零比较器输出 $u_B=1$ 为高电平，将 G 打开，计数器以周期为 T_C 的时钟脉冲从 0 开始计数，当计到其最大容量 $N_1=2^n$ 时，计数器回到 0 态，同时附加触发器 FF_A 的 $Q_A=1$，使开关 S_1 转接到基准电源 $-V_{REF}$ 上，第一次积分结束。此时

$$T_1=N_1\ T_C=2^n\ T_C$$

因为 $2^n\ T_C$ 不变，即 T_1 固定，所以积分器的输出电压 $u_{O1}(t)$ 与输入模拟电压的平均值成正比，即

$$u_{O1}(t)=-\frac{u_I}{RC}T_1=-\frac{2^n T_C}{RC}u_I$$

第二次积分：$u_{O1}(t)$ 转换成与之成正比的时间间隔 T_2。由于开关 S_1 接至 $-V_{REF}$ 上，积分器开始反向积分，计数器又开始从 0 计数，经过时间 T_2 后积分电压升到 0，过零比较器输出 u_B 为低电平，将 G 封锁，停止计数，转换结束。因为在采样结束时，电容器已充有电压 $u_{O1}(t)$，所以此时积分器输出电压为

$$u_{O2}(t)=u_{O1}(t)-\frac{1}{RC}\int_{T_1}^{T_2}(-V_{REF})\mathrm{d}t=0$$

而

$$-\frac{1}{RC}\int_{T_1}^{T_2}(-V_{REF})\mathrm{d}t=\frac{V_{REF}}{RC}T_2$$

所以

$$\frac{u_I}{RC}T_1=\frac{V_{REF}}{RC}T_2$$

即

$$T_2=\frac{T_1}{V_{REF}}u_I=\frac{2^n T_C}{V_{REF}}u_I$$

可以看出，第二次积分的时间间隔 T_2 与输入电压在 T_1 时间间隔内的平均值 u_I 成正比。在 T_2 时间间隔内计数器所计的数 N_2 为

$$N_2=\frac{T_2}{T_C}=\frac{2^n}{V_{REF}}u_i$$

N_2 与输入电压 u_I 在 T_1 时间间隔内的平均值成正比。只要 $u_I<V_{REF}$，转换器就可以将模拟电压转换为数字量。当 $V_{REF}=2^n$ V 时，$N_2=u_I$，计数器所计的数在数值上就等于被测电压。

双积分型 A/D 转换器与逐次渐近型 A/D 转换器相比，最大的优点是它具有较强的抗干扰能力。由于双积分型 A/D 转换器采用了测量输入电压在采样时间 T_1 内的平均值的原理，因此对于周期等于 T_1 或 $T_1/n(n=1,2,3\cdots)$ 的对称干扰（所谓对称干扰是指整个周期内平均值为零的干扰）从理论上讲具有无穷大的抑制力。在工业系统中，当选择 T_1 为 20 ms 的整数倍时，对 50 Hz 工频干扰信号具有很强的抑制能力。另外，因为两次积分采用同一积分器完成，所以转换结果及精度与积分器的有关参量 R、C 等无关，同时电路比较简单。其缺点是工作速度较低，一般为 1 ms 左右。尽管如此，在要求速度不高的场合，如数字式仪表等，双积分型 A/D 转换器的使用仍然十分广泛。

7.2.5 A/D 转换器的主要技术参数

1. 分辨率

分辨率表示输出数字量变化一个相邻数码所对应的输入模拟量的变化量，常以输出二进制的位数表示分辨率，位数越多，误差越小，转换精度就越高，自然分辨率也就越高。

2. 相对精度

相对精度是指实际的各个转换点偏离理想特性的误差，在理想情况下，所有的转换点应在同一直线上。

3. 转换时间

转换时间是指完成一次转换所需要的时间。转换时间是指从接到转换指令开始，到输出端得到稳定的数字输出信号所经过的这段时间，采用不同的转换电路转换时间是不同的，逐次渐近型 A/D 转换器比双积分型 A/D 转换器快得多。低速的 A/D 转换器完成一次转换需要 1～30 ms，中速为 50 μs 左右，高速为 50 ns 左右。

此外，还有电源抑制量化误差、偏移误差、功率损耗等技术参数，不再一一介绍。

7.2.6 集成 A/D 转换器

ADC0809 片内有带锁存功能的 8 路模拟开关，可实现对 8 路 0～5 V 的输入模拟电压进行分时转换，片内具有多路开关的地址锁存译码器、电压比较器、256R 阶梯电阻、树状电子开关、逐次渐近寄存器(SAR)、控制与时序等电路。输出采用三态锁存缓冲器，可直接与外部数据总线相接。其内部结构如图 7-25 所示，其引脚排列如图 7-26 所示。

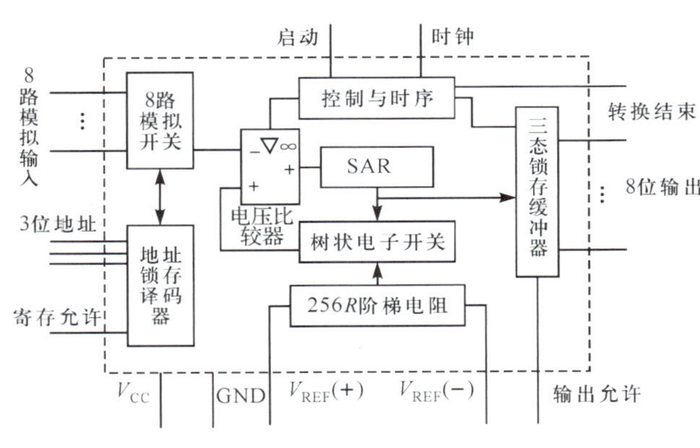

图 7-25 ADC0809 的内部结构

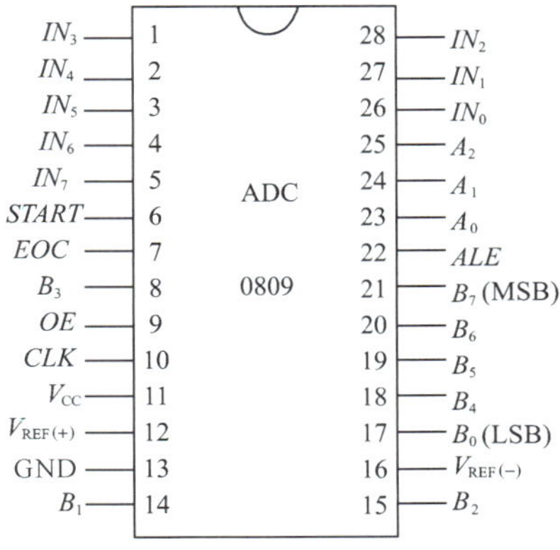

图 7-26 ADC0809 的引脚排列

ADC0809 的引脚功能如下：

(1) $IN_0 \sim IN_7$：模拟量输入端。

(2) $B_0 \sim B_7$：8 位数字量输出端。

(3) $START$：启动信号控制端，下降沿启动 A/D 转换。

(4) ALE：模拟量输入通道地址锁存信号控制端，上升沿锁存选择的模拟通道。

(5)EOC:转换结束标志端。当转换结束时 $EOC=1$;正在转换时,$EOC=0$。

(6)OE:输出允许控制端。当 OE 为低电平时,三态锁存器为高阻态;当 OE 为高电平时,打开三态锁存缓冲器,将转换结果数字量输出到数据总线上。

(7)$V_{REF(+)}$、$V_{REF(-)}$:基准电压输入端。

(8)CLK:时钟输入端。

(9)V_{CC}:主电源输入端。

(10)GND:接地端。

(11)A_0、A_1、A_2:8 路模拟开关的 3 位地址选通输入端。地址输入与选通的通道对应关系见表 7-3。

表 7-3　　地址输入与选通的通道对应关系

地址码			对应的输入通道
A_0	A_1	A_2	
0	0	0	IN_0
0	0	1	IN_1
0	1	0	IN_2
0	1	1	IN_3
1	0	0	IN_4
1	0	1	IN_5
1	1	0	IN_6
1	1	1	IN_7

巩固练习

7-1　请利用 DAC0832、集成运算放大器 μA741、计数器 74LS161、1 kΩ 的电位器、10 kΩ 的电位器及一些辅助元器件设计一个电路,使得二进制加法计数器的计数过程能在示波器上正确显示出来。(计数器的进制可在两片 74LS161 范围内自由选择)

7-2　数字电压表是常见的电工仪表。请查阅以下集成电路芯片的资料:电压源 MC1403、双积分 A/D 转换器 CC14433、7 段译码驱动器 CC4511、半导体数码显示器(共阴极)、7 路达林顿管(复合管)驱动器 MC1413、集成 D 触发器 CC4013。在电阻、电容、三极管等元件充足的情况下,设计 $3\frac{1}{2}$ 位数字电压表的电路。要求先设计出原理框图,再设计具体电路。

7-3　现有一片 DAC0832 的集成芯片,需要知道它是否功能完好。请设计一个 DAC0832 的功能测试电路。(还准备了集成运算放大器 μA741、10 kΩ 的电位器、15 kΩ 的电位器、50 kΩ 的电位器以及直流电源、信号源。)

7-4　4 位倒 T 形 D/A 转换器中,给定 $V_{REF}=5$ V,求:

(1)输入数字量的 $d_3\,d_2\,d_1\,d_0$ 每一位为 1 时的输出端产生的电压值。

(2)输入为全 1、全 0 和 1000 时对应的输出电压值。

7-5　在倒 T 形电阻网络的 D/A 转换器中，若 $n=10$，$V_{REF}=-10$ V，$R_F=R$，输入数字量 $D=0110111001$，求输出电压 u_O 的数值。

7-6　对于一个 8 位 D/A 转换器：

(1)若最小输出电压增量为 0.02 V，则当输入代码为 01001101 时，输出电压 u_O 为多少？

(2)其分辨率用百分数表示是多少？

7-7　已知双积分型 A/D 转换器中，计数器由 8 位二进制组成，时钟频率为 10 kHz，求完成一次转换所需最长时间。

7-8　若双积分型 A/D 转换器中的计数器由 4 片十进制计数器 74290 组成，附加位触发器由一个 T 触发器构成，时钟频率为 50 kHz，积分器 $R=100\ \Omega$，$C=1\ \mu F$，输入电压范围 $u_I=0\sim5$ V。

(1)求第一次积分时间 T_1。

(2)求积分器的最大输出电压 $u_{O(max)}$。

(3)若 $V_{REF}=-10$ V，当计数器的计数值 $N_2=2610$ 时，表示输入电压 u_I 为多大？

拓展小课堂7

项目 8 基于 FPGA 的数字钟电路的设计

项目导引

半导体存储器是当今数字系统不可缺少的组成部分，用来存储二值信息。根据其结构和工作原理不同，可分为只读存储器(ROM)和随机存储器(RAM)两大类。

可编程逻辑器件(PLD)是 20 世纪 70 年代发展起来的一类大规模集成电路，是一种通用型半定制电路。用户可以通过对 PLD 编程，方便地构成一个个大型的、复杂的数字系统，从而降低了系统的价格和功耗，减小了占用空间，增强了系统性能和可靠性。

目前用标准集成电路搭电路板即基于电路板的设计方式已经过时，从设计芯片开始设计系统的方法即基于芯片的设计则成为趋势和潮流。本项目主要用可编程逻辑器件设计数字钟电路，要顺利完成此项目电路，需要熟悉半导体存储器和可编程逻辑器件的功能、结构及使用方法。

知识目标

- 了解 ROM、RAM 的功能及结构。
- 掌握 PAL、GAL、FPGA、CPLD 的结构及使用方法。

技能目标

- 掌握用 FPGA、CPLD 设计电路的方法。
- 通过对数字钟电路的设计，能正确使用可编程逻辑器件设计电路。

素质目标

学习科学家安培、施泰因梅茨的故事，树立远大理想，培养为了实现目标刻苦学习、吃苦耐劳的艰苦奋斗精神。

项目要求

(1)利用FPGA设计一个数字钟电路。

(2)具体要求如下:

设计一个基于FPGA的多功能数字钟电路,具有从00:00:00到23:59:59的计时、显示和闹钟功能,能够进行校时、整点报时。

①计时功能:正常工作状态下,能够进行每天24 h计时。

②显示功能:采用6位LED数码显示器分别显示小时、分和秒。

③整点报时功能:在每个整点时刻的前10 s产生报时信号,即当59分51秒时开始报时,在59分51秒、59分53秒、59分55秒、59分57秒时报时,报时频率为500 Hz;当59分59秒时进行整点报时,报时频率为1 kHz,持续时间为1 s,报时结束时刻为整点。

④校时功能:当数字钟出现计时误差时能够进行校正。即通过功能设定键进入校时状态后,在小时校准时,小时计数器以秒脉冲(1 Hz)速度递增,并按24 h循环;在分校准时,分计数器以秒脉冲(1 Hz)速度递增,并按照60 min循环。

⑤闹钟功能:可以设定闹钟时间,当到达预设的时间点时产生为时20 s的定时提醒铃音。

⑥选择元器件,对电路进行组装调试。

项目分析与参考电路

1. 项目分析

采用层次化设计方法进行数字钟的设计,先根据其功能将整个系统划分为1个顶层模块和6个功能子模块(分频模块、功能模式选择模块、计时与时间调整模块、整点报时模块、显示驱动模块、显示扫描模块)。数字钟电路设计框图如图8-1所示。

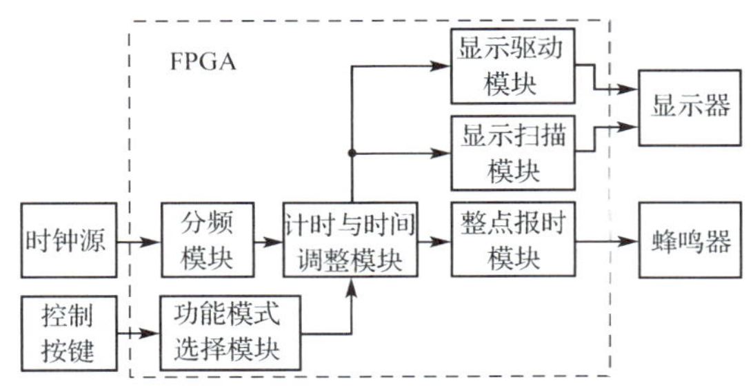

图8-1 数字钟电路设计框图

2. 参考电路

数字钟顶层电路原理如图8-2所示。

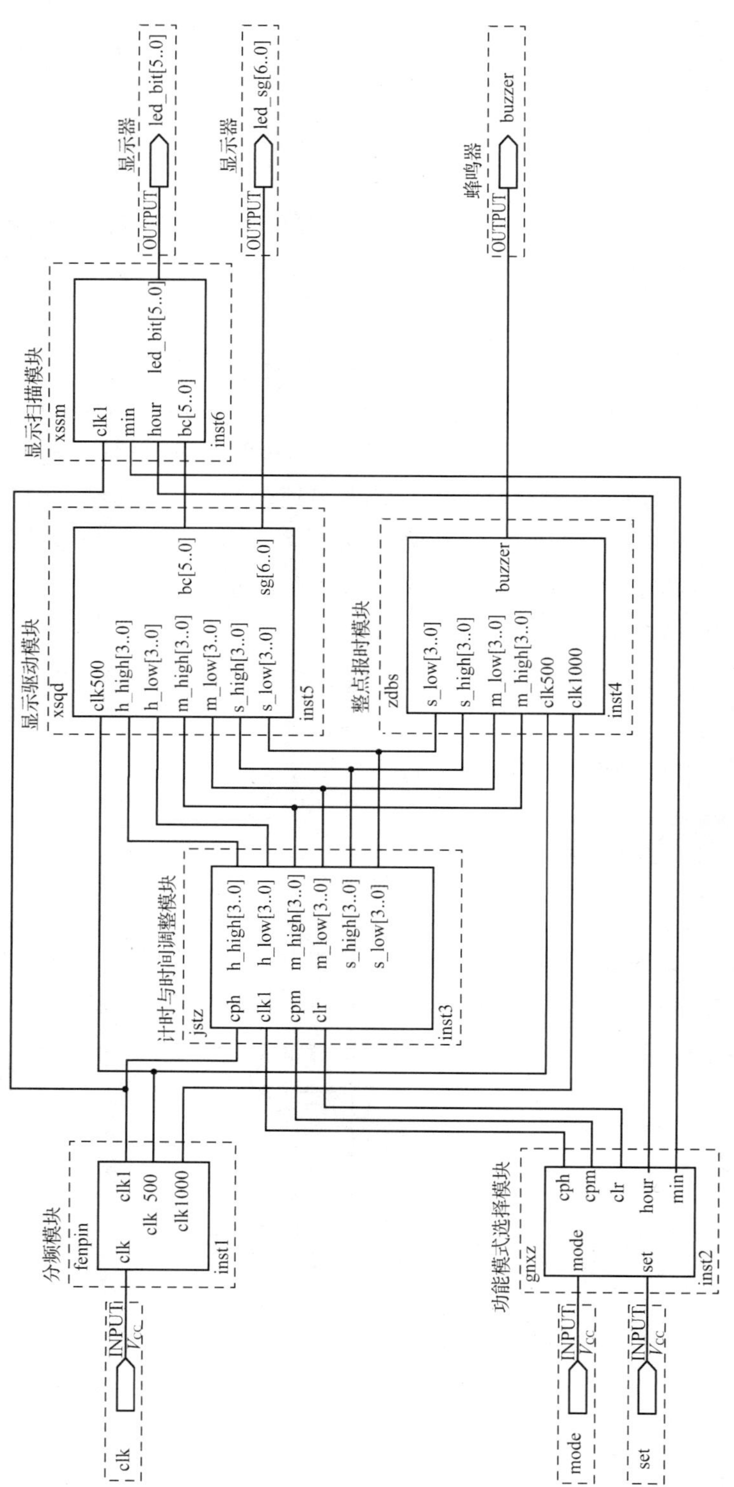

图 8-2 数字钟顶层电路原理

(1)分频模块:负责将系统外部提供的时钟信号进行分频处理,分别产生 1 Hz 的秒计时脉冲信号、整点报时所需的 1 kHz 和 500 Hz 脉冲信号。

(2)功能模式选择模块:在外部功能按键的控制下,使数字钟在计时、闹钟、校时 3 种模式之间转换。

(3)计时与时间调整模块:计时与时间调整模块可分为小时计数、分计数和秒计数 3 个子模块。其中,小时计数子模块为二十四进制 BCD 码计数器,分计数和秒计数子模块均为六十进制 BCD 码计数器。同时,分计数子模块和小时计数子模块还要接收功能模式选择模块输出的分调整信号和小时调整信号,进行时间校准。计时与时间调整模块电路原理如图 8-3 所示。

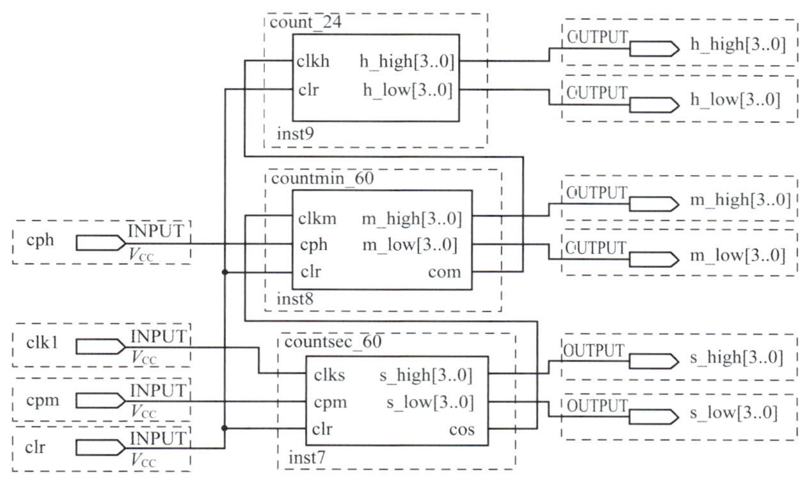

图 8-3　计时与时间调整模块电路原理

(4)整点报时模块:在每个整点的前 10 s 驱动蜂鸣器发出报时信号。

(5)显示驱动模块:计时模块采用 BCD 码计数方式,显示驱动模块要将计时模块输出的小时、分和秒的 BCD 码进行译码,以驱动 LED 数码显示器显示。

(6)显示扫描模块:在校准时间时,显示扫描模块要接收功能模式选择模块的控制命令,向数码显示器输出控制信号,使被调整位的数码显示器闪烁,显示当前调整位。

系统的外部输入信号为系统工作所需的时钟信号、工作模式选择信号、时间设置信号,系统输出外接设备为报时的蜂鸣器和用于时间显示的 6 位数码显示器。其中设置的功能键:mode 按键,为功能模式选择按键,用于系统计时、校时、清零复位功能设置;set 按键,在系统校准模式下手工进行小时、分的调整,每按一次使小时计数器或者分计数器加 1,在复位模式下用于清零确认;报时按键,用于发出整点报时音。系统采用 6 位共阴极数码显示器作为显示装置,分别显示小时、分钟和秒。

项目实施

工作任务名称	基于 FPGA 的数字钟电路的设计

设备和器件

1. 计算机、数字逻辑实验箱；2. Xilinx 公司的 XC4000 系列 FPGA 芯片。

电路连接与调试

1. 设计数字钟，用 MAX+plus Ⅱ或 Quartus Ⅱ软件画出数字钟顶层电路原理图。
2. 给 FPGA 芯片分配引脚，并画出引脚排列图。
3. 进行数字钟功能仿真，然后编译并下载到 FPGA 芯片中，制作以 FPGA 为基础的专用数字钟集成电路芯片。
4. 对芯片做硬件功能测试。验证数字钟的功能。

出现问题与解决方法

结果分析

项目拓展

用 GAL16V8 芯片设计一个 6 位通用移位寄存器，画出电路图。

电路功能：数据左移、数据右移、并行装入数据、并行输出数据等。

项目考核

序　号	考核内容	分　值	得　分
1	设计并画出电路原理图	25%	
2	画引脚排列图	10%	
3	仿真、编译并下载到 FPGA	30%	
4	硬件功能测试	20%	
5	结果分析	5%	
6	项目拓展	10%	
考核结果			

相关知识

半导体存储器不仅可以存储文字的编码数据，而且可以存储声音和图像的编码数据。它是电子计算机等数字系统的重要组成部分。按照集成度划分，半导体存储器属于大规模集成电路。

另一类功能特殊的大规模集成电路是 20 世纪 70 年代后期发展起来的可编程逻辑器件(PLD)。中小规模标准集成器件性能好、价格低，但是仅仅采用这些器件构成一个大型复杂的数字系统，常常导致系统功耗高、占用空间大和系统可行性差等问题。可编程逻辑器件较好地解决了以上问题，并在工业控制、信号处理和产品开发等方面得到了广泛的应用。可编程逻辑器件是一种可以由用户定义和设置的逻辑功能器件。该类器件具有结构灵活、集成度高、处理速度快和可行性高等优点，而且可实现硬件设计软件化。

8.1　认识半导体存储器

半导体存储器的种类很多，从存取功能上可以分为只读存储器(Read-Only Memory，简称 ROM)和随机存储器(Random Access Memory，简称 RAM)两大类。

另外，从制造工艺上又可以把存储器分为双极型和 MOS 型。鉴于 MOS 电路(尤其 CMOS 电路)具有功耗低、集成度高的优点，所以目前大容量的存储器都采用 MOS 工艺制作。

由于计算机处理的数据越来越多，运算速度越来越快，这就要求存储器具有更大的存储容量和更快的存取速度。通常把存取容量和存取速度作为衡量存储器性能的重要指标。目前动态存储器的容量已达 10 亿位/片。一些高速随机存储器的存取时间仅为 10 ns 左右。

8.1.1　随机存储器(RAM)

随机存储器也称为读/写存储器，用于存储可随时更换的数据，可以随时从给定地址码的存储单元读出(输出)数据或写入(输入)新数据。根据所采用的存储单元工作原理的不同，又将随机存储器分为静态存储器(static random access memory，SRAM)和动态存储器(dynamic random access memory，DRAM)。

RAM 靠存储电路的状态存储数据 0 或者 1，故断电后 RAM 的存储数据丢失。

1. RAM 的基本结构

一般而言，存储器由存储矩阵、地址译码器和读/写控制电路(也称为输入/输出控制电路)三部分组成，如图 8-4 所示，由此看出进出存储器有三类信号线，即地址线、数据线和控制线。

(1)存储矩阵

存储矩阵由许多存储单元排列成行列矩阵结构，每个存储单元存储 1 位二进制数据(0 或 1)。存储器以字为单位组织内部结构，1 个字含有若干个存储单元。1 个字中所含

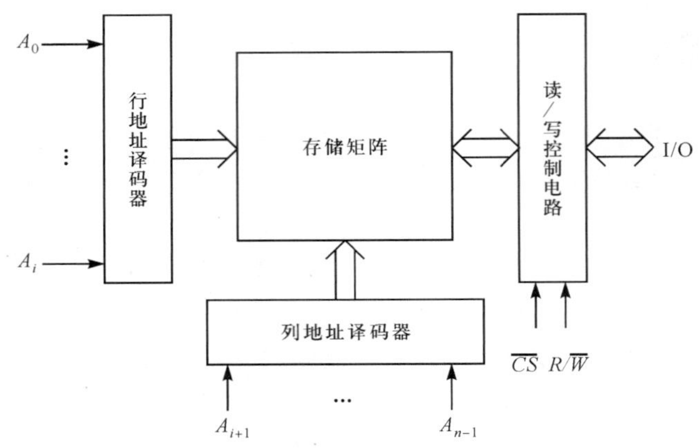

图 8-4 RAM 电路的基本结构

的位数称为字长。在实际应用中,常以字数和字长的乘积表示存储器的容量,存储器的容量越大,意味着存储器存储的数据越多。

例如,一个容量为 256×4(256 个字,每字 4 位)的存储器,有 1 024 个存储单元,这些单元可以排成 32 行×32 列的矩阵形式,如图 8-5 所示。图中每行有 32 个存储单元,每 4 列存储单元连接在相同的列地址译码线上,组成一个字列,由此看出每行可存储 8 个字,每个字列可存储 32 个字。每根行地址选择线选中一行,每根列地址选择线选中一个字列。因此,图示阵列有 32 根行地址选择线和 8 根列地址选择线。

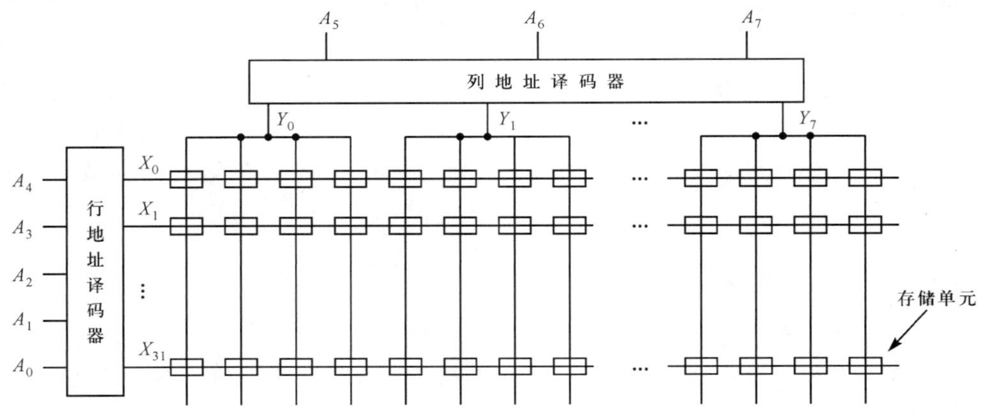

图 8-5 256×4 RAM 存储矩阵

(2)地址译码器

地址译码器实现地址的选择。在大容量的存储器中,通常采用双译码结构,即将输入地址分为行地址和列地址两部分,分别由行、列地址译码电路译码。行、列地址译码电路的输出作为存储矩阵的行、列地址选择线,由它们共同确定欲选择的地址单元。

对于如图 8-5 所示的存储矩阵,256 个字需要 8 位二进制地址码($A_7 \sim A_0$)。地址译码有多种形式。例如,可以将地址码 $A_7 \sim A_0$ 的低 5 位 $A_4 \sim A_0$ 作为行地址,经过 5 线-12 线译码电路,产生 32 根行地址选择线,地址码的高 3 位 $A_7 \sim A_5$ 作为列译码输入,产生 8 根列地址选择线。只有被行地址选择线和列地址选择线同时选中的单元,才能被访问。

例如，当输入地址码 $A_7 \sim A_0$ 为 00011111 时，X_{31} 和 Y_0 输出有效电平，位于 X_{31} 和 Y_0 交叉处的字单元可以进行读出或写入操作，而其余任何字单元都不会被选中。

(3)输入/输出控制电路

输入/输出控制电路用来控制存储器内部数据与外部进行交换的过程。如图 8-6 所示为一个简单的输入/输出控制电路。为了便于控制，电路不仅有读/写控制信号 $R/\overline{W}$，还有片选信号 $\overline{CS}$。当片选信号有效时，芯片被选中，可以进行读/写操作，否则芯片不工作，内部数据线与端口引脚隔离。片选信号仅解决芯片是否工作的问题，而芯片的读/写操作则由读/写控制信号 $R/\overline{W}$ 决定。

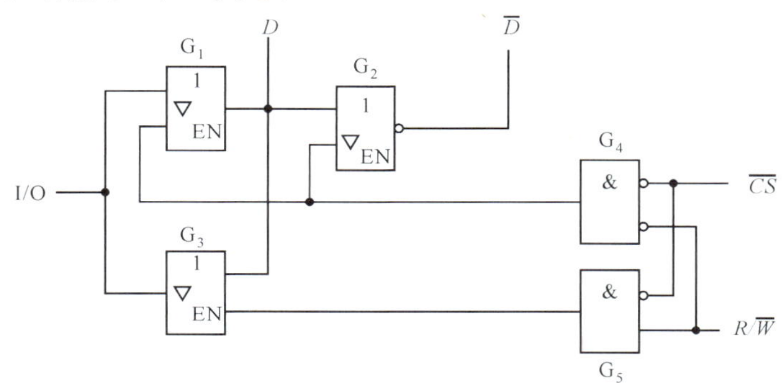

图 8-6　输入/输出控制电路

在图 8-6 中，当片选信号 $\overline{CS}=1$ 时，G_4、G_5 输出为 0，三态门 G_1、G_2、G_3 均处于高阻状态，输入/输出(I/O)端与存储器内部完全隔离，存储器禁止读/写操作，即不工作；而当 $\overline{CS}=0$ 时，芯片被选通，根据读/写控制信号 $R/\overline{W}$ 的高、低，执行读或写操作。当 $R/\overline{W}=1$ 时，G_5 输出高电平，G_3 被打开，于是被选中的单元所存储的数据出现在输入/输出端，存储器执行读操作；反之，$R/\overline{W}=0$ 时，G_4 输出高电平，G_1、G_2 被打开，此时加在输入/输出端的数据以互补的形式出现在内部数据上，并被存入所选中的存储单元，存储器执行写操作。

2. RAM 存储容量的扩展

在数字系统或计算机中，单个存储器芯片往往不能满足存储容量的要求，因此，在实际使用时，可以把多个单片 RAM 进行组合扩展成大容量存储器。扩展存储容量的方法可以通过增加位数和字数来实现。存储器的字通常以 K、M 和 G 为倍率，其中 $1\ K = 2^{10} = 1024$，$1\ M = 2^{20} = 1024\ K$，$1\ G = 2^{30} = 1024\ M$。

(1) RAM 的位(字长)扩展

当所用单片 RAM 的位数不够时，就要进行位扩展。位扩展可以利用芯片的并联方式实现，即将 RAM 的地址线、读/写控制线和片选信号对应地并联在一起，而各个芯片的输入/输出端作为扩展后存储系统的字的位线。例如，用 4 片 4 K×4 位的 RAM 扩展成一个 4 K×16 位的 RAM，如图 8-7 所示。

(2)RAM 的字扩展

字扩展就是把几片相同 RAM 的数据线、读/写控制线并接在一起作为共用输入/输出端，即位不变，把地址线加以扩展，用扩展的地址线去控制各片 RAM 的片选线。地址

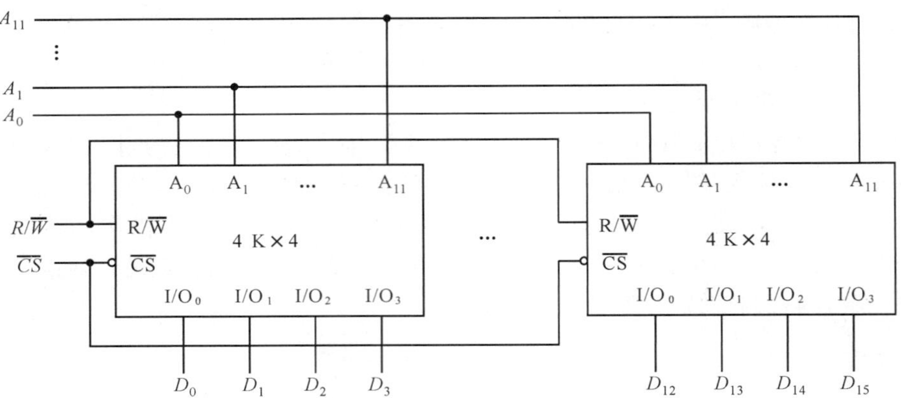

图 8-7　RAM 的位扩展

线需扩展几位，依字扩展的倍数决定。例如，将 RAM 扩展成 2 倍，则增加 1 位地址线；如将 RAM 扩展成 4 倍，则增加 2 位地址线，依此类推。字扩展通常的方法是将增加的地址线经过一级译码后，再去控制各个存储器芯片的片选。例如，用 4 片 8 K×8 位的 RAM 扩展成 32 K×4 位的存储器，则要增加 2 位地址线，这时需要一个 2 线-4 线译码器，用译码器的 4 个输出分别控制 4 片 RAM 的片选端 $\overline{CS}$，如图 8-8 所示。

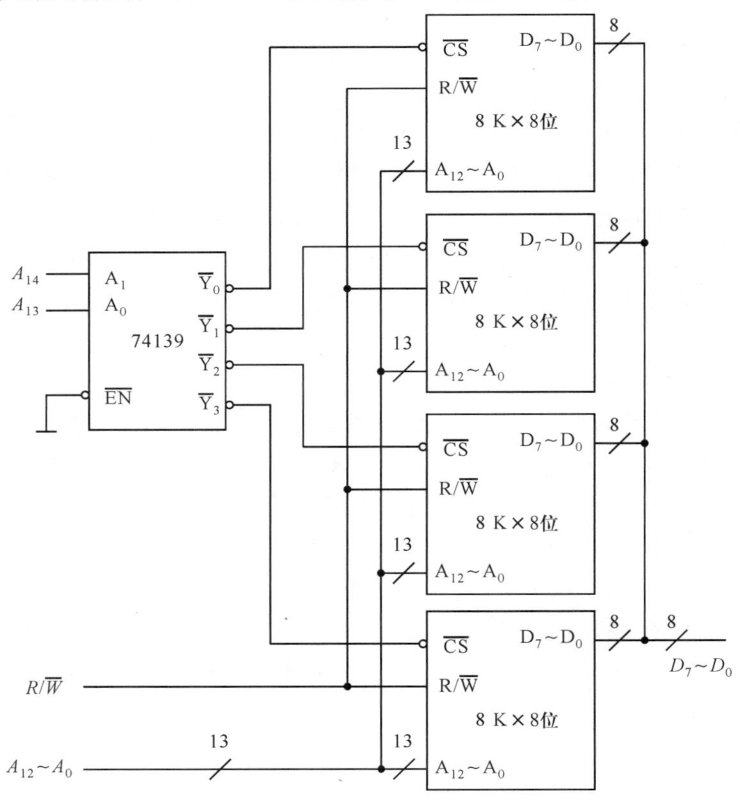

图 8-8　RAM 的字扩展

(3)RAM 的位和字同时扩展

当 RAM 的位和字都需要提高时，一般是先进行位扩展，然后再进行字扩展。例如，用 4 片 4K×4 位的 RAM，扩展成一个 8 K×8 位的 RAM，如图 8-9 所示。

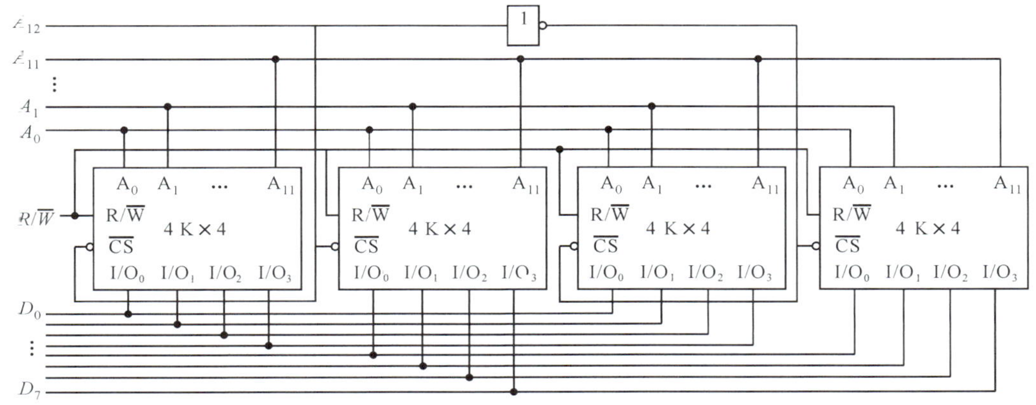

图 8-9　RAM 的位和字同时扩展

3. RAM 示例

目前，市场上的 RAM 品种繁多，且没有一个统一的命名标准。不同厂商生产的功能相同的产品，其型号也不尽相同。这里给出 Motorola 公司生产的 MCM6264 芯片和 NEC 公司生产的 μPD41256 芯片两个例子。

(1)MCM6264

MCM6264 是 8 K×8 位的 SRAM。该芯片采用 20 引脚塑料双列直插封装，单电源 +5 V 供电。如图 8-10 所示为它的逻辑图和引脚排列，表 8-1 为其功能表。因为容量为 8 K×8 位 $=2^{13}\times 8$ 位，所以 MCM6264 有 13 根地址线 $A_0\sim A_{12}$ 和 8 根数据线 $DQ_0\sim DQ_7$。另外还有 4 根控制线：写允许 W、输出允许 G、片选 E_1 和 E_2。

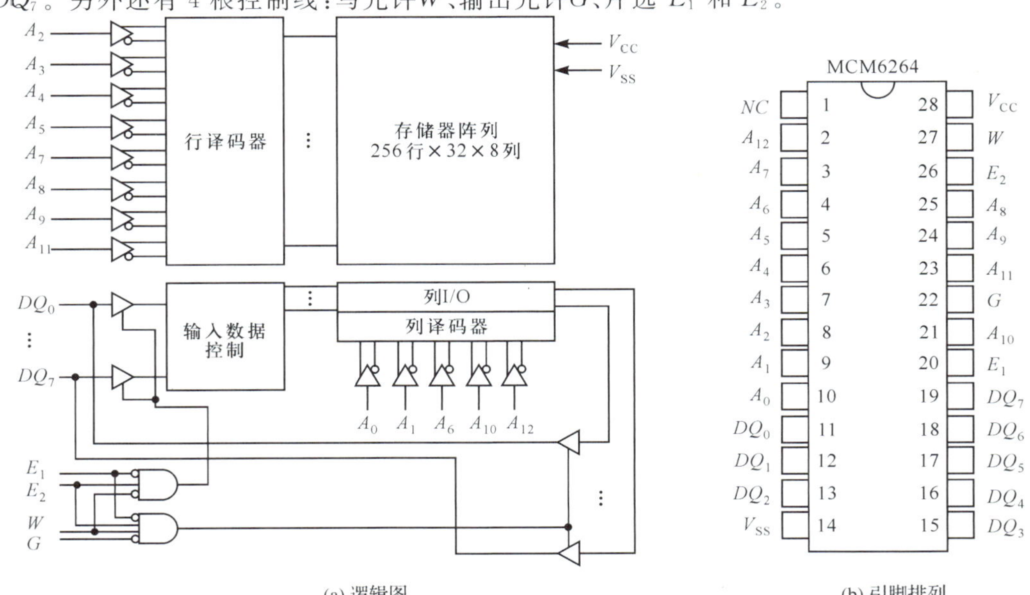

图 8-10　MCM6264 的逻辑图和引脚排列

表 8-1　　MCM6264 的功能表

E_1	E_2	G	W	方　式	I/O
1	×	×	×	无选择	高阻态
×	0	×	×	无选择	高阻态
0	1	1	1	输出禁止	高阻态
0	1	0	1	读	*DO*
0	1	×	0	写	*DI*

(2)μPD41256

μPD41256 是 256 K×1 位的 DRAM。由于 DRAM 的集成度很高，存储容量大，因此需要较多的地址线。但地址线增多，势必会加大芯片尺寸，为了解决这一矛盾，DRAM 大都采用行、列地址分时送入的方法。μPD41256 的逻辑图和引脚排列如图 8-11 所示。它具有独立的数据输入/输出线，9 根地址线，18 位地址分两次输入。芯片内部设有行、列两个地址锁存器，分别用于锁存行、列地址。行、列地址先后由行地址选通 *RAS* 和列地址选通 *CAS* 信号控制，送入各自的锁存器。此外，μPD41256 没有单独的片选信号，片选工作由 *RAS* 提供。芯片内部还设有时钟发生器，用于产生内部时钟信号，这些时钟信号控制芯片的读、写和刷新等操作。时钟发生器受 *RAS* 和 *CAS* 制约。

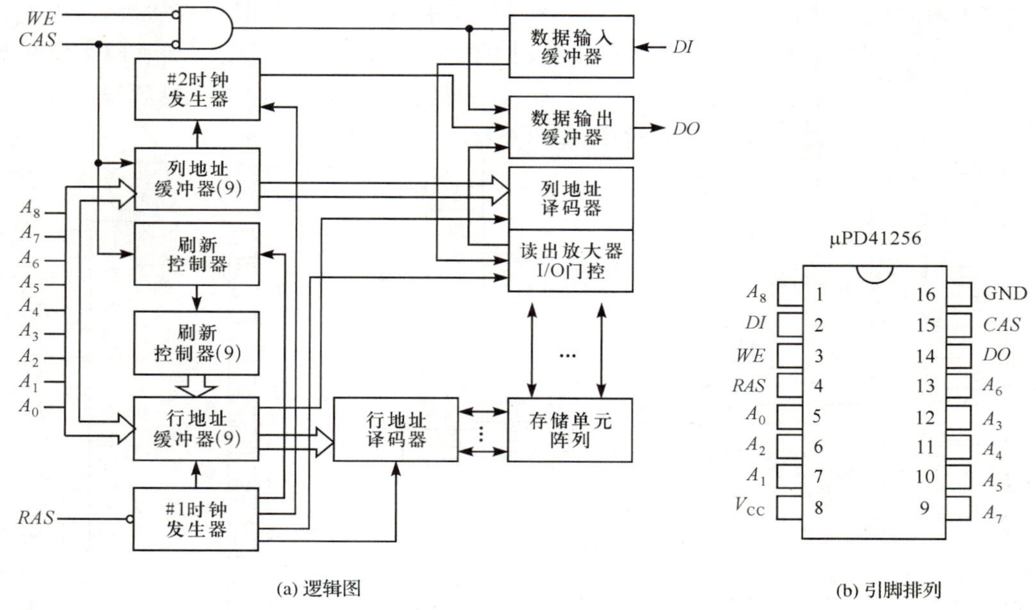

(a) 逻辑图　　(b) 引脚排列

图 8-11　μPD41256 的逻辑图和引脚排列

8.1.2　只读存储器(ROM)

只读存储器用于存储不可随时更改的固定数据。数据经一定方法写入(存入)存储器后，就只能读出数据，不能随时写入新数据。数据可长期保存。只读存储器中又分为固定 ROM、可编程 ROM 等。

ROM 靠电路物理结构存储数据，故断电后数据仍能保存，不会丢失。

1. 固定 ROM

固定 ROM 又称为掩膜 ROM，这种 ROM 在制造时，生产厂家利用掩膜技术把数据写入存储器，一旦 ROM 制成，其存储的数据也就固定不变了。

ROM 主要由三部分组成：存储矩阵、地址译码器和输出缓冲器。

(1)存储矩阵由许多存储单元组成，每个存储单元可存储 1 位二进制数码(0 或 1)。通常存储单元排列成矩阵方式。存储单元电路可以由二极管、三极管或 MOS 管构成。每一个或者一组存储单元有一个对应的地址编码。

(2)地址译码器的作用是将输入的地址代码转换成相应的控制信号，并由这个信号从存储矩阵里选出(找到)对应的存储单元，并把其中的数据送到输出缓冲器。

(3)输出缓冲器的作用：一是提高带负载能力；二是实现对输出端的三态控制，以便与总线连接。

固定 ROM 一般为 MOS 电路。现举最简单的例子来说明电路结构和工作原理。如图 8-12 所示为一个 4×4 位的 MOS ROM 电路。图中 NMOS 管采用简化画法。

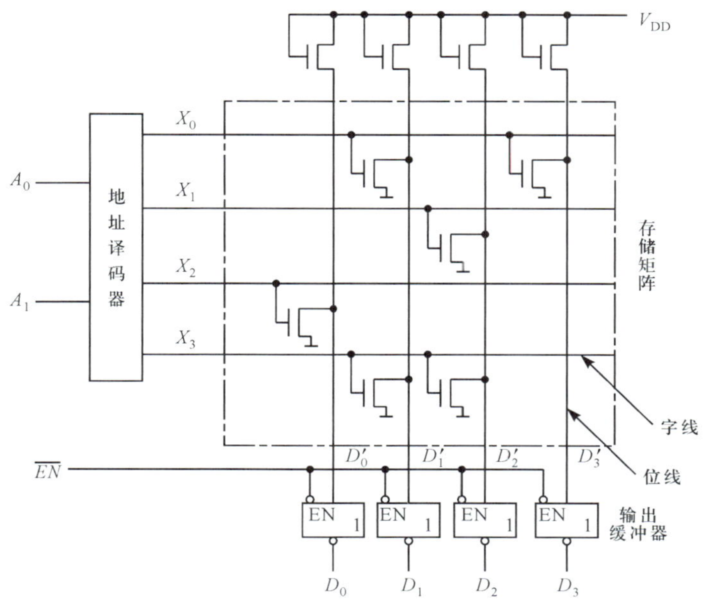

图 8-12　4×4 位的 MOS ROM 电路

存储矩阵的行线 $X_0 \sim X_3$ 称为字线，列线 $D'_0 \sim D'_3$ 称为位线。行线和列线的交会处为一个存储单元，设其中连接有 MOS 管表示存储数据 1，无 MOS 管表示存储数据 0。有管或无管是根据电路设计方案需要人为设置的。

A_1A_0 是地址码，经地址译码器译码，输出 4 个字选通信号 $X_0 \sim X_3$，根据地址译码器的功能可知，在某一时刻 $X_0 \sim X_3$ 中只有一个有效，且高电平有效。每条字线可选中一组 4 个存储单元。由此看出，该存储矩阵有 4 个字，每个字有 4 个存储单元，存储容量为 4×4 位。

输出缓冲器由 4 个三态门组成，数据 $D'_0 \sim D'_3$ 可经控制线 EN 控制输出为 $D_0 \sim D_3$。

下面分析数据读出（输出）过程：设地址码 $A_1A_0=00$，则地址译码器输出线 $X_0=1$，$X_1=X_2=X_3=0$，X_0 字线和 D'_1、D'_3 位线交会处的 NMOS 管导通，使 D'_1、D'_3 位线呈低电平，即 $D'_1=D'_3=0$。D'_0 位线和 X_2 字线交会处的 NMOS 管，因 $X_2=0$ 而截止，故 D'_0 位线呈高电平，同理，D'_2 位线也呈高电平，即 $D'_0=D'_2=1$。从而，$D'_3D'_2D'_1D'_0=0101$。当 $EN=0$ 时，$D_3\ D_2\ D_1\ D_0=1010$，读出的数据为 1010。所以，称 X_0 字线控制的一组存储单元所存储的数据为 1010。一般把所存储的数据称为一个存储字，简称字。给每一组存储单元编制一个地址码，一个地址码所对应的那组存储单元，又称为一个地址单元。该 ROM 中存储的数据见表 8-2。

表 8-2　　ROM 存储的数据

地址		数据			
A_1	A_0	D_3	D_2	D_1	D_0
0	0	1	0	1	0
0	1	0	1	0	0
1	0	0	0	0	1
1	1	0	1	1	0

采用 MOS 工艺制作通用大规模集成电路 ROM，工艺简单，集成度高，大批量生产，故成本低，售价低。

2. 可编程 ROM

可编程 ROM 又可以分为一次可编程 ROM（programmable read-only memory，PROM）和可擦除可编程 ROM。可擦除可编程 ROM 中的数据可以擦除重写，擦除方式有两种，一种是用紫外线照射擦除，一种是用电擦除。紫外线照射擦除的 ROM 称为 EPROM（erasable programmable read-only memory），电擦除的有 E^2PROM（electrically erasable programmable read-only memory）和快闪存储器两种。

(1) PROM

设计人员在研发数字电路新产品时，往往希望能尽快按自己的设计方案形成 ROM。这样，就产生了 PROM，以满足这种需求。

PROM 由存储矩阵、地址译码器和输出电路三部分组成。与 ROM 不同的是，在 PROM 存储矩阵的行、列交会处都制作了存储单元，即在出厂时每个存储单元都存入了数据 1。用户可以根据自己的设计方案对电路进行写 0 修改编程。

如图 8-13 所示是一个 16×8 位 PROM 的结构原理，存储矩阵中的存储单元是由一只三极管和串联在发射极的快速熔丝组成。熔丝用很细的低熔点合金丝或者多晶硅导线制成。在写入数据时只要设法将需要存入 0 的存储单元中的熔丝烧断就行了。数码写入要通过专用或通用编程器来实现。由于熔丝烧断后不能恢复，因此 PROM 只能改写一次。

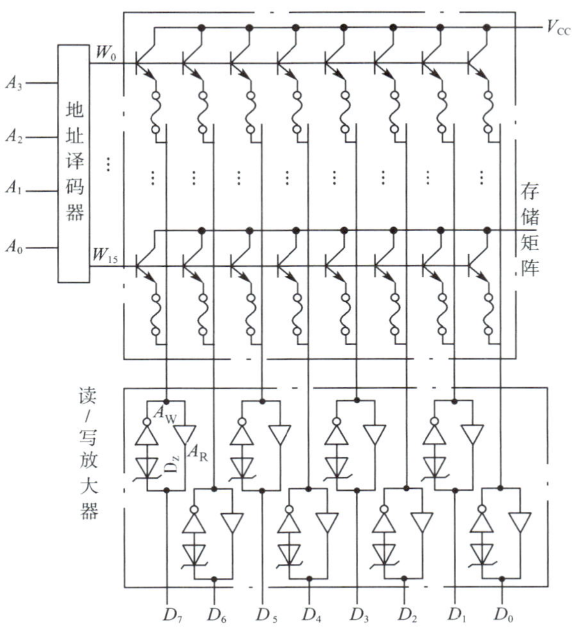

图 8-13　16×8 位 PROM 的结构原理

(2)EPROM

EPROM 是用电的方法写入数据和用紫外线照射擦除数据的。目前采用叠栅雪崩注入 MOS(Stacked-gate avalanche Injection MOS,简称 SIMOS)管制作 EPROM 的存储单元。SIMOS 管的结构和符号如图 8-14 所示。它是一个 N 沟道增强型的 MOS 管,有两个重叠的栅极——控制栅 G_c 和浮置栅 G_f。控制栅 G_c 用于控制读出和写入,浮置栅 G_f 用于长期保存注入的电荷。

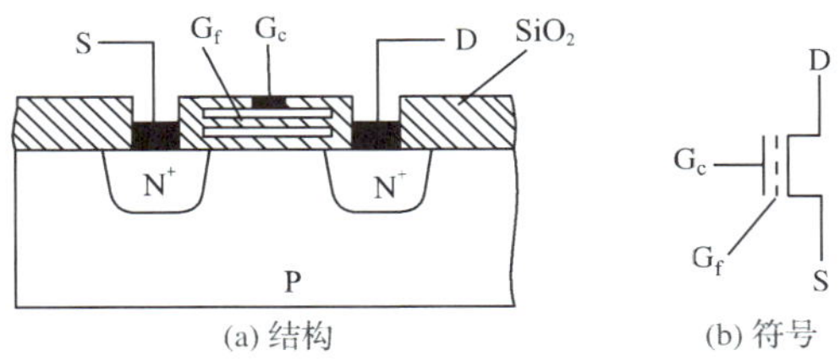

图 8-14　SIMOS 管的结构和符号

当浮置栅上没有电荷时,在控制栅上加上正常的高电平能够使漏-源之间产生导电沟道,SIMOS 管导通;而当浮置栅上带有负电荷时,则衬底表面感应的是正电荷,必须在控制栅上加上更高的电压才能抵消注入负电荷的影响而形成导电沟道,因此,在控制栅极加上通常的高电平,SIMOS 管将不会导通。

在写入数据前,浮置栅是不带电的,要使浮置栅带负电荷,必须在漏-源之间加上较高的电压(20～25 V),使漏极和衬底之间的 PN 结发生雪崩击穿,产生大量的高能电子。这些电子穿过 SiO_2 层堆积在浮置栅上,形成注入电荷,从而使浮置栅带有负电荷。浮置栅上注入电荷的 SIMOS 管相当于写入了 1,未注入电荷的相当于存入了 0。断电后,由于注入浮置栅上的电荷没有放电通路,故可以长久保存(125 ℃以下,70%电荷可保存 10 年)。

如果用紫外线或 X 射线照射 SIMOS 管的栅极氧化层,则 SiO_2 层中将产生电子空穴对,为浮置栅上的存储电荷提供放电通道。待栅极上的电荷消失以后,恢复写入前的状态,这个过程称为擦除。擦除时间需要 15～20 min。EPROM 芯片正上方封装有透明的石英盖板。在写好数据之后应使用不透明的胶带将石英盖板遮蔽,以防止数据丢失。

(3)E^2PROM

虽然用紫外线使 EPROM 具备了可擦除重写的功能,但擦除操作复杂,擦除速度很慢。为了克服这些缺点,又研制了可以用电信号擦除的可编程 ROM,这就是通常所说的 E^2PROM。

E^2PROM 也是采用浮置栅技术生产的可编程存储器,构成其存储单元的 MOS 管称为 FLOTOX(floating-gate tunnel oxide)管。FLOTOX 管与 SIMOS 管相似,它也属于 N 沟道增强型的 MOS 管,不同的是,FLOTOX 管是用电擦除的,并且擦除的速度要快得多(一般为毫秒数量级)。

E^2PROM 电擦除的过程就是改写过程,改写过程是以字为单位进行的。E^2PROM 既具有 ROM 的非易失性,又具备类似 RAM 的功能,可以随时改写(可重复擦写 1 万次以上)。目前,大多数 E^2PROM 芯片内部都备有升压电路。因此,只需提供单电源供电,便可进行读/写、擦除操作,这为数字系统的设计和在线调试提供了极大的方便。

目前,除了并行 E^2PROM 被灵活运用外(如 PC 计算机中用来存储 CMOS 设置等),串行 E^2PROM 也被广泛地用于各种 IC 卡中(如电话 IC 卡等)。

(4)快闪存储器

快闪存储器既吸收了 EPROM 结构简单、编程可靠的优点,又保留了 E^2PROM 快捷擦除的特性,而且集成度可以做得很高。快闪存储器存储单元的 MOS 管结构与 SIMOS 管类似,主要区别在于浮置栅到 P 型衬底间的氧化绝缘层比 SIMOS 管的更薄。这样,可以通过在源极上加一正电压,使浮置栅放电,擦除写入的数据。一般整片擦除只需要几秒,不像 EPROM 那样需要照射 15～20 min。

快闪存储器中数据的擦除和写入是分开进行的,数据写入方式与 EPROM 相同,需要输入一个较高的电压,因此,要为芯片提供两组电源。这种存储器一个字的写入时间约为 200 μs,一般可以擦除/写入 100 次以上。

自从 20 世纪 80 年代末期快闪存储器问世以来,便以其高集成度、大容量、低成本和使用方便等优点引起普遍关注。产品的集成度在不断地提高,快闪存储器已经成为特别重要的移动存储器。

3. ROM 的应用

下面举例说明 ROM 的简单应用。如图 8-15 所示为一个用 ROM 实现的十进制数码显示电路。图中 8421 码接至 ROM 的地址输入线 $A_0 \sim A_3$,ROM 的 7 根数据线 $D_1 \sim D_7$

依次接到 7 段数码显示器的 $a\sim g$ 端。这样，地址单元 0000 的内容对应 7 段数码 0，1001 的内容对应 7 段数码 9，从而实现十进制数码显示。

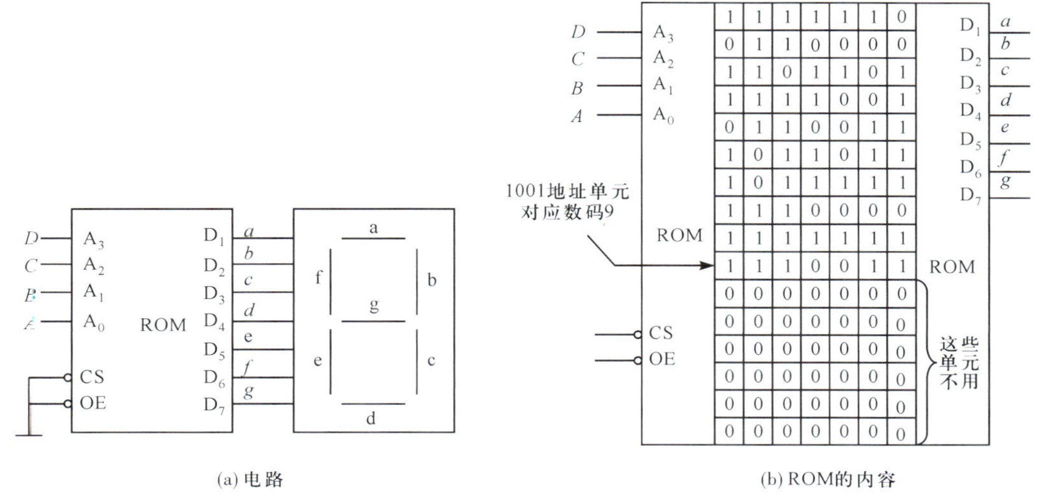

图 8-15　用 ROM 实现的十进制数码显示电路

8.2　认识可编程逻辑器件

8.2.1　可编程逻辑器件概述

1. 可编程逻辑器件简介

在数字系统中大量使用数字逻辑器件，除了按集成度分为小规模、中规模、大规模及超大规模器件外，还可从逻辑功能特点上将数字集成电路分为通用型和专用型两大类。前面介绍的中、小规模数字集成电路都属于通用型，这些器件具有很强的通用性，它们的逻辑功能比较简单，而且固定不变。从理论上讲可以用这些通用型数字集成电路组成任何复杂的数字系统，但是需要大量的芯片及芯片连线，且功耗大，体积大并且可靠性差。专用型数字集成电路 ASIC(application specific integrated circuit)是为某种专门用途而设计的集成电路。它不仅能减小电路体积、质量和功耗，而且使电路的可靠性大幅提高。但是，在用量不大的情况下，设计和制造的成本很高，并且设计、制造和修订的周期均较长。

可编程逻辑器件 PLD(programmable logic device)是 20 世纪 70 年代发展起来的新型逻辑器件。它是被作为一种通用型器件来生产的，然而它的逻辑功能又是由用户通过对器件编程来自行设定的，可以实现在一片 PLD 芯片上数字系统的集成，而不必由芯片制造厂商去设计和制作专用集成芯片。它是大规模集成电路技术与计算机辅助设计(CAD)、计算机辅助生产(CAM)和计算机辅助测试(CAT)相结合的产物，是现代数字电子系统向超高集成度、超低功耗、超小型化和专用化方向发展的重要基础。

需要说明的是，在采用 PLD 设计逻辑电路时，设计者要利用 PLD 开发软件和硬件完成设计和编程。PLD 的开发软件可以根据设计要求，自动进行逻辑电路的输入设计、编译、逻辑划分、优化和仿真，得到满足设计要求的 PLD 编程数据(熔丝图文件)。逻辑功能仿真通过后，还要将 PLD 编程数据下载到可编程逻辑器件中，使 PLD 具有所要求的逻辑功能。

可编程逻辑器件从最初的“与阵列”全部预定制 PROM 到现在复杂的 PLD(CPLD、FPGA)，大体可分成四个阶段，即

第一阶段：PROM。

第二阶段：PAL(programmable array logic)。

第三阶段：GAL(generic array logic)、EPLD。

第四阶段：CPLD(complex programmable logic device)、FPGA(field programmable gate array)。

2. 可编程逻辑器件的分类

可编程逻辑器件从编程技术上分为一次性编程和可多次编程。一次性编程在编程后不能修改，采用熔丝工艺制造，一次性编程器件不适合在数字系统的研制、开发和试验阶段使用；而多次编程器件大多采用场效应管作为开关元件，并采用 EPROM、E^2PROM、Flash Memory 和 SRAM 制造工艺生成编程元件，实现器件的多次编程。

可编程逻辑器件按集成密度可分为低密度可编程逻辑器件和高密度可编程逻辑器件。PROM、PAL 和 GAL 属于低密度可编程逻辑器件；而 CPLD 和 FPGA 属于高密度可编程逻辑器件。

8.2.2 PLD 的电路表示法

前面已经介绍了逻辑电路的一般表示方法，但那些方法并不适合于描述可编程逻辑器件 PLD 的内部结构和功能。为此，介绍一种新的逻辑表示法——PLD 表示法。这种表示法在芯片内部配置和逻辑图之间建立了一一对应的关系，并将逻辑图和真值表结合起来，构成了一种紧凑而易于识读的表达形式。

1. 连接方式

PLD 最基本的结构形式就是与或逻辑阵列。如图 8-16(a)所示是一个基本的 PLD 逻辑图，从图中可以看出，门阵列交叉点上的连接方式共有三种情况：

(1)硬线连接：就是固定连接，不可以编程改变。

(2)编程接通：由用户编程来实现连接状态。

(3)编程断开：由用户编程来实现断开状态。

硬线连接、编程接通、编程断开的符号如图 8-16(b)所示。

2. 基本门电路的 PLD 表示法

门电路的 PLD 符号如图 8-17 所示。其中，如图 8-17(a)、图 8-17(b)所示分别是 PLD 的输入缓冲器(互补输入缓冲器)和三态输出缓冲器。如图 8-17(c)所示是 4 输入与门的

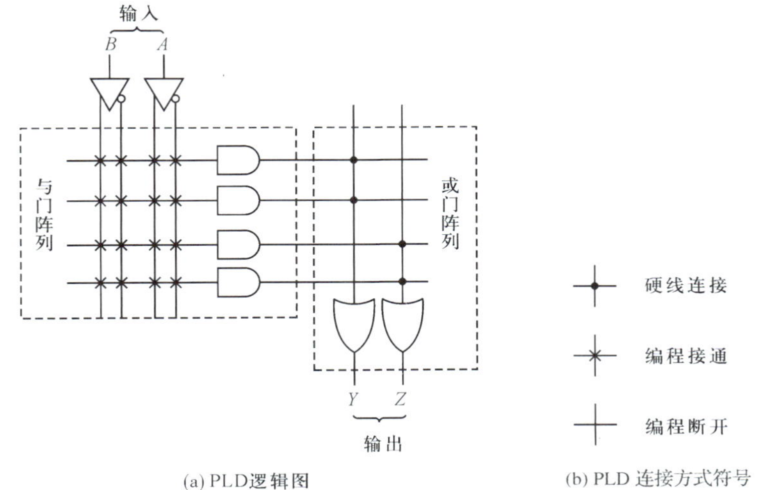

(a) PLD逻辑图　　(b) PLD连接方式符号

图 8-16　PLD 典型的与或阵列逻辑图与连接方式符号

PLD 表示法，$Y_1=ABCD$，通常把 A、B、C、D 称为输入项，Y_1 称为乘积项。如图 8-17(d)所示是 4 输入或门的 PLD 表示法，$Y_2=A+B+C+D$。

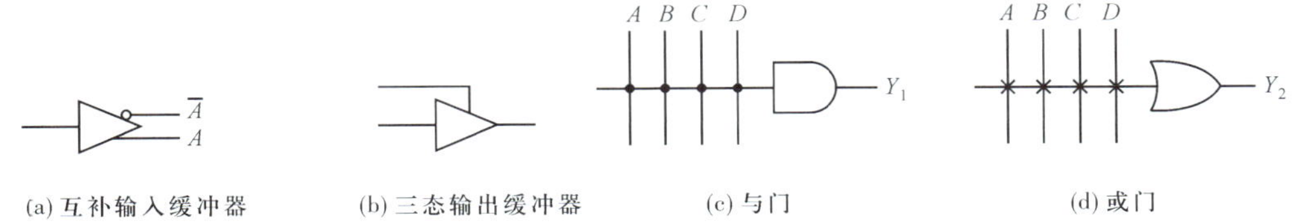

(a) 互补输入缓冲器　(b) 三态输出缓冲器　(c) 与门　(d) 或门

图 8-17　门电路的 PLD 符号

在图 8-18(a)中，逻辑电路的输出变量 Y_1、Y_2、Y_3 分别为

$Y_1=A\cdot\overline{A}\cdot B\cdot\overline{B}=0$　　输入项 A、$\overline{A}$、B、$\overline{B}$被编程接通

$Y_2=1$　　与门的所有输入项均不接通，保持"悬浮"的 1 状态

$Y_3=\overline{A}\cdot B$　　输入项 $\overline{A}$、B 硬线连接

图 8-18(a)中，与门 G_1 对应的所有输入项被编程接通，输出项恒等于 0，这种状态为与门编程的默认状态，也可以用如图 8-18(b)所示的形式来等效。

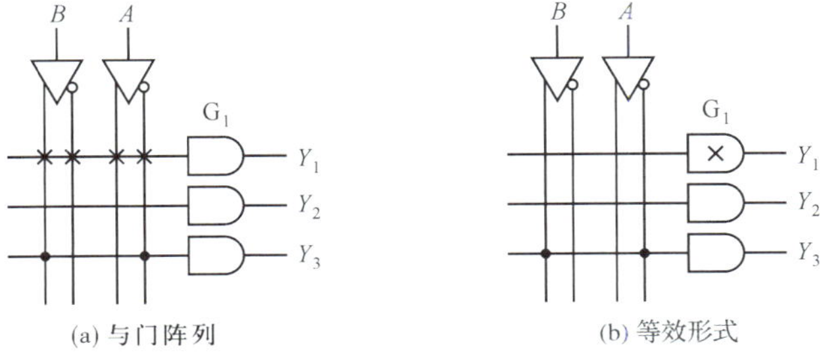

(a) 与门阵列　(b) 等效形式

图 8-18　PLD 表示的与门阵列

3. PROM 的 PLD 表示法

前面提到的 PROM 实质上是可编程逻辑器件，其内部结构是由一个固定连接的与门阵列（该与门阵列就是全译码的地址译码器）和一个可编程的或门阵列组成。它可以实现任何与-或形式表示的组合逻辑。它采用熔丝工艺编程，只能写一次，不能重复擦写。如 4 位输入地址码的 PROM 可用如图 8-19(a)所示的 PLD 表示法描述。若将图 8-19(a)中 PROM 的输入项推广到 m 个，则实现地址译码的与门数为 2^m 个，输入项数提高，与门阵列增大。而与门阵列增大，则开关时间变长，速度减慢。因此，一般只有小规模的 PROM 才作为可编程逻辑器件使用。密度高达两百万位/片的大规模 PROM，一般只作为存储器使用。

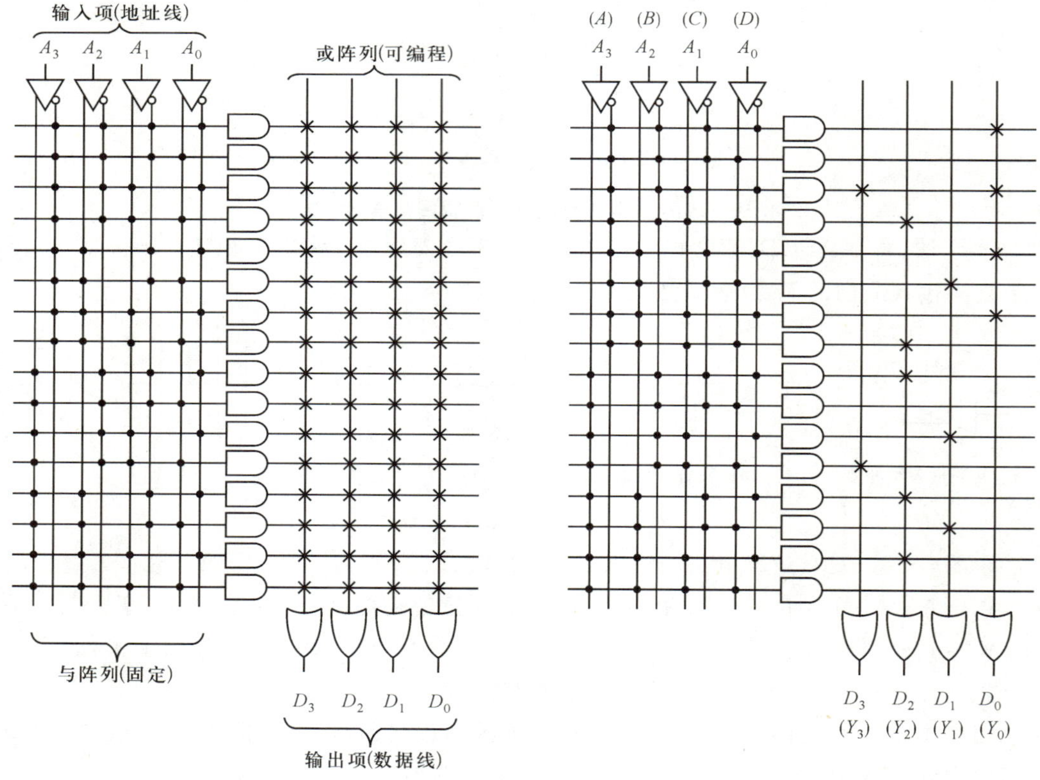

图 8-19 PROM 的 PLD 表示法

例 8-1

用 PROM 实现下列一组逻辑函数，列出 PROM 的内容表，画出阵列图。

$$\begin{cases} Y_3=\overline{A}\,\overline{B}C\overline{D}+A\overline{B}CD \\ Y_2=AB\overline{D}+\overline{A}CD+AB\,\overline{C}\,\overline{D} \\ Y_1=A\overline{B}C\overline{D}+B\overline{C}D \\ Y_0=\overline{AD} \end{cases}$$

解 将题目要求的逻辑函数化为最小项之和的形式，得到

$$\begin{cases} Y_3=\overline{A}\,\overline{B}C\,\overline{D}+A\,\overline{B}CD \\ Y_2=\overline{A}\,\overline{B}CD+\overline{A}BCD+A\,\overline{B}\,\overline{C}\,\overline{D}+AB\overline{C}\,\overline{D}+ABC\overline{D} \\ Y_1=\overline{A}B\,\overline{C}D+A\,\overline{B}C\,\overline{D}+AB\overline{C}D \\ Y_0=\overline{A}\,\overline{B}\,\overline{C}\,\overline{D}+\overline{A}\,\overline{B}C\,\overline{D}+\overline{A}B\,\overline{C}\,\overline{D}+\overline{A}BC\,\overline{D} \end{cases}$$

根据逻辑函数可列出真值表，见表 8-3，将 A、B、C、D 四个输入变量分别接至 PROM 的地址输入端 A_3、A_2、A_1、A_0，PROM 的数据端 D_3、D_2、D_1、D_0 分别作为逻辑函数 Y_3、Y_2、Y_1、Y_0 的输出，则 PROM 的内容表就是表 8-3。该存储器的容量为 16×4 位，根据内容表可画出 PROM 的阵列图，如图 8-19 (b)所示。

表 8-3 **例 8-1 真值表**

输入				输出				输入				输出			
A	B	C	D	Y_3	Y_2	Y_1	Y_0	A	B	C	D	Y_3	Y_2	Y_1	Y_0
0	0	0	0	0	0	0	1	1	0	0	0	0	1	0	0
0	0	0	1	0	0	0	0	1	0	0	1	0	0	0	0
0	0	1	0	1	0	0	1	1	0	1	0	0	0	1	0
0	0	1	1	0	1	0	0	1	0	1	1	1	0	0	0
0	1	0	0	0	0	0	1	1	1	0	0	0	1	0	0
0	1	0	1	0	0	1	0	1	1	0	1	0	0	1	0
0	1	1	0	0	0	0	1	1	1	1	0	0	1	0	0
0	1	1	1	0	1	0	0	1	1	1	1	0	0	0	0

8.2.3 可编程阵列逻辑器件 PAL

可编程阵列逻辑器件 PAL 是 20 世纪 70 年代后期推出的 PLD。它采用可编程与门阵列和固定连接或门阵列的基本结构形式，一般采用熔丝编程技术实现与阵列的编程。各种型号 PAL 的门阵列规模有大有小，但基本结构类似。

PAL 电路由三部分组成：可编程的与逻辑阵列；固定的或逻辑阵列；输出电路。通过对与阵列的编程可以实现各种组合逻辑功能，使用输出电路中的触发器及反馈线可以实现各种时序逻辑功能。

PAL 的基本电路结构如图 8-20(a)所示。未编程前，空白 PAL 的与逻辑阵列中所有交叉点处都有熔丝接通。为实现某电路的编程过程，将无用的熔丝烧断，将有用的熔丝保留。编程后的 PAL 电路结构如图 8-20(b)所示。实现的函数为

$$\begin{cases} Y_0=\overline{A}B\overline{C}+AC+BC \\ Y_1=\overline{A}\,\overline{B}C+A\overline{B}\,\overline{C}+AB\overline{C} \\ Y_2=\overline{A}B+A\overline{B} \\ Y_3=\overline{A}B+\overline{A}C \end{cases}$$

通常典型的逻辑函数要求有 3～4 个乘积项，在 PAL 现有产品中，乘积项最多可达 8 个，对于大多数逻辑函数，这种结构基本上可以满足多数情况的使用。

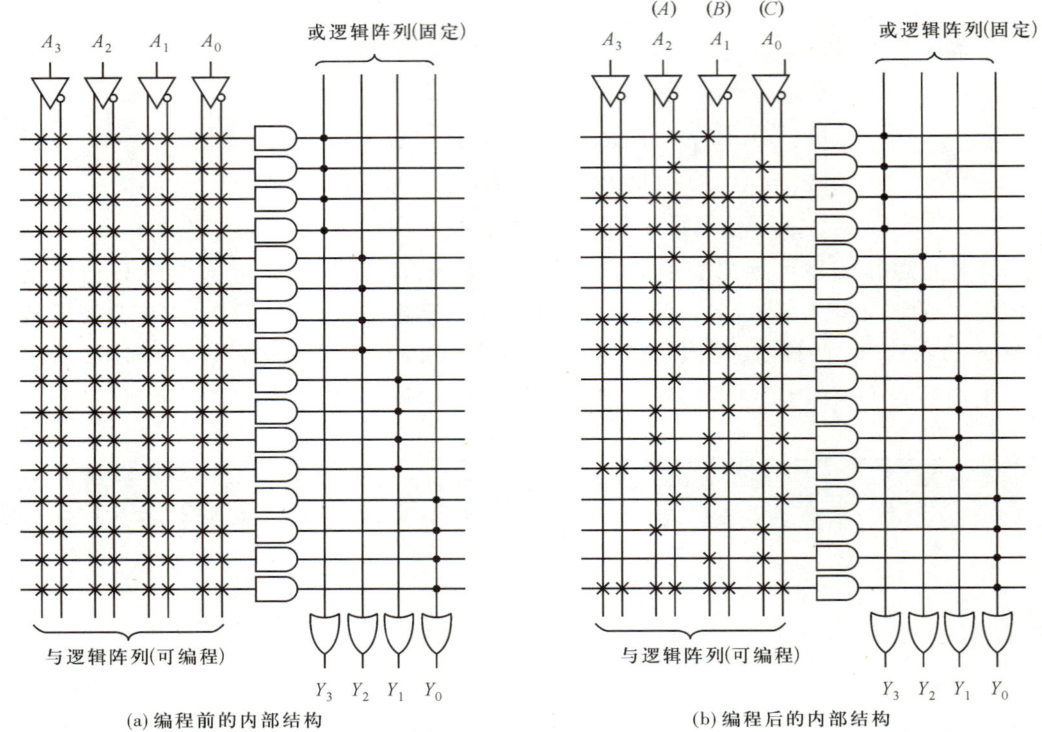

图 8-20 PAL 的基本电路结构

PAL16L8 是一种典型的 PAL,如图 8-21 所示为它的逻辑电路。电路内部包括8 个与-或阵列和 8 个三态反相输出缓冲器。每个与-或阵列由 32 个输入端的与门和 7 个输入端的或门组成。引脚 1~9 以及引脚 11 作为输入端,用户可以根据自己的需要将引脚 13~18 用作输出端,或者是输入端。例如,当引脚 14 的三态反相输出缓冲器的输出呈高阻态时,引脚 14 可以用作输入端,否则,它将用作输出端,并且低电平有效。引脚 12 和 19 只能用作输出端。引脚 10 为接地端,引脚 20 为电源端(图中未画出)。

PAL16L8 需借助计算机、专用或通用编程器和相应编程软件实现编程。

8.2.4 可编程通用阵列逻辑器件 GAL

PAL 的发展给逻辑设计带来了很大的灵活性,但它还存在着不足之处。一方面,它采用熔丝连接工艺,靠熔丝烧断达到编程的目的,一旦编程便不能改写;另一方面,不同输出结构的 PAL 型号不同,不便于用户使用。而可编程通用阵列逻辑器件 GAL 是在 PAL 的基础上发展起来的新一代增强型器件,它直接继承了 PAL 的与-或阵列结构,利用灵活的输出逻辑宏单元 OLMC(Output Logic Macro Cell 的缩写)结构来增强输出功能。同时采用电子标签和宏单元结构字等新结构和基于浮栅 MOS 管电可擦除的 E^2CMOS 新技术,使 GAL 具有可擦除、可重新编程以及重新配置结构等功能。用 GAL 设计逻辑系统,不仅灵活性大,而且能对 PAL 进行仿真,并能完全兼容。GAL 也需要通用或专用编程器进行编程。

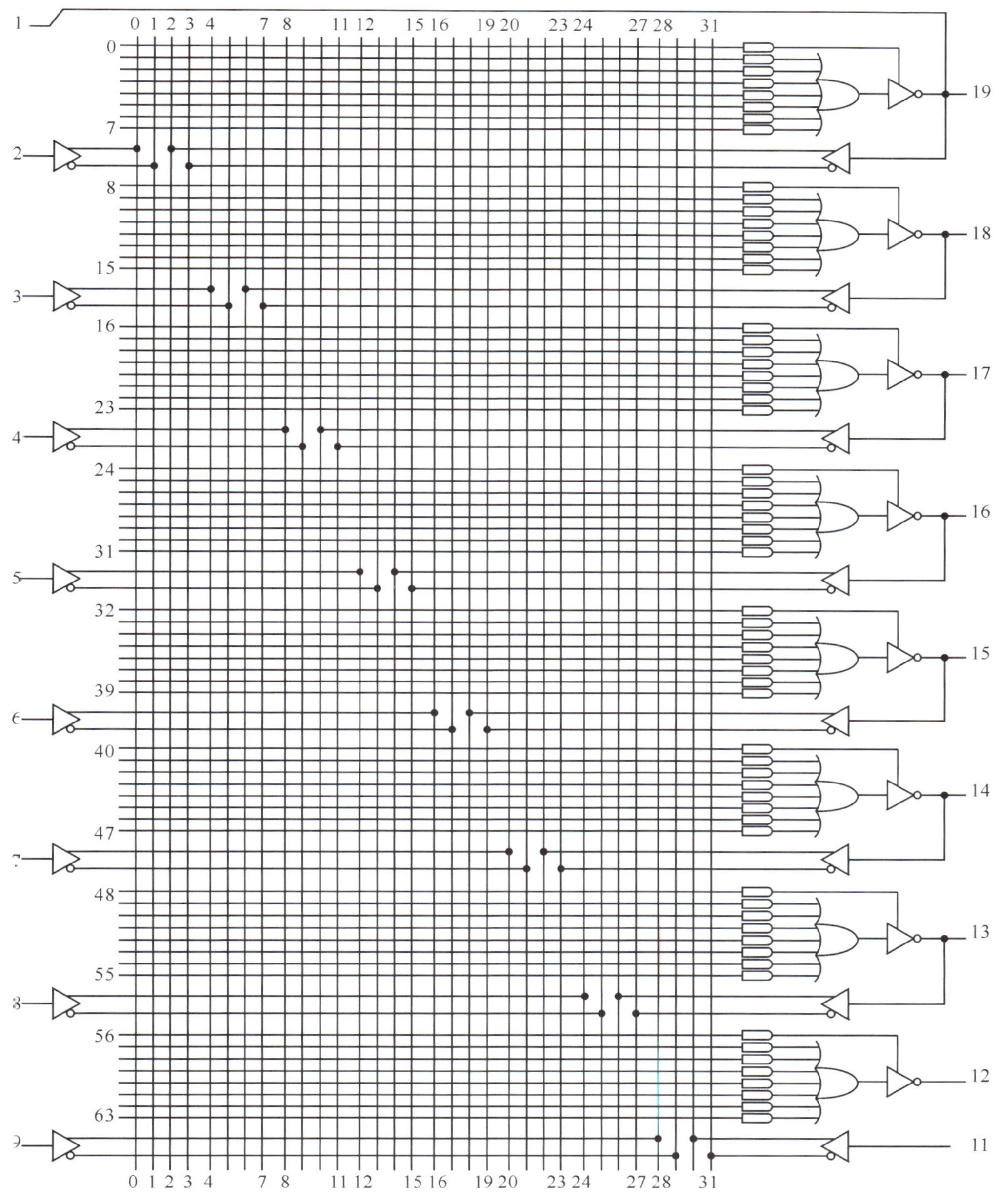

图 8-21　PAL16L8 的逻辑电路

1. GAL 的基本结构

根据 GAL 的门阵列结构，可以把现有的 GAL 分为两大类：一类与 PAL 的结构基本相似，即与门阵列可编程，或门阵列固定连接。这类器件有 GAL16V8，ispGAL16Z8 和 GAL20V8 等，它们具有基本相同的电路结构。另一类 GAL 的与门阵列和或门阵列都可编程，GAL39V18 就属于这类器件。

通用型 GAL 包括 GAL16V8 和 GAL20V8 两种。其中 GAL16V8 是 20 脚器件，器

件型号中的16表示最多有16个引脚作为输入端，器件型号中的8表示器件内含有8个OLMC，最多可有8个引脚作为输出端。同理，GAL20V8的最大输入引脚数是20，它是24脚器件。

下面以GAL16V8为例，说明GAL的电路结构和工作原理。如图8-22所示为GAL16V8的引脚排列，如图8-23所示为GAL16V8的逻辑图，由5部分组成：

(1)8个输入缓冲器(引脚2～9作固定输入)；

(2)8个三态输出缓冲器(引脚12～19作为输出缓冲器的输出)；

(3)8个输出逻辑宏单元(OLMC12～19，或门阵列包含在其中)；

(4)1个64×32位的可编程与门阵列；

(5)8个输出反馈/输入缓冲器(中间一列8个缓冲器)。

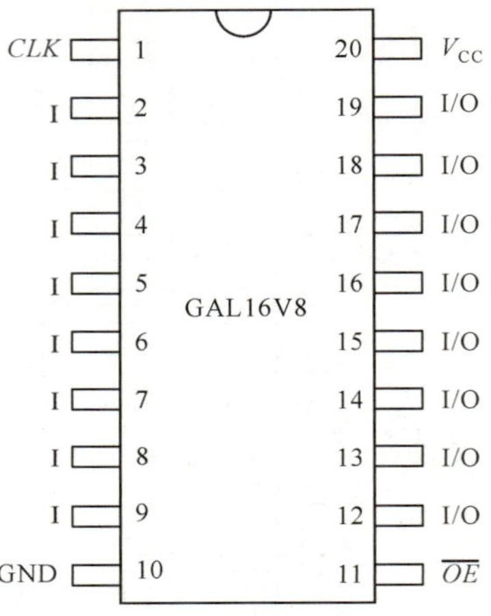

图8-22 GAL16V8的引脚排列

除以上5个组成部分外，GAL16V8还有1个系统时钟CP的输入端(引脚1)，1个输出三态控制端$\overline{OE}$(引脚11)，1个电源V_{CC}端和1个接地端(引脚20和引脚10，图中未画出通常$V_{CC}=5$ V)。

2. 输出逻辑宏单元(OLMC)

OLMC主要由4部分组成：

(1)或阵列：8输入或阵列，构成了GAL的或门阵列。

(2)异或门：用于控制输出信号的极性。

(3)正边沿触发的D触发器：锁存或门的输出状态，使GAL适用于时序逻辑电路。

(4) 4个数据多路开关(数据选择器MUX)：GAL16V8的各种配置是由结构控制字来控制的，用结构控制字来控制OLMC的输入、输出、反馈、输出三态缓冲器的选通信号。

8.2.5 复杂可编程逻辑器件CPLD

CPLD是20世纪90年代初由GAL发展而来的，采用了CMOS、EPROM、E^2PROM、Flash Memory和SRAM等编程技术，从而构成了高密度、高速度和低功耗的可编程逻辑器件。其主体仍是与-或阵列，因而称之为阵列型HDPLD。典型的CPLD有Lattice公司的PLS/ispLSI系列器件、Xilinx公司的7000和9000系列器件、Altera公司的MAX7000和MAX9000系列器件以及AMD公司的MACH系列器件。

1. CPLD的结构

和简单的PLD相比，CPLD允许有更多的输入信号、更多的乘积项和更多的宏单元，CPLD内部含有多个逻辑块，每个逻辑块就相当于一个GAL。这些逻辑块之间可以使用可编程内部连线实现相互连接。如图8-24所示为通用CPLD的结构框图。

下面以Lattice公司生产的在系统可编程大规模集成逻辑器件ispLSI1016为例，介绍CPLD的电路结构及其工作原理。这种器件的最大特点是“在系统可编程(In System

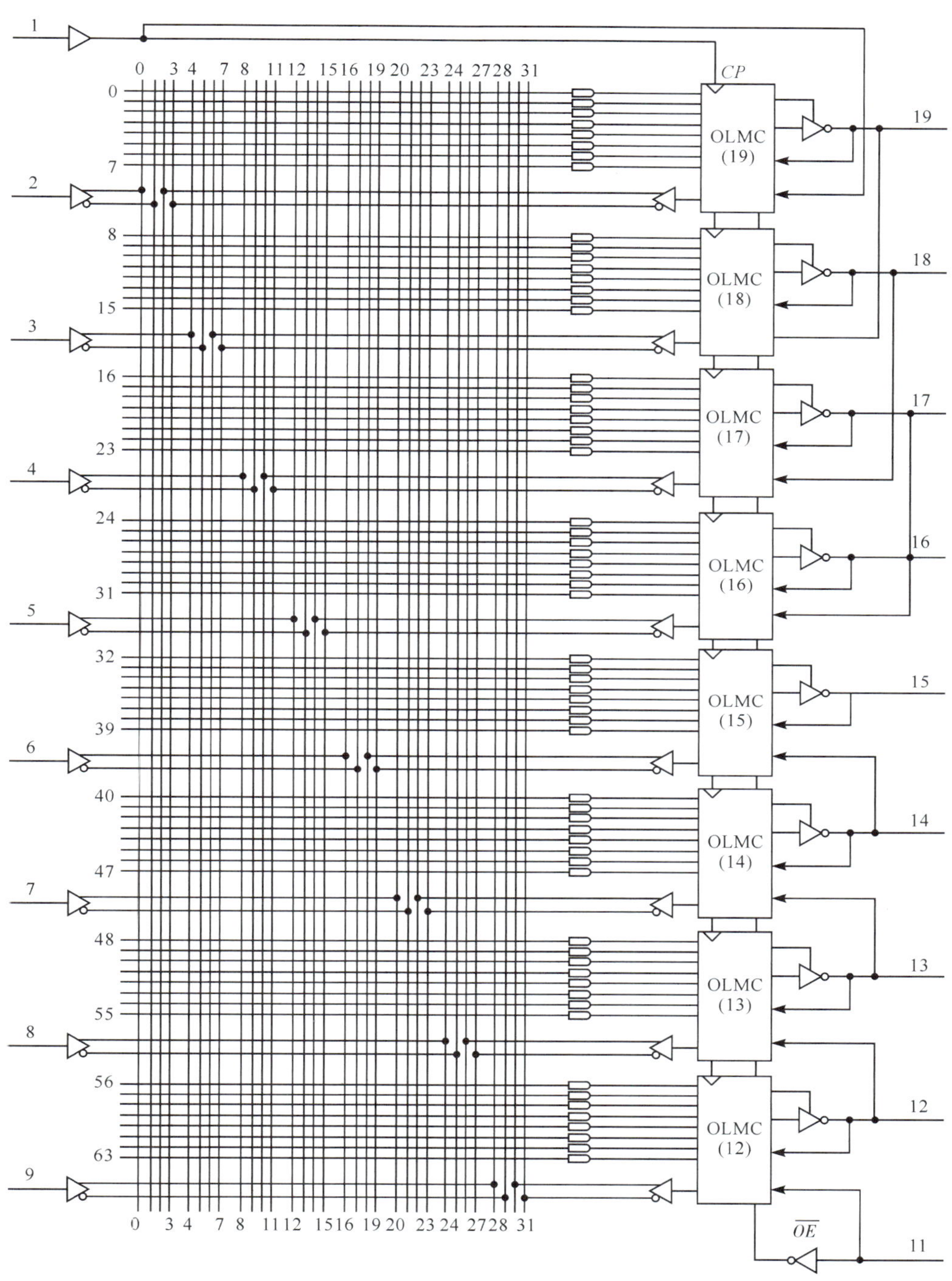

图 8-23　GAL16V8 的逻辑图

Programmability，ISP)”特性。所谓在系统可编程是指未编程的 ISP 器件可以直接焊接在印制电路板上，然后通过计算机的并行口和专用的编程电缆对焊接在电路板上的 ISP 器件直接多次编程，从而使 ISP 器件具有所需要的逻辑功能。这种编程不需要使用专用的编程器，因为已将原来属于编程器的编程电路及升压电路集成在 ISP 器件内部了。ISP

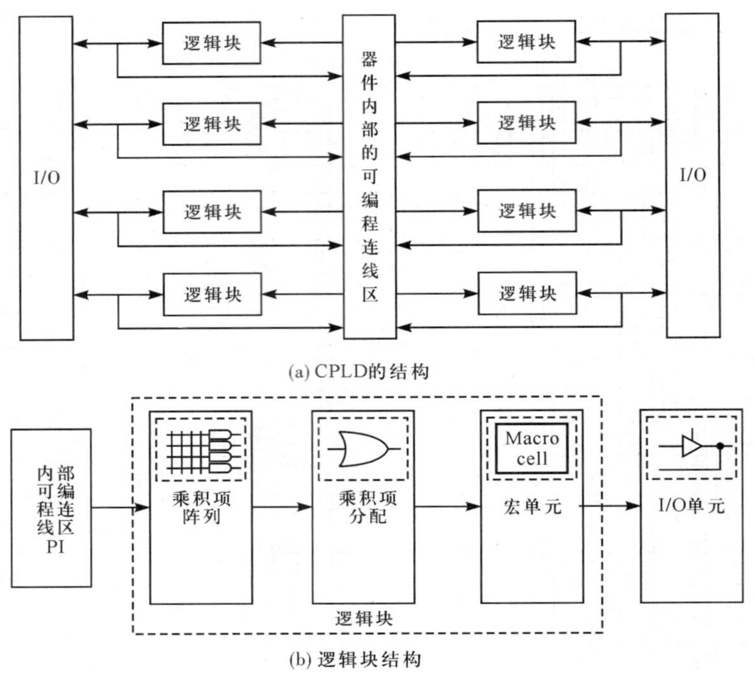

图 8-24 通用 CPLD 的结构框图

技术使得调试过程不需要反复拔插芯片，从而不会产生引脚弯曲变形现象，提高了可靠性，而且可以随时对焊接在电路板上的 ISP 器件的逻辑功能进行修改，从而加快了数字系统的调试过程。

如图 8-25 所示为 ispLSI1016 的引脚排列，它有 44 个引脚，即 32 个输入/输出引脚、4 个输入引脚（$IN_0 \sim IN_3$）、3 个时钟输入引脚（$Y_0 \sim Y_2$）、1 个专用编程控制引脚（$\overline{ispEN}$）、2 个电源引脚（V_{CC}）和 2 个接地引脚（GND）。

4 个引脚 SDI/IN_0、SDO/IN_1、$Y_2/SCLK$、$IN_2/MODE$ 与编程引脚复用。当编程控制引脚 $\overline{ispEN}=1$ 时，这 4 个引脚功能为 IN_0、IN_1、Y_2 和 IN_2；当编程控制引脚 $\overline{ispEN}=0$ 时，这 4 个引脚为编程引脚，分别为 SDI、SDO、$SCLK$ 和 $MODE$。$Y_1/\overline{RESET}$ 也是功能复用脚，用于时钟输入或系统复位控制。默认为系统复位端，若要用作时钟输入端，需通过编译器控制参数来定义。

ispLSI1016 的结构如图 8-26 所示。它由 16 个相同的通用逻辑块 GLB（Generic Logic Block）（$A_0 \sim A_7$、$B_0 \sim B_7$）、32 个相同的输入/输出单元（$I/O_0 \sim I/O_{31}$）、可编程的集总布线区 GRP（Global Routing Pool）、时钟分配网络以及在系统编程控制电路等部分组成（图中未画出编程控制电路）。在 GRP 的左边和右边各形成一个宏模块。每个宏模块包括 8 个 GLB、16 个输入/输出单元、2 个专用输入引脚（SDI/IN_0、SDO/IN_1 或 $MODE/IN_2$、IN_3）、1 个输出布线区 ORP 以及 16 位的输入总线。

下面简要介绍集总布线区 GRP、通用逻辑块 GLB、输入/输出单元、输出布线区和时钟分配网络的功能。

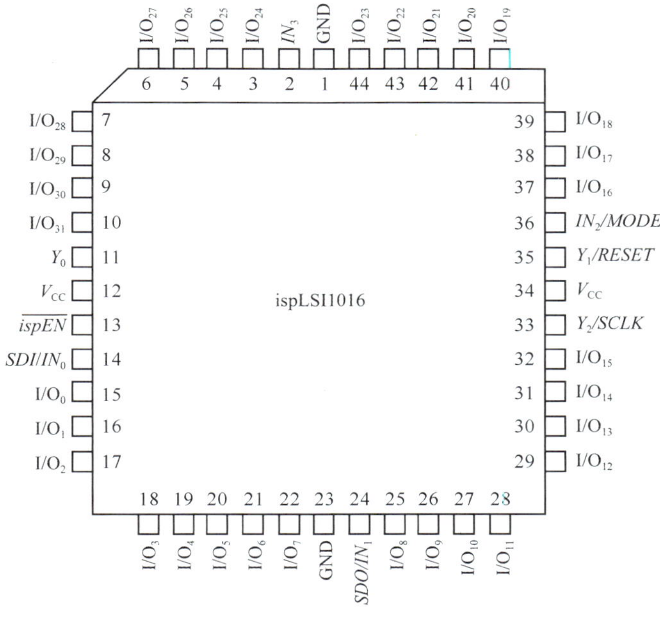

图 8-25 ispLSI1016 的引脚排列

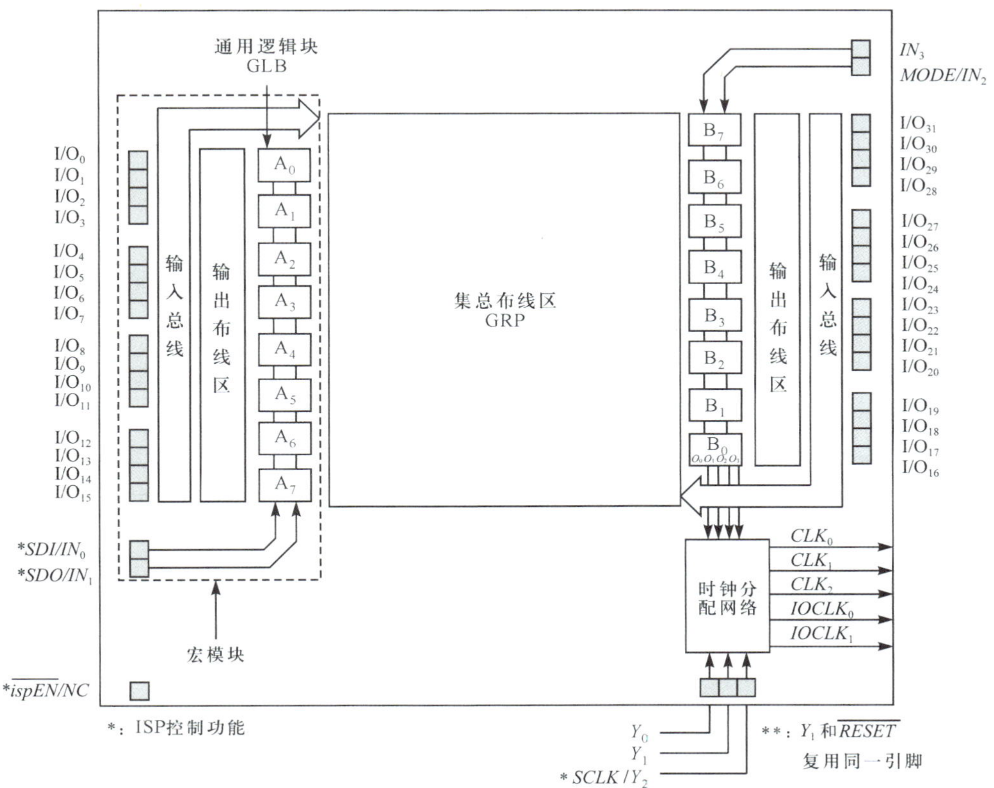

图 8-26 ispLSI1016 的结构

(1)集总布线区 GRP 位于两个宏模块的中央,它由众多的可编程 E^2CMOS 构成,内部逻辑的连接都是通过这一区域完成的。它接收输入总线送来的输入信号和各 GLB 的输出信号,同时向每个宏模块输出信号。因此,任何一个 GLB 的输出信号和任何一个通过输入/输出单元的输入信号都能送到任何一个 GLB 的输入端。这种结构使得信号的传输延迟时间是可预知的,有利于获得高性能的数字系统。

(2)通用逻辑块 GLB 是 ispLSI 芯片内部的基本逻辑单元,是最关键的部件,系统的逻辑功能主要由它来实现。通用逻辑块 GLB 由与阵列、乘积项共享阵列、输出逻辑宏单元 OLMC 和功能控制四部分组成。它可实现类似 GAL 的功能。

(3)输入/输出单元是 CPLD 外部封装引脚和内部逻辑间的接口。每个输入/输出单元对应一个封装引脚,通过对输入/输出单元中可编程单元的编程,可将引脚定义为输入、输出和双向功能。

(4)输出布线区(ORP)的作用是把 GLB 的输出信号接到输入/输出单元。8 个通用逻辑块及 16 个输入/输出单元共用一个输出布线区,能够把每个 GLB 的输出送到本宏模块内任意一个输入/输出单元。这些工作是由开发软件的布线程序自动完成的。

(5)ispLSI1016 的时钟分配网络有 3 个外部时钟引脚,其中 Y_0 引脚直接连至 CLK_0,Y_1 连至全局复位及时钟分配网络,Y_2 也连至时钟分配网络。在每个器件的内部都有一个确定的 GLB 与时钟分配网络相连,这个 GLB 既可以作为普通的 GLB 使用(此时不与时钟分配网络相连),又可以用来产生时钟。在 ispLSI1016 内部,GLB B_0 的 4 个输出 $O_0 \sim O_3$ 与时钟分配网络相连,产生 CLK_1、CLK_2、$IOCLK_0$ 和 $IOCLK_1$ 时钟。在这种情况下,这 4 个时钟是用户定义的内部时钟。其中,$IOCLK_0$ 和 $IOCLK_1$ 用作输入/输出单元的时钟。

2. CPLD 的编程

通过上面的介绍可以看出,CPLD 各种逻辑功能的实现,都是由其内部可编程单元控制的。这些单元均为 E^2CMOS 结构,它们按照一定的规则排列成阵列形式。编程过程就是将编程数据写入 E^2CMOS 单元阵列的过程。下面以 ispLSI 器件为例进行说明。

每个 ispLSI 器件有一个预先规定的 E^2CMOS 单元阵列。此阵列的行数是 n,每行的数据位数是 m。两者的乘积 $m \times n$ 就是要编程的总位数。

表 8-4 列出了 Lattice 公司生产的若干型号 ispLSI 器件 E^2CMOS 单元阵列的有关数据。

表 8-4　ispLSI 器件 E^2CMOS 单元阵列的数据

型　号	行数 n	每行数据位数 m	编程总位数
ispLSI1016	96	160	15 360
ispLSI1032	108	320	34 560
ispLSI2032	102	80	8 160
ispLSI3256	180	676	121 680

(1)ispLSI 1000 及 2000 系列器件的编程接口

ISP 器件的编程必须具备三个条件:ISP 专用编程电缆;PC 机;ISP 编程软件。编程时,用户首先将 ISP 编程电缆的一端接到 PC 机的并行口,另一端接到电路板上被编程器件的 ISP 接口上,然后通过编程软件发出编程命令,将编程数据文件(*.JED)中的数据转换成串行数据传送到芯片中。在系统编程时,ispLSI 1000 及 2000 系列器件所使用的接口电路如图 8-27 所示。其中,$\overline{ispEN}$是编程使能信号,*MODE* 是模式控制信号,*SCLK* 是串行时钟输入信号,*SDI* 是串行数据和命令输入端,*SDO* 是串行数据输出端。

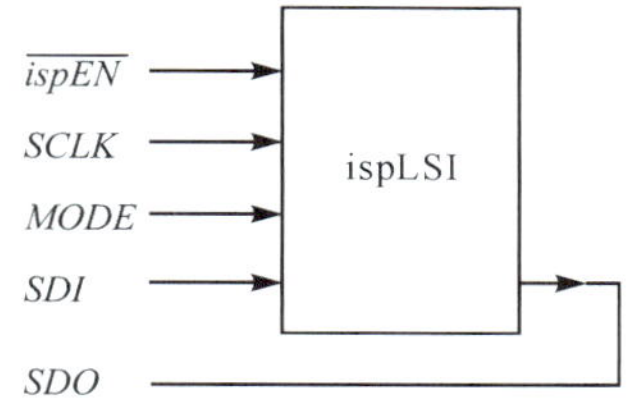

图 8-27　ispLSI 器件的编程接口

当 $\overline{ispEN}$=1 时,*MODE*、*SCLK*、*SDI* 端均为高阻状态,在印制电路板上的 *ispLSI* 器件正常工作,这种状态称为正常工作模式。在正常工作模式下,*MODE*、*SCLK*、*SDI* 变成专用输入引脚,有正常输入信号的功能。当 $\overline{ispEN}$=0 时,各种控制信号和编程数据经过编程电缆直接送到印制板上 ispLSI 器件的 *MODE*、*SCLK*、*SDI* 端,从而控制器件内部的一个“编程状态机”完成编程工作。编程数据可以从 *SDO* 端移出并回送到计算机以便进行校验,这种工作方式称为编程模式。在编程模式下,所有输入/输出引脚以及编程时不用的输入引脚均处于高阻态。

另外,除了对单个 ISP 器件能够进行编程外,还可以将印制电路板上多个 ISP 器件以串行的方式连接起来,一次完成多个器件的编程。这种连接方式称为菊花链连接。其电路连接举例如图 8-28 所示。

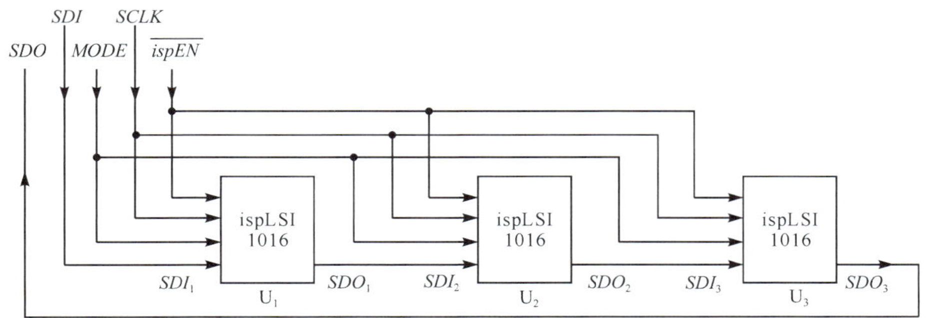

图 8-28　多个 ispLSI 的菊花链连接

(2)ispLSI 3000 及 3000 以上系列器件的编程接口

自 ispLSI 3000 系列开始,Lattice 公司生产的在系统可编程器件均增加了边界扫描(Boundary Scan,一种测试技术,用来解决高密度引线器件和高密度电路板上的元件测试问题,具有国际标准 IEEE1149.1)测试功能,为此 ISP 器件专门设计了测试端口。器件的编程端口设计成与测试端口复用的形式,见表 8-5。当 $BSCAN/\overline{ispEN}$=0 时,器件处于编程状态,引脚 *TMS*/*MODE*、*TCLK*/*SCLK*、*TDI*/*SDI*、*TDO*/*SDO* 与 ispLSI 1000 系列的 *MODE*、*SCLK*、*SDI* 和 *SDO* 具有相同的作用和功能;当 $BSCAN/\overline{ispEN}$=1 时,器件处于边界扫描测试状态。

表 8-5　　边界扫描测试端口与编程端口复用关系

端口引脚	用于边界扫描时的功能	用于编程时的功能
$BSCAN/\overline{ispEN}$	边界扫描使能，高电平有效	编程使能，低电平有效
$TMS/MODE$	测试模式选择	编程模式选择
$TCLK/SCLK$	边界扫描时钟	编程时钟
TDI/SDI	测试数据输入	编程数据输入
TDO/SDO	测试数据输出	编程数据输出
$\overline{TRST}$	复位信号	—

8.2.6 现场可编程门阵列 FPGA

FPGA 是 PLD 向着更高速度、更高密度、更强功能、更加灵活方向发展的产物。它是 1985 年由 Xilinx 公司推出的一种可编程逻辑器件，其电路结构形式与以前的 PLD 完全不同。FPGA 技术随着亚微米 CMOS 集成电路制造技术的成熟和发展，器件集成度不断增大，器件价格不断下降。使用 FPGA，用户可现场设计、现场修改、现场验证、现场实现一个数万门级的单片化数字系统。

FPGA 是一种采用可编程互联方法连接在一起的逻辑单元阵列结构。它的呈阵列状排列的多个可配置逻辑模块可由用户规定其逻辑功能；四周围绕着的输入/输出接口模块可提供内部逻辑和外部封装之间的接口。因为这些模块的排列形式和门阵列(GA)中单元的排列形式相似，所以沿用了“门阵列”这个名称。FPGA 属于高密度 PLD，它的集成度可达 6 万门/片以上。

如图 8-29 所示是 Xilinx 公司的 XC4000E 系列的内部结构。

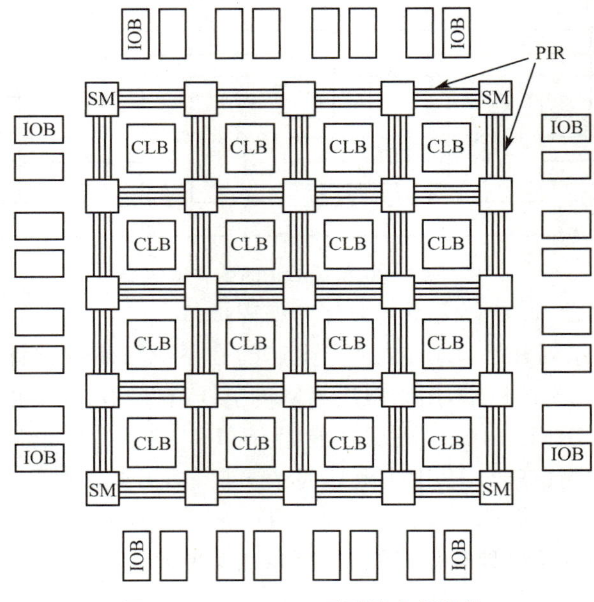

图 8-29　XC4000E 系列的内部结构

(1)可配置的逻辑块CLB(Configurable Logic Block)主要由一个组合逻辑、几个触发器、若干个多选一电路和控制单元组成。它能完成用户的逻辑功能。

(2)可编程的输入/输出块IOB(I/O Block)主要由逻辑门、触发器和控制单元组成。它能提供内部逻辑与外部引脚之间的可编程接口。

(3)可编程互联资源PIR(Programmable Interconnect Resource)由水平布线通道和垂直布线通道构成,经编程后形成连线网络,用于芯片内部逻辑间的相互连接。

(4)可编程开关矩阵SM通过编程把CLB的输入/输出连到周围的布线上。

表8-6为Xilinx公司的XC4000E系列产品的规模。

表8-6　Xilinx公司的XC4000E系列产品的规模

器　件	门　数	CLB数量/个(行×列)	IOB数量/个	触发器数量/个	编程数据总量/bit	PROM容量/bit
XC4003E	3 000	100(10×10)	80	360	53 936	53 984
XC4005E	5 000	196(14×14)	112	616	94 960	95 008
XC4006E	6 000	256(16×16)	128	768	119 792	119 840
XC4008E	8 000	324(18×18)	144	936	147 504	147 552
XC4010E	10 000	400(20×20)	160	1 120	178 096	178 144
XC4013E	13 000	576(24×24)	192	1 536	247 920	247 968
XC4020E	20 000	784(28×28)	224	2 016	329 264	329 312
XC4025E	25 000	1024(32×32)	256	2 560	442 128	442 176

FPGA可以灵活地组成一些复杂的特殊数字系统,现已广泛地应用于电信、计算机、自动控制、仪器仪表等领域。

巩固练习

8-1　ROM有哪些种类?各自的主要特点是什么?

8-2　若ROM的存储容量为1 024×32位,那么它的地址线和数据线各有多少条?

8-3　SRAM和DRAM的主要区别是什么?

8-4　某台计算机的内存储器设置有32位地址线、16位并行数据输入/输出端,计算它的最大存储容量。

8-5　用ROM设计一个组合逻辑电路,用来产生下列一组逻辑函数,列出ROM应有的数据表,画出存储矩阵的点阵图。

(1)$Y_1=\overline{A}\,\overline{B}\,\overline{C}\overline{D}+\overline{A}B\,\overline{C}D+A\,\overline{B}C\,\overline{D}+ABCD$

(2)$Y_2=\overline{A}\,\overline{B}\,\overline{CD}+\overline{A}BCD+A\,\overline{B}\,\overline{CD}+AB\,\overline{CD}$

(3)$Y_3=\overline{A}BD+\overline{B}C\,\overline{D}$

(4)$Y_4=BD+\overline{BD}$

8-6　用MCM6264 SRAM芯片设计一个16 K×16位的存储器系统,画出其连线。

8-7　可编程逻辑器件有哪些种类?它们的共同特点是什么?

8-8 设输入逻辑变量为 A、B、C、D，用如图 8-21 所示的 PAL16L8 分别实现以下逻辑函数，画出编程后的电路图。

拓展小课堂8

(1)$Y_1(A,B,C,D)=\sum m(0,5,10,11)$

(2)$Y_2(A,B,C,D)=\sum m(4,7,11,14)$

(3)$Y_3(A,B,C,D)=\sum m(1,3,5,15)$

8-9 分析如图 8-30 所示电路，说明该电路的逻辑功能。

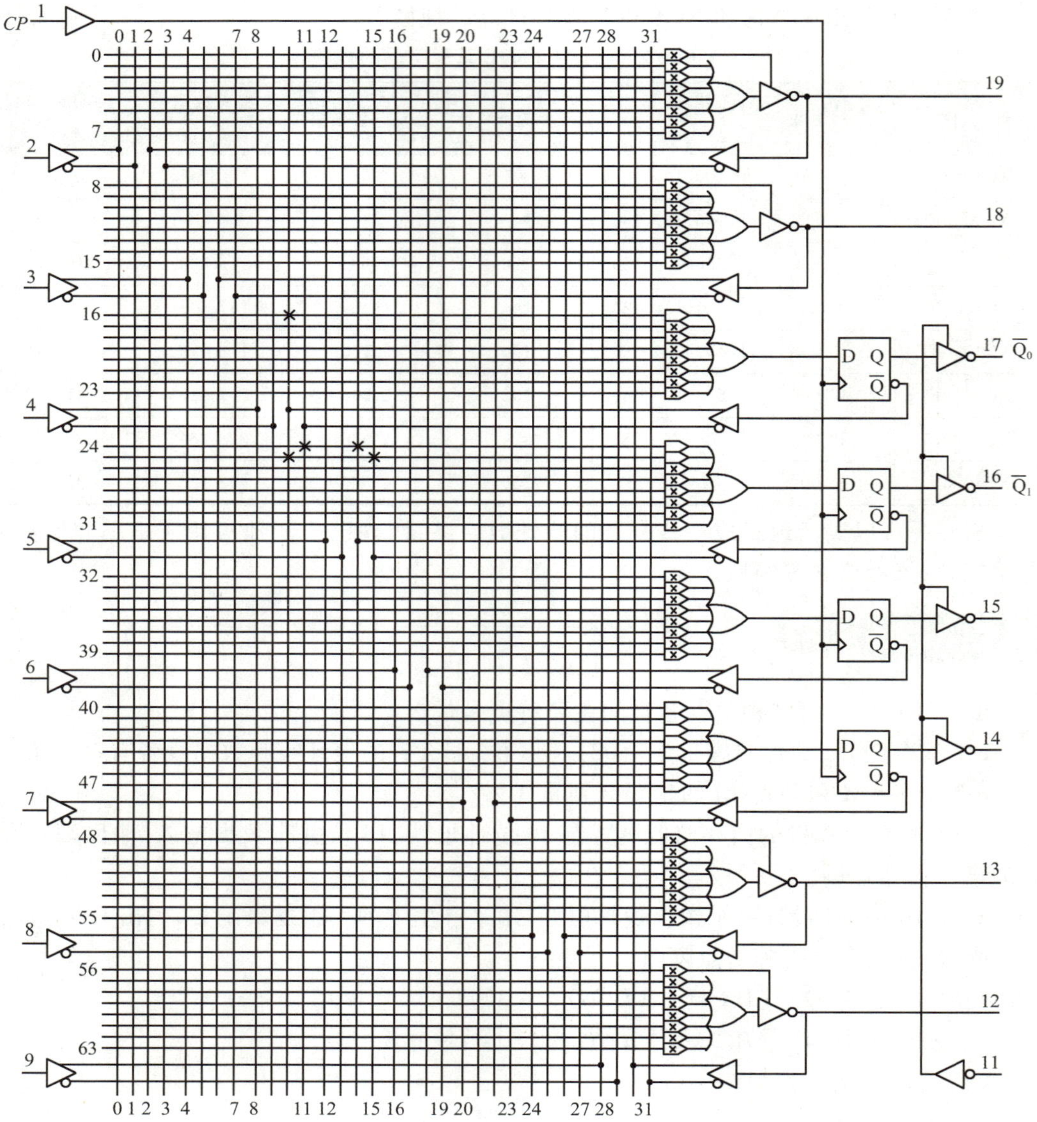

图 8-30 题 8-9 图

8-10 试用 GAL16V8 设计一个 4 位二进制计数器。

参考文献

[1] 康光华.电子技术基础(数字部分)[M].6 版.北京:高等教育出版社,2014.

[2] 阎石.数字电子技术基础[M].6 版.北京:高等教育出版社,2016.

[3] 唐治德.数字电子技术基础[M].2 版.北京:科学出版社,2017.

[4] 杨颂华,冯琯,孙万蓉,等.数字电子技术基础[M].3 版.西安:西安电子科技大学出版社,2016.

[5]朱芳,钱颖.实用数字电子技术项目教程[M].北京:航空工业出版社,2012.

[6] 蔡惟铮.模拟与数字电子技术基础[M].北京:高等教育出版社,2014.

[7] 陈龙.现代数字电子技术基础实践[M].北京:机械工业出版社,2017.

[8] 马艳阳,侯艳红,张生杰.数字电子技术项目化教程[M].西安电子科技大学出版社,2013.

[9] 韩焱.数字电子技术基础[M].2 版.北京:电子工业出版社,2014.

[10] 牛百齐,张邦凤.数字电子技术项目教程[M].2 版.北京:机械工业出版社,2017.

[11] 张志恒.数字电子技术基础[M].北京:中国电力出版社,2017.

[12] 周群.电子技术基础实验(模拟、数字)[M].北京:机械工业出版社,2017.

[13] 尤佳,李春雷.数字电子技术实验与课程设计[M].2 版.北京:机械工业出版社,2017.

[14] 李妍,蔡新梅.数字电子技术[M].5 版.大连:大连理工大学出版社,2018.

附 录

附录表 A 索引(汉英对照)

加法器	adder
地址	address
相邻项	adjacencies
模拟开关	analog switch
模/数转换器	analog to digital converter,ADC
与	AND
与或非	AND-OR-INVERT
专用集成电路	application specific integrated circuit,ASIC
阵列	array
多谐振荡器	astable multivibrator
异步二进制计数器	asynchronous binary counter
异步十进制计数器	asynchronous decimal counter
回差电压	backlash voltage
基本 RS 触发器	basic RS flip-flop
双向移位寄存器	bidirectional shift register
二进制	binary
二-十进制编码	binary-coded-decimals,BCD
二-十进制转换	binary to decimal conversion
二进制	binary
双稳态	bistable
布尔代数	boolean algebra
总线	bus
时钟脉冲	clock pulse
时钟	clocked
编码	coding
组合逻辑电路	combinational logic circuit

续表

复杂可编程逻辑器件	complex programmable logic device，CPLD
常量	constant
计数器	counter
十进制	decimal
译码器	decoder
数据分配器	demultiplexer
数字电路	digital circuit
数字比较器	digital comparator
数码显示器	digital display
数/模转换器	digital to analog converter，DAC
无关项	don't care terms
拉电流	draw-off current
驱动方程	driving equation
双列直插式封装	dual in-line package，DIP
双积分	dual slope
动态	dynamic
边沿触发	edge triggered
电可擦除的可编程只读存储器	electrical erasable programmable，E^2PROM
编码器	encoder
可擦可编	erasable programmable，EPROM
同或门	exclusive NOR gate
异或非(同或)	exclusive NOR
异或	exclusive OR
表达式	expression
下降沿	fall edge
下降时间	fall time
扇入	fan in
扇出	fan out
现场可编程门阵列	field programmable gate array，FPGA
快闪存储器	flash memory
触发器	flip-flop
浮置栅雪崩注入 MOS	floating gate avalanche injection MOS，FAMOS
分频	frequency division

续表

函数	function
函数产生器	function generator
门	gate
通用阵列逻辑器件	generic array logic,GAL
半～	half～
十六进制数	hexadecimal number
高阻态	high impedance state
高电平输入电流	high level input current
保持时间	hold time
反相器	inverter
卡诺图	karnaugh map
电平	level
逻辑	logic
主从～	master-slave～
主从触发器	master-slave flip-flop
存储矩阵	memory array
存储单元	memory cell
最小项	minterm
单稳态触发器	monostable trigger
数据选择器	multiplexer
与非	NAND
负逻辑	negative logic
或非	NOR
非	NOT
八进制数	octal number
集电极开路～	open collector～
或	OR
正逻辑	positive logic
优先	priority
优先编码器	priority encoder
可编程阵列逻辑	programmable array logic,PAL
可编程逻辑器件	programmable logic device,PLD
可编程序～	programmable ～,PROM

续表

传输延迟时间	propagation delay time
上拉电阻	pull-up resistor
占空比	pulse duration ration
量化	quantification
竞争冒险	race and hazard
随机存储器	random access memory, RAM
只读存储器	read-only memory, ROM
读写控制	read-write control
恢复时间	recovery time
参考电压	reference voltage
寄存器	register
复位	reset
分辨率	resolution
反向恢复时间	reverse recovery time
可逆计数器	reversible counter
上升沿	rise edge
上升时间	rise time
取样-保持电路	sample-hold circuit
施密特触发器	schmitt trigger
半导体存储器	semiconductor memory
时序逻辑电路	sequential logic circuit
建立时间	setup time
7 段显示器	seven-segment display
移位寄存器	shift register
状态	state
静态～	static～
减法器	subtractor
逐次逼近～	successive approximation～
开关特性	switching characteristics
开关时间	switching time
符号	symbol
同步～	synchronous～

续表

同步二进制计数器	synchronous binary counter
同步十进制计数器	synchronous decimal counter
同步触发器	synchronous flip-flop
三态～	three state～
开启电压	threshold voltage
定时器	timer
传输特性	transfer characteristics
三极管-三极管逻辑	transistor-transistor logic，TTL
传输门	transmission gate，TG
真值表	truth table
递增-递减(可逆)～	up-down～
变量	variables
权电流	weighted current
权电阻	weighted resistor
权	weights
线与	wired-AND
字	word

附录表 B　　集成电路名称

型号规格	名　称	型号规格	名　称
SN74LS00	四 2 输入与非门	SN74LSO1	四 2 输入与非门
SN74LS02	四 2 输入与非门	SN74LS03	四 2 输入与非门
SN74LS04	六反相器	SN74LS05	六反相器
SN74LS06	六反相缓冲器/驱动器	SN74LS07	六缓冲器/驱动器
SN74LS08	四 2 输入与门	SN74LS09	四 2 输入与非门
SN74LS10	三 3 输入与非门	SN74LS11	三 3 输入与非门
SN74LS12	三 3 输入与非门	SN74LS13	三 3 输入与非门
SN74LS14	六反相器.斯密特触发	SN74LS15	三 3 输入与非门
SN74LS16	六反相缓冲器/驱动器	SN74LS17	六反相缓冲器/驱动器
SN74LS20	双 4 输入与门	SN74LS21	双 4 输入与门
SN74LS22	双 4 输入与门	SN74LS25	双 4 输入与门
SN74LS26	四 2 输入与非门	SN74LS27	三 3 输入与非门
SN74LS28	四输入端或非缓冲器	SN74LS30	八输入端与非门

续表

型号规格	名　称	型号规格	名　称
SN74LS32	四 2 输入或门	SN74LS33	四 2 输入或门
SN74LS37	四输入端与非缓冲器	SN74LS38	双 2 输入与非缓冲器
SN74LS40	四输入端与非缓冲器	SN74LS42	BCD 十进制译码器
SN74LS47	BCD 7 段译码驱动器	SN74LS48	BCD 7 段译码驱动器
SN74LS49	BCD 7 段译码驱动器	SN74LS51	三 3 输入双与或非门
SN74LS54	四输入与或非门	SN74LS55	四 4 输入与或非门
SN74LS63	六电流读出接口门	SN74LS73	双 JK 触发器
SN74LS74	双 D 触发器	SN74LS75	4 位双稳锁存器
SN74LS76	双 JK 触发器	SN74LS78	双 JK 触发器
SN74LS83	双 JK 触发器	SN74LS85	4 位幅度比较器
SN74LS86	四 2 输入异或门	SN74LS88	4 位全加器
SN74LS90	4 位十进制波动计数器	SN74LS91	8 位移位寄存器
SN74LS92	12 分频计数器	SN74LS93	二进制计数器
SN74LS96	5 位移位寄存器	SN74LS95	4 位并入并出寄存器
SN74LS109	正沿触发双 JK 触发器	SN74LS107	双 JK 触发器
SN74LS113	双 JK 负沿触发器	SN74LS112	双 JK 负沿触发器
SN74LS121	单稳态多谐振荡器	SN74LS114	双 JK 负沿触发器
SN74LS123	双稳态多谐振荡器	SN74LS122	单稳态多谐振荡器
SN74LS125	三态缓冲器	SN74LS124	双压控振荡器
SN74LS131	3 线-8 线译码器	SN74LS126	四 3 态总线缓冲器
SN74LS133	13 输入与非门	SN74LS132	二输入与非触发器
SN74LS137	地址锁存 3 线-8 线译码器	SN74LS136	四异或门
SN74LS139	双 2 线-4 线译码-转换器	SN74LS138	3 线-8 线译码/转换器
SN74LS147	10 线-4 线优先编码器	SN74LS145	BCD 十进制译码/驱动器
SN74LS153	双 4 线选 1 数据选择器	SN74LS148	8 线-3 线优先编码器
SN74LS155	双 2-4 线多路分配器	SN74LS151	8 选 1 数据选择器
SN74LS157	四 2 选 1 数据选择器	SN74LS154	4 线-16 线多路分配器
SN74LS160	同步 BDC 十进制计数器	SN74LS156	双 2 线-4 线多路分配器
SN74LS162	同步 BDC 十进制计数器	SN74LS158	四 2 选 1 数据选择器
SN74LS164	8 位串入并出移位寄存	SN74LS161	4 位二进制计数器
SN74LS166	8 位移位寄存器	SN74LS163	4 位二进制计数器
SN74LS169	4 位可逆同步计数器	SN74LS165	8 位移位寄存器

续表

型号规格	名 称	型号规格	名 称
SN74LS174	6D 触发器	SN74LS168	4 位可逆同步计数器
SN74LS176	可预置十进制计数器	SN74LS173	4D 型寄存器
SN74LS191	二进制同步可逆计数器	SN74LS190	同步 BCD 十进制计数器
SN74LS193	二进制可逆计数器	SN74LS192	BCD 同步可逆计数器
SN74LS195	并行存取移位寄存器	SN74LS194	双向通用移位寄存器
SN74LS197	可预置二进制计数器	SN74LS196	可预置十进制计数器
SN74LS238	3 线-8 线译码/多路转换器	SN74LS221	双单稳态多谐振荡器
SN74LS248	BCD 7 段译码驱动器	SN74LS247	BCD 7 段译码驱动器
SN74LS256	双 4 位选址锁存器	SN74LS249	BCD 7 段译码驱动器
SN74LS258	四 2 选 1 数据选择器	SN74LS253	双三态 4-1 数据选择器
SN74LS260	双 5 输入或非门	SN74LS257	四 3 态 2-1 数据选择器
SN74LS266	四 2 输入异或非门	SN74LS273	八进制 D 触发器
SN74LS279	四 RS 触发器	SN74LS276	四 JK 触发器
SN74LS283	4 位二进制全加器	SN74LS280	9 位奇偶数发生校检器
SN74LS293	4 位二进制计数器	SN74LS290	十进制计数器
SN74LS373	8D 锁存器	SN74LS295	4 位双向通用移位寄存器
SN74LS375	4 位双稳锁存器	SN74LS374	8D 触发器
SN74LS386	四 2 输入异或门	SN74LS377	8 位单输出 D 触发器
SN74LS393	双 4 位二进制计数器	SN74LS390	双十进制计数器
SN74LS574	8 位 D 触发器	SN74LS670	8 位数字比较器
SN74LS684	8 位数字比较器	SN74HC00	四 2 输入与非门
SN7404	六反相器	SN74HC02	四 2 输入或非门
SN7406	六反相缓冲器/驱动器	SN74HC03	四 2 输入或非门
SN7407	六缓冲器/驱动器	SN74HC04	六反相器
SN7414	六缓冲器/驱动器	SN74HC05	六反相器
SN7416	六反相缓冲器/驱动器	SN74HC08	四 2 输入与门
SN7440	六反相缓冲器/驱动器	SN74HC10	三 3 输入与非门
SN7497	六反相缓冲器/驱动器	SN74HC14	六反相器/斯密特触发
74F00	高速四 2 输入与非门	SN74HC20	双四输入与门
74F02	高速四 2 输入或非门	SN74HC21	双四输入与非门
74F04	高速六反相器	SN74HC27	三 3 输入与非门
74F08	高速四 2 输入与门	SN74HC30	八输入端与非门

续表

型号规格	名　称	型号规格	名　称
74F10	高速三 3 输入与门	SN74HC32	四 2 输入或门
74F32	高速四 2 输入或门	SN74HC42	BCD 十进制译码器
74F38	高速四 2 输入或门	SN74HC73	双 JK 触发器
74F74	高速双 D 型触发器	SN74HC74	双 D 触发器
74F86	高速四 2 输入异或门	SN74HC76	双 JK 触发器
74F153	高速双 4 选 1 数据选择器	SN74HC86	四 2 输入异或门
74F157	高速双 4 选 1 数据选择器	SN74HC107	双 JK 触发器
74F161	高速 6D 触发器	SN74HC113	双 JK 负沿触发器
74F174	高速 6D 触发器	SN74HC138	3 线-8 线译码/解调器
74F175	高速 4D 触发器	SN74HC139	双 2 线-4 线译码/解调器
74F373	高速 8D 锁存器	SN74HC148	8 选 1 数据选择器
CD4001	4 二输入或非门	SN74HC151	双 4 选 1 数据选择器
CD4002	双 4 输入或非门	SN74HC154	4 线-16 线多路分配器
CD4006	18 位静态移位寄存器	SN74HC157	四 2 选 1 数据选择器
CD4011	四 2 输入与非门	SN74HC161	4 位二进制计数器
CD4012	双 4 输入与非门	SN74HC163	4 位二进制计数器
CD4013	置/复位双 D 触发器	SN74HC164	8 位串入并出移位寄存器
CD4014	8 位静态同步移位寄存器	SN74HC165	8 位移位寄存器
CD4015	双 4 位静态移位寄存器	SN74HC173	4D 触发器
CD4017	10 译码输出十进制计数器	SN74HC174	6D 触发器
	四与或选择门	SN74HC175	4D 触发器
CD4020	14 位二进制计数器	SN74HC191	二进制同步可逆计数器
CD4021	8 位静态移位寄存器	SN74HC238	3 线-8 线译码器
CD4022	8 译码输出 8 进制计数器	SN74HC251	三态 8-1 数据选择器
CD4023	三 3 输入与非门	SN74HC266	四 2 输入异或非门
CD4025	三 3 输入与非门	SN74HC273	8D 触发器
CD4026	十进制/7 段译码/驱动	SN74HC373	8D 锁存器
CD4027	置位/复位主从触发器	SN74HC374	8D 触发器
CD4028	BCD 十进制译码器	SN74HC393	双 4 位二进制计数器
CD4029	4 位可预置可逆计数器	SN74HC574	8D 触发器
CD4030	四异或门	SN74HC595	8 位移位寄存器/锁存器
CD4031	64 位静态移位寄存器	SN74HC4050	六同相缓冲器

续表

型号规格	名　称	型号规格	名　称
CD4033	十进制计数器/7段译码显示	SN74HC4060	14位计数/分频/振荡器
CD4034	8位静态移位寄存器	SN74HC4511	7段锁存/译码驱动器
CD4035	4位并入/并出移位寄存器	SN74HC4520	双二进制加法计数器
CD4038	3位串行加法器	CD4510	BCD可预置可逆计数器
CD4040	12位二进制计数器	CD4511	BCD 7段锁存/译码/驱动
CD4056	7段液晶显示译码/驱动	CD4512	8通道数据选择器
CD4060	二进制计数/分频/振荡	CD4513	BCD 7段锁存/译码/驱动
CD4063	4位数值比较器	CD4514	4线-16线译码器
CD4068	8输入端与非/与门	CD4515	4线-16线译码器
CD4069	六反相器	CD4518	双BCD加法计数器
CD4070	四异或门	CD4520	双二进制加法计数器
CD4071	四2输入或门	CD4521	24位分频器
CD4072	双四输入或门	CD4528	双单稳态触发器
CD4073	三3输入与门	CD4532	8位优先编码器
CD4075	三3输入与门	CD4539	双四路数据选择器
CD4076	4位D寄存器	CD4543	7段锁存/译码/驱动
CD4077	四异或非门	CD4553	3位BCD计数器
CD4078	八输入或/或非门	CD4555	双4选1译码器
CD4081	四输入与门	CD4556	双4选1译码器
CD4082	双4输入与门	CD4558	BCD 7段译码器
CD4085	双2组2输入与或非门	CD4560	BCD码加法器
CD4086	可扩展2输入与或非门	CD4583	双施密特触发器
CD4096	3输入JK触发器	CD4584	4施密特触发器
CD4098	双单稳态触发器	CD4585	4位数值比较器
CD40103	同步可预置减法器	ADC0804	8位A/D转换器
CD40106	六施密特触发器	ADC0808	8位A/D转换器
CD40174	6D触发器	ADC0809	8位A/D转换器
CD40175	4D触发器	ADC0820	8位A/D转换器
CD40192	BCD可预置可逆计数器	DAC0808	8位D/A转换器
CD40193	二进制可预置可逆计数器	DAC0832	8位D/A转换器